高等职业教育教材

精细化学品分析与检验技术

龚盛昭 舒鹏 孟潇 孙婧 主编

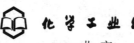

化学工业出版社

·北京·

内容简介

本书全面贯彻党的教育方针，落实立德树人根本任务，有机融入党的二十大精神，主要介绍了油脂、香料和香精、表面活性剂、合成洗涤剂、洗衣皂与香皂、化妆品、涂料、油墨、胶黏剂等精细化学品的分析与检验技术，便于开展模块化教学改革。有针对性地开发了丰富的教学资源，并以二维码的形式嵌入书中，充分体现了教学资源数字化改革。

本书注重产教融合、科教融汇，书中介绍的检验方法与企业生产实际保持一致，融入了产业先进的技术、规范和标准，实用性强，参考价值大。

本书适合作为高等职业教育精细化工技术等相关专业的教材，也适合作为精细化工企业检验技术人员和工程师的参考书。

图书在版编目（CIP）数据

精细化学品分析与检验技术/龚盛昭等主编. —北京：化学工业出版社，2024.3（2025.2 重印）
ISBN 978-7-122-44663-3

Ⅰ. ①精… Ⅱ. ①龚… Ⅲ. ①精细化工-化工产品-工业分析-高等职业教育-教材②精细化工-化工产品-检验-高等职业教育-教材 Ⅳ. ①TQ075

中国国家版本馆 CIP 数据核字（2024）第 000369 号

责任编辑：提　岩　熊明燕　　　　文字编辑：邢苗苗
责任校对：李雨晴　　　　　　　　装帧设计：王晓宇

出版发行：化学工业出版社
　　　　　（北京市东城区青年湖南街 13 号　邮政编码 100011）
印　　装：高教社（天津）印务有限公司
787mm×1092mm　1/16　印张 17　字数 411 千字
2025 年 2 月北京第 1 版第 2 次印刷

购书咨询：010-64518888　　售后服务：010-64518899
网　　址：http://www.cip.com.cn
凡购买本书，如有缺损质量问题，本社销售中心负责调换。

定　　价：48.00 元　　　　　　　版权所有　违者必究

本书编写人员

主　　编：龚盛昭　广东轻工职业技术学院

　　　　　舒　鹏　深圳市护家科技有限公司

　　　　　孟　潇　广州环亚化妆品科技股份有限公司

　　　　　孙　婧　广东食品药品职业学院

参　　编：隗晶晶　深圳职业技术大学

　　　　　陈木群　广州市英朴司生物科技有限公司

　　　　　林宇祺　广州玮弘祺生物科技有限公司

　　　　　符　劲　广州市航森贸易有限公司

　　　　　凌文志　广州祺富生物科技有限公司

　　　　　陈之善　清远高新华园科技协同创新研究院有限公司

　　　　　何庆辉　广州宾诺生物科技有限公司

　　　　　廖经飞　广州芬豪香精有限公司

　　　　　岑水斌　广东轻工职业技术学院

　　　　　朱永闯　广东轻工职业技术学院

　　　　　梁　晨　广东轻工职业技术学院

　　　　　郑丹阳　广东轻工职业技术学院

　　　　　陈杰生　广东轻工职业技术学院

　　　　　梁　冰　广东轻工职业技术学院

前言

精细化工产业附加值较高，能够体现一个国家的综合技术水平，是化学工业中最有活力的一个领域，已经成为当前世界化学工业发展的重点。我国十分重视精细化工行业的发展，精细化工行业已成为化工产业的重要发展方向之一。近年来，我国的精细化工行业已取得了较大的发展。精细化工属于技术密集型行业，随着快速发展，对精细化工技术专业人才的需求也日益增加。为了满足企业对精细化学品检验技术人才的需求，培养企业所需的高素质技术技能人才，我们根据最新的科技文献资料，结合作者多年在教学、科研中的实践经验，编写了本书。

本书注重理论与实际相结合，突出实用性，内容与精细化工产业发展实际保持一致，将精细化工产业的新技术、新标准、新规范编入教材，充分体现了产教融合、科教融汇理念，适合作为高等职业教育精细化工技术等相关专业的教材，也可作为精细化工企业检验技术人员和工程师的参考书。

本书注重校企合作"双元"开发，由院校教师与精细化工企业工程师共同组成编写团队。全书由广东轻工职业技术学院龚盛昭、岑水斌、朱永闯、梁晨、郑丹阳、陈杰生、梁冰，深圳市护家科技有限公司舒鹏，广州环亚化妆品科技股份有限公司孟潇，广东食品药品职业学院孙婧，深圳职业技术大学隗晶晶，广州市英朴司生物科技有限公司陈木群，广州玮弘祺生物科技有限公司林宇祺，广州市航森贸易有限公司符劲，广州祺富生物科技有限公司凌文志，清远高新华园科技协同创新研究院有限公司陈之善，广州宾诺生物科技有限公司何庆辉，广州芬豪香精有限公司廖经飞共同完成。龚盛昭、舒鹏、孟潇和孙婧担任主编，李奠础教授对本书进行了审阅，提出了许多宝贵意见。

本书得到了国家"双高计划"专业群——精细化工技术专业群建设项目的资助，在编写过程中还得到了全国轻工职业教育教学指导委员会和中国日用化工协会的大力支持，在此一并表示感谢！

由于编者水平所限，书中不足之处在所难免，敬请广大读者批评指正！

编者

2023 年 8 月于广州

目录

二维码资源目录

序号	资源编码	资源名称	资源类型	页码
29	M3-6	实训5 固体油脂和蜡熔点的测定	PDF	071
30	M3-7	实训6 硬脂酸酸值的测定	PDF	071
31	M3-8	实训7 油酸碘值的测定	PDF	071
32	M4-1	评香的正确操作	PDF	074
33	M4-2	香料的阈值	PDF	074
34	M4-3	香精在不同介质中的香气变化	PDF	080
35	M4-4	实训8 香精香气的评价	PDF	083
36	M5-1	罗氏泡沫仪(2152型)	图片	086
37	M5-2	表面张力仪	图片	088
38	M5-3	表面张力的测定操作视频	视频	090
39	M5-4	酸性混合指示剂溶液配制方法	PDF	094
40	M5-5	表面活性剂定量分析操作视频	视频	096
41	M5-6	实训9 月桂醇硫酸酯钠盐溶液表面张力的测定	PDF	098
42	M5-7	实训10 四类表面活性剂的定性判别	PDF	098
43	M6-1	含磷洗衣粉对环境的危害	PDF	100
44	M6-2	表观密度测定仪	图片	101
45	M6-3	罗氏泡沫仪(2151型)	图片	105
46	M6-4	泡沫测定操作视频	视频	106
47	M6-5	实训11 洗衣粉水分与挥发分的测定	PDF	118
48	M6-6	实训12 洗洁精泡沫的测定	PDF	118
49	M7-1	白度计使用说明	PDF	131
50	M7-2	实训13 透明皂透明度的测定	PDF	131
51	M7-3	实训14 肥皂氯化物含量的测定	PDF	131
52	M8-1	进口化妆品无有效许可批件案例	PDF	138
53	M8-2	耐热测定操作视频	视频	138
54	M8-3	耐寒测定操作视频	视频	138
55	M8-4	离心机	图片	138
56	M8-5	离心结果观察视频	视频	138
57	M8-6	黏度测定操作视频	视频	139
58	M8-7	乳化体类型检验操作视频	视频	142
59	M8-8	菌落总数的测定视频	视频	167

序号	资源编码	资源名称	资源类型	页码
60	M8-9	菌落总数的观察视频	视频	177
61	M8-10	实训 15 乳液稳定性的测定	PDF	177
62	M8-11	实训 16 化妆品 pH 值的测定	PDF	177
63	M8-12	实训 17 化妆品黏度的测定	PDF	177
64	M8-13	实训 18 化妆品菌落总数的测定	PDF	177
65	M8-14	实训 19 化妆品霉菌与酵母菌总数的测定	PDF	177
66	M9-1	木制暗箱	图片	180
67	M9-2	落球黏度计	图片	182
68	M9-3	黑白格板	图片	187
69	M9-4	试板喷涂操作视频	视频	189
70	M9-5	科尼格摆杆	图片	191
71	M9-6	铅笔硬度仪	图片	193
72	M9-7	附着力测定仪	图片	195
73	M9-8	漆膜弹性测定仪	图片	196
74	M9-9	漆膜冲击试验视频	视频	197
75	M9-10	耐洗刷试验视频	视频	200
76	M9-11	进口产品水性涂料甲醛超标被销毁案例	PDF	201
77	M9-12	实训 20 涂料试板的制备	PDF	213
78	M9-13	实训 21 涂料附着力的测定	PDF	213
79	M9-14	实训 22 涂料硬度的测定	PDF	213
80	M9-15	实训 23 涂料细度的测定	PDF	213
81	M9-16	涂料分析检测标准发展趋势	PDF	214
82	M10-1	实训 24 油墨初干性的测定	PDF	225
83	M10-2	实训 25 油墨附着力的测定	PDF	225
84	M11-1	实训 26 黏合剂固含量的测定	PDF	245
85	M11-2	实训 27 黏合剂甲醛含量的测定	PDF	245
86	M12-1	实训 28 植物提取物固含量的测定	PDF	256
87	M12-2	实训 29 植物提取物电导率的测定	PDF	256

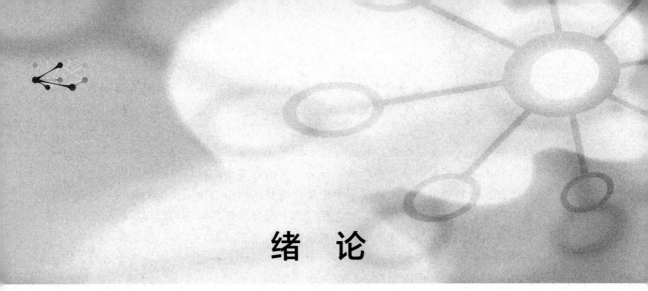

绪 论

 学习目标

知识目标

(1) 了解精细化学品生产的特点。

(2) 熟悉相关技术标准。

(3) 掌握精细化学品检验工作的基本程序。

能力目标

(1) 能进行精细化学品相关标准的查阅。

(2) 能根据精细化学品检验目标确定检验工作程序。

素质目标

(1) 通过标准学习培养职业道德和法律法规素养。

(2) 通过产业特点和检验方法学习了解精细化工产业文化。

 案例导入

作为一名精细化学品检验人员，你知道 GB/T 29679—2013《洗发液、洗发膏》中各项指标代表什么意思吗？

课前思考题

(1) 精细化学品包括哪些产品类型？

(2) 仪器分析法一定比化学分析法准确吗？

精细化学品是指经深度加工的、技术密集度高和附加值大的化学品，包括医药、农药、染料、颜料、涂料、胶黏剂、香料、化妆品、洗涤剂、表面活性剂、肥皂、油墨、助剂、食品和饲料添加剂等十几类，每一类中又有几十种，精细化学品的品种很多。

0.0.1 精细化学品生产的特点

精细化学品的含义决定了精细化学品生产具有如下特点。

（1）多品种、小批量　精细化学品用量不是很大，通常是几百千克到几吨或上千吨，但对产品质量要求较高。不断地开发新产品和提高产品质量是精细化工行业发展的总趋势。

（2）综合生产装置和多功能生产装置　由于精细化学品多品种、小批量的特点，精细化工企业往往是利用一套装置生产多种产品，并随市场的需要不断更换生产的品种。

（3）高度技术密集　由于在实际应用中精细化学品是以综合功能出现的商品，这就要求在化学合成中应筛选不同化学结构的原料，在剂型上充分发挥其自身功能与其他配合物的协同作用，这是形成精细化学品生产高度技术密集特点的主要原因。

（4）商品性强　由于精细化学品品种多，用户对产品可选择面广，市场竞争激烈，因而应用技术的开发和技术产品的应用服务是组织生产的两个重要环节，应在技术开发的同时，做好服务工作，以提高信誉。

0.0.2　精细化学品检验的任务

精细化学品检验是分析化学在精细化学品检验的应用，它的检验对象是精细化学品的原料、半成品和成品，其主要任务是：

① 通过检验，随时了解产品生产各环节的运行情况，保证生产正常进行。

② 通过检验，依据相关标准评定产品质量等级，促进企业优质、高效地进行生产。

0.0.3　精细化学品检验的方法

精细化学品的组成往往比较复杂，应依据一定的方法，对其主要成分及重要的杂质成分作检验。其检验方法主要有：

（1）按检验原理不同分为化学分析法和仪器分析法

① 化学分析法是以化学反应为基础的分析方法，主要有质量法、容量法等，常用于产品的常量及半微量分析检验。

② 仪器分析法是借助分析仪器测量产品的光学性质（如吸光度）、电化学性质（如电位、电导）、密度、熔点等物理或物理化学性质，以求出或了解产品中待测组分的含量或物理性能。仪器分析法具有快速、准确的优点，但需要分析仪器。

与化学分析法相比，仪器分析法具有一定的优势，但化学分析法不需要昂贵的仪器，故目前仍大量采用，特别是在企业的产品分析中仍以化学分析法为主。

（2）按生产及要求不同分为快速分析法和标准分析法

① 快速分析法是适应生产要求，通过简化操作步骤、提高速度而出现的一类新型分析方法；具有快、准、简、廉的特点，但检验结果精确度较低，误差较大。企业内部的生产过程监测和半成品检验多采用此法。

② 标准分析法是依据相关标准，对产品进行鉴定分析、仲裁分析和校验分析的一种方法，具有准确度高，完成分析所花时间长的特点。通常用于企业成品检验、国家质量监督检验和质量仲裁等方面。

pH 值测定方法的选择

0.0.4　我国技术标准的分级和分类

（1）技术标准的分级　按照标准的适用范围，我国的技术标准分为以下几个等级。

① 国家标准。由国务院有关行政主管部门审查批准和颁发，代号为 GB，在全国范围内执行。凡是带有 GB/T 代号的为国家推荐性执行标准，而只有 GB 代号的为国家强制性执行标准。

国家标准的编号由国家标准的代号，国家标准发布的顺序号和国家标准发布的年号构成。如推荐性国家标准编号 GB/T 2441.1—2008 中，GB/T 为推荐性国家标准的代号，2441.1 为国家标准发布的顺序号，2008 为国家标准发布的年号。

② 行业标准。由国家各主管部门审查批准和颁发。如化工行业标准为 HG；轻工行业标准为 QB。行业标准在各行业部门内执行。

行业标准的编号由各行业标准的代号，标准顺序号和标准年号组成。与国家标准的区别就在代号上。如轻工业标准编号 QB/T 2470—2000 中，QB/T 为轻工业推荐性标准代号，2470 为标准顺序号，2000 为标准年号。

③ 地方标准。由地方各级人民政府审查批准，在该地区内执行。强制性地方标准的代号由"DB"加上省、自治区、直辖市行政区划代码前两位数再加斜线组成，再加"T"则组成推荐性地方标准的代号。例如，吉林省的代号 22000，所以吉林省强制性地方标准代号为 DB22/、推荐性地方标准代号为 DB22/T。

地方标准的编号由地方标准的代号，地方标准的顺序号和年号三部分组成。

④ 企业标准。由生产企业负责人审查批准，在企业内部执行。企业标准代号为"Q"，某企业的企业标准代号由企业标准代号 Q 加斜线再加企业代号组成，即 Q/×××。

企业标准的编号由该企业的企业标准的代号，顺序号和年号组成。

（2）技术标准的分类　我国技术标准分为以下几类：

① 基础标准。基础标准是指在一定范围内作为其他标准的基础并具有广泛指导意义的标准。包括：标准化工作导则、通用技术语言标准、量和单位标准、数值与数据标准等。

② 产品标准。产品标准是指对产品的结构、规格、质量和检验方法所做的技术规定。

③ 方法标准。方法标准是指以产品性能、质量方面的检测、试验方法为对象而制定的标准。其内容包括检测或试验的类别、检测规则、抽样及取样测定操作、精度要求等方面的规定，还包括所用仪器、设备、检测和试验条件、方法、步骤、数据分析、结果计算、评定、合格标准、复验规则等。

④安全、卫生与环境保护标准。这类标准是以保护人和动物的安全、保护人类健康、保护环境为目的而制定的标准。

0.0.5　检验工作的基本程序

精细化学品成品、半成品和原材料的检验一般应按下列基本程序进行操作。

（1）试样的采集　一个待测样品所代表的产品数量往往很大，而采集的样品只是其中极少的部分。因此，所采集的样品，必须能代表物料的平均组成，否则检验过程和结果就失去意义。正确采样是保证检验结果准确的重要前提，应遵循随机采样的原则，采取足够的样品量，确保样品具有代表性，并保证各项检测任务的完成。

（2）方法的选择　对于原材料、半成品和成品的检验，方法的选择比较简单，一般直接采用国家标准、行业标准或企业标准进行测定。如无合适的检验方法，则可参照其他国家的标准方法或参考文献提供的分析方法。

（3）样品的测定　在选定了检验方法后，应严格按照有关的操作规程进行测定。

（4）检验结果的审查　审查检验结果的目的在于进一步发现问题，保证质量，是整个检验工作的重要一环。

 练习题

1. 我国技术标准分为哪几个等级？代号分别是什么？
2. 检验工作基本程序有哪几步？

国家标准示例　　　行业标准示例　　　企业标准示例　　　团体标准示例

第1章
精细化学品检验基本知识

 学习目标

知识目标

(1) 了解精细化学品检验数据处理相关知识。

(2) 熟悉标准物质、标准溶液和普通溶液标签和浓度表示方法。

(3) 熟悉精细化学品的采样方法。

(4) 掌握标准溶液和普通溶液的配制及标准溶液的标定方法。

能力目标

(1) 能正确使用物质浓度的表示方法。

(2) 能进行标准溶液和普通溶液的配制。

(3) 能进行标准溶液的标定。

素质目标

(1) 通过检验基本知识学习培养扎实的科学素养与人文素养。

(2) 通过具体操作训练培养劳动精神、工匠精神。

(3) 通过分组讨论和实训培养沟通能力和团队精神。

案例导入

如果你是一名企业的检验人员，工作中须配制 1L 0.1mol/L NaOH 标准溶液，应如何配制和标定？

 课前思考题

(1) NaOH 能作为标准物质使用吗？

(2) NaOH 能作为基准物质使用吗？

1.1 溶液配制的基本知识

精细化学品检验所用溶液分为水溶液（简称溶液）和非水溶液两大类。常用的溶液一般是水溶液。常用溶液的配制是精细化学品检验员必须掌握的基本技能，配制溶液除须选择合适的玻璃仪器，还应选择符合要求的溶质（化学试剂）和溶剂（水）。另外，若要正确地配制和使用溶液，必须掌握有关溶液浓度的表示方法等知识。

1.1.1 分析实验室用水规格及检验

一般化工产品的检验用水为"蒸馏水或相应纯度的去离子水"，某些超纯分析及痕量分析需要使用纯度更高的水。

1.1.1.1 分析实验室用水的规格

根据 GB/T 6682—2008《分析实验室用水规格和试验方法》规定，分析实验室用水分 3 个级别：一级水，二级水和三级水。一级水用于有严格要求的分析试验，包括对颗粒有要求的试验，如高效液相色谱分析用水。一级水可用二级水经过石英设备蒸馏或离子交换混合床处理后，再经 $0.2\mu m$ 微孔滤膜过滤来制取。二级水用于无机痕量分析等试验，可用多次蒸馏或离子交换等方法制取。三级水用于一般化学分析试验，可用蒸馏或离子交换等方法制取。

分析实验室用水的技术指标见表 1-1。

表 1-1 分析实验室用水的规格

技术名称	一级	二级	三级
pH 值范围 (25℃)	—	—	5.0～7.5
电导率(25℃)/($\mu S/m$)	≤0.01	≤0.10	≤0.50
可氧化物质含量(以 O 计)/(mg/L)	—	≤0.08	≤0.4
吸光度(254 nm,1cm 光程)	≤0.001	≤0.01	—
蒸发残渣[(105±2)℃]含量/(mg/L)	—	≤1.0	≤2.0
可溶性硅(以 SiO_2 计)含量/(mg/L)	≤0.01	≤0.02	—

注：1. 由于在一级水、二级水的纯度下，难以测定其真实的 pH 值，因此，对一级水、二级水的 pH 值范围不做规定。

2. 由于在一级水的纯度下，难以测定可氧化物质和蒸发残渣，对其限量不做规定。可用其他条件和制备方法来保证一级水的质量。

1.1.1.2 分析用水的检验

通常，三级水即可满足一般精细化学品分析检验的用水要求，在此主要介绍三级水的检验方法。

(1) pH 范围 量取 100mL 水样，用 pH 计测定 pH，具体测定方法见本书中第 2 章 2.8 节内容。

(2) 电导率 水的电导率是水质纯度的一个重要指标。用电导率仪测定水的电导率是水质分析和检测的最佳方法之一，具体测定方法见本书中第 2 章 2.9 节内容。

(3) 可氧化物质含量 量取 200mL 三级水注入烧杯中，加入 1.0mL 硫酸溶液（20%，按 GB/T 603—2002 配制），混匀。在上述已酸化的试液中，加入 1.00mL 高锰酸钾标准滴定溶液（$c_{1/5KMnO_4}=0.01mol/L$），混匀，盖上表面皿，加热至沸并保持 5min，溶液的粉红色不得完全消失。

（4）蒸发残渣　量取 500mL 三级水，将水样分几次加入旋转蒸发器的蒸馏瓶中，于水浴上减压蒸发（避免蒸干），等水样最后蒸至约 50mL 时，停止加热。将此浓集的水样转移至一个已于（105±2）℃恒重的蒸发皿中，用 5～10mL 水样分 2～3 次冲洗蒸馏瓶，洗液合并至蒸发皿，于水浴上蒸干，并在（105±2）℃的烘箱中干燥至质量恒定。

1.1.2　化学试剂和标准物质

对于从事分析工作的人员来说，了解化学试剂的性质、用途、保管及有关选购等方面的知识，是非常必要的。只有很好地掌握了试剂的性质和用途，才能正确使用化学试剂，不致因选用不当，影响分析结果的准确度或产生一些不应有的错误，造成浪费。

1.1.2.1　化学试剂的分类和选用

化学试剂品种繁多，种类复杂，通常根据用途分为通用试剂、基准试剂、生化试剂、生物染色剂等。进行精细化学品检验时，通常要使用以上化学试剂。表 1-2 列出了化学试剂的门类、等级和标志。

表 1-2　化学试剂的门类、等级和标志

门类	质量级别	代号	标签颜色	说明
通用试剂	优级纯	G. R	深绿色	主体成分含量高,杂质含量低,主要用于精密的科学研究和痕量分析
	分析纯	A. R	金光红色	主体成分含量略低于优级纯,杂质含量略高,主要用于一般科学研究和重要的检验工作
	化学纯	C. P	中蓝色	品质略低于分析纯,但高于实验试剂,一般用于工业产品检验和教学的一般分析工作
基准试剂			深绿色	用于标定容量分析标准溶液浓度及 pH 计定位的标准物质,纯度高于优级纯;须检测的杂质项目多,但杂质总含量低
生化试剂			咖啡色	用于生命科学研究的试剂,种类特殊,纯度并非一定很高
生物染色剂			玫红色	用于生物切片、细胞等的染色,以便显微观察

选用化学试剂的原则是根据检验工作的实际需要，选用不同纯度和不同包装的试剂。

（1）根据分析任务的不同，选用不同等级的试剂

① 进行痕量分析，应选用优级纯试剂，以降低空白值，避免杂质干扰。当然分析用水的纯度、仪器的洁净度以及环境条件也要求高。

② 用于标定标准滴定溶液浓度的试剂，应选用基准试剂，其纯度一般要求达（100±0.05）％。

③ 进行仲裁分析，应选用优级纯和分析纯试剂。

④ 进行一般分析，则选用分析纯或化学纯试剂，就足以满足需要。

（2）根据分析方法的不同，选用不同等级的试剂

① 配位滴定中，常选用分析纯试剂，以免试剂中所含杂质金属离子对指示剂起封闭作用。

② 分光光度法、原子吸收分光光度法分析等，也常选用纯度较高的试剂，以降低试剂的空白值。

1.1.2.2 标准物质

（1）标准物质的分级　为了保证分析测试结果具有一定的准确度，并具有可比性和一致性，常常需要一种用来校准仪器、标定溶液浓度和评价分析方法的物质，这种物质被称为标准物质。滴定分析中所用的基准试剂就是一种标准物质。标准物质要求材质均匀，性能稳定，批量生产，准确定值，有标准物质证书（标明标准值的准确度等内容）。

我国的标准物质分为以下两个级别：

一级标准物质——代号为GBW。一级标准物质由国家计量行政部门审批并授权生产。采用绝对测量法定值或由多个实验室采用准确可靠的方法协作定值，其测量准确度达到国内最高水平。主要用于研究和评价标准方法，对二级标准物质定值等。

二级标准物质——代号为GBW（E）。二级标准物质是采用准确可靠的方法或直接与一级标准物质相比较的方法定值的。二级标准物质常称为工作标准物质，主要用作工作标准以及同一实验室间的质量保证。

为了满足各种分析检验的需要，我国已生产了很多种属于标准物质的标准试剂，现列于表1-3中。

表 1-3　主要的国产标准试剂

类　别	主 要 用 途
容量分析第一基准	工作基准试剂的定值
容量分析工作基准	容量分析标准溶液的定值
杂质分析标准溶液	仪器及化学分析中作为微量杂质分析的标准
容量分析标准溶液	容量分析法测定物质的含量
一级 pH 基准试剂	pH 基准试剂的定值和高精密度 pH 计的校准
pH 基准试剂	pH 计的校准(定位)
热值分析标准	热值分析仪的标定
气相色谱标准	气相色谱法进行定性和定量分析的标准
临床分析标准溶液	临床化验
农药分析标准	农药分析
有机元素分析标准	有机元素分析

（2）标准物质的用途　从表1-3中看出，标准物质的用途相当广泛。其用途可归为以下几类：

① 用于校准分析仪器。理化测试仪器及成分分析仪器一般都属于相对测量仪器，如 pH 计、电导率仪、折射仪、色谱仪等。使用前，必须用标准物质校准后方可进行测定工作，如 pH 计，使用前需用 pH 标准缓冲物质来定位，然后测定未知样品的 pH 值。

② 用于评价分析方法。某种分析方法的可靠性可用加入标准物质做回收实验的方法来评价。具体做法是，在被测样品中加入已知量的标准物质，然后做对照试验，计算标准物质的回收率，根据回收率的高低，判断分析过程是否存在系统误差及该方法的准确度。

③ 用于实验室内部或实验室之间的质量保证。标准物质可以作为控制物用于考核某个分析者或某个化验室的工作质量。分析者在同一条件下对标准物质和被测样品进行分析，当对标准物质分析得到的数据与标准物质的保证值一致时，则认定该分析者的测定结果是可

信的。

标准物质还有一些其他用途，如制作标准曲线、制定标准检验方法、产品质量仲裁等。

（3）常用的标准物质　表 1-4 列出了各种常用的标准物质的基本单元及摩尔质量（M_B）的数值。

表 1-4　常用标准物质一览表

名称	分子式	基本单元	$M_B/(g/mol)$
盐酸	HCl	HCl	36.46
硫酸	H_2SO_4	$1/2\ H_2SO_4$	49.04
氢氧化钠	NaOH	NaOH	40.00
碳酸钠	Na_2CO_3	$1/2\ Na_2CO_3$	52.99
高锰酸钾	$KMnO_4$	$1/5\ KMnO_4$	31.61
重铬酸钾	$K_2Cr_2O_7$	$1/6\ K_2Cr_2O_7$	49.03
碘	I_2	$1/2\ I_2$	126.9
硫代硫酸钠	$Na_2S_2O_3 \cdot 5H_2O$	$Na_2S_2O_3 \cdot 5H_2O$	248.18
硫酸亚铁铵	$Fe(NH_4)_2(SO_4)_2 \cdot 6H_2O$	$Fe(NH_4)_2(SO_4)_2 \cdot 6H_2O$	392.14
三氧化二砷	As_2O_3	$1/4\ As_2O_3$	49.46
草酸	$H_2C_2O_4$	$1/2\ H_2C_2O_4$	45.02
草酸钠	$Na_2C_2O_4$	$1/2\ Na_2C_2O_4$	67.00
碘酸钾	KIO_3	$1/6\ KIO_3$	35.67
硝酸银	$AgNO_3$	$AgNO_3$	169.87
氯化钠	NaCl	NaCl	58.45
硫氰酸钾	KCNS	KCNS	97.18
乙二胺四乙酸二钠	$C_{10}H_{14}N_2O_8Na_2 \cdot 2H_2O$	$C_{10}H_{14}N_2O_8Na_2 \cdot 2H_2O$	372.24
氧化锌	ZnO	ZnO	81.38
无水对氨基苯磺酸	$HO_3SC_6H_4NH_2$	$HO_3SC_6H_4NH_2$	173.20
亚硝酸钠	$NaNO_2$	$NaNO_2$	69.00

1.1.3　溶液浓度的表示方法

在精细化学品检验工作中，随时都要用到各种浓度的溶液，溶液的浓度是指一定量的溶液（或溶剂）中所含溶质的量。在国际标准和国家标准中，一般用 A 代表溶剂，用 B 代表溶质。精细化学品检验中常用的溶液浓度的表示方法有以下几种。

1.1.3.1　B 的质量分数

B 的质量分数（mass fraction of B），符号为 w_B，定义为：B 的质量与混合物的质量之比，即

$$w_B = \frac{m_B}{\sum_A m_A} \tag{1-1}$$

消毒酒精

式中 m_B ——B 的质量;

$\sum\limits_{A} m_A$ ——混合物的质量。

由于质量分数是相同物理量之比,为无量纲,在量值表达上以纯小数表示,例如,市售的浓盐酸的浓度可表示为 $w_{HCl}=0.38$,或 $w_{HCl}=38\%$。

在微量和痕量分析中,过去常用 ppm 和 ppb 表示含量,其含义为 10^{-6} 和 10^{-9},现在这种表示方法已废止,应改用法定计量单位表示。例如某化工产品中含铁 5ppm,现应表示为 $w_{Fe}=5\times10^{-6}$。

1.1.3.2　B 的体积分数

B 的体积分数(volume fraction of B),符号为 φ_B。定义为:B 的体积与相同温度 T 和压力 p 时混合物的体积之比,即

$$\varphi_B = \frac{x_B V_{m,B}^*}{\sum\limits_{A} x_A V_{m,A}^*} \tag{1-2}$$

式中 x_A、x_B ——分别代表 A 和 B 的摩尔分数;

$V_{m,A}^*$, $V_{m,B}^*$ ——分别代表与混合物相同温度 T 和压力 p 时纯 A 和纯 B 的摩尔体积;

$\sum$ ——对所有物质求和。

由于体积分数是相同物理量之比,为无量纲,在量值表达上以纯小数表示。将液体试剂稀释时,多采用这种浓度表示方法,如 $\varphi_{C_2H_5OH}=0.70$,也可以写成 $\varphi_{C_2H_5OH}=70\%$,若用无水乙醇来配制这种浓度的溶液,可量取无水乙醇 70mL,加水稀释至 100mL。

体积分数也常用于气体分析中表示其一组分的含量。如空气中含氧 $\varphi_{O_2}=0.21$,表示氧的体积占空气体积的 21%。

1.1.3.3　B 的摩尔分数

B 的摩尔分数(mole fraction of B),也称为"B 的物质的量分数",有两个符号,为 x_B,y_B。定义为:B 的物质的量 n_B 与混合物的物质的量 $\sum\limits_{A} n_A$ 之比,即

$$x_B = \frac{n_B}{\sum\limits_{A} n_A} \tag{1-3}$$

由于摩尔分数是相同物理量之比,为无量纲,在量值表达上以纯小数表示。

1.1.3.4　B 的质量浓度

B 的质量浓度(mass concentration of B),符号为 ρ_B,单位是 kg/m^3,常用单位为 g/L。定义为:B 的质量 m_B 除以混合物的体积 V,即

$$\rho_B = \frac{m_B}{V} \tag{1-4}$$

例如 $\rho_{NH_4Cl}=10g/L$ 氯化铵溶液,表示的是 1L 氯化铵溶液中含有 10g 氯化铵。当溶液的浓度很稀时,也可用 mg/L,$\mu g/L$ 来表示。

在一些较早的检验方法标准中,习惯使用质量体积百分浓度来表示溶液的质量浓度,如 0.5% 的淀粉溶液,现质量体积百分浓度已不再使用,0.5% 的淀粉溶液的质量浓度应表示为 5g/L。

1.1.3.5　体积比

体积比（volume ratio），符号为 ψ。定义为：溶质 B 的体积 V_B 与溶剂 A 的体积 V_A 之比，即

$$\psi = \frac{V_B}{V_A} \tag{1-5}$$

由于体积比是相同物理量之比，为无量纲。体积比的用法举例如下：

① 稀硫酸溶液：$\psi(H_2SO_4)=1:4$（比式中的"4"通常是指水）。

② 王水的组成：$\psi(HNO_3:HCl)=1:3$。

③ 薄层展开剂：ψ（苯：丙酮：乙醇：二乙醇胺）$=50:40:10:0.06$。

1.1.3.6　质量比

质量比（mass ratio），符号为 ξ。定义为：溶质 B 的质量 m_B 与溶剂 A 的质量 m_A 之比。

由于质量比是相同物理量之比，因此为无量纲。

质量比的表达式、用法与体积比相似。用熔融法分解难溶样品时，常用混合熔剂，其组成标度就是用质量比表示。例如 $\xi_{KNO_3}=m_{KNO_3}/m_{Na_2CO_3}=0.25$ 或 25%。

实际应用中将质量比、体积比写成 $KNO_3:Na_2CO_3=1:4$、苯：丙酮：乙醇$=5:4:1$ 是不妥当的。当然，如果写成以下形式：

$$m_{KNO_3}:m_{Na_2CO_3}=1:4$$

$$V_苯:V_{丙酮}:V_{乙醇}=5:4:1$$

其含义是正确的，但不如用质量比符号的写法简洁。

1.1.3.7　B 的物质的量浓度

物质的量浓度也称摩尔浓度。B 的物质的量浓度（amount-of-substance concentration of B），常简称为 B 的浓度（concentration of B），符号为 c_B，单位为 mol/m^3，实际中常用 mol/L。定义为：B 的物质的量除以混合物的体积，即

$$c_B = \frac{n_B}{V} \tag{1-6}$$

式中　c_B——物质 B 的物质的量浓度；

　　　n_B——物质 B 的物质的量；

　　　V——混合物（溶液）的体积。

1.1.4　溶液的制备

溶液的制备包括标准溶液的制备和一般溶液的制备。

标准溶液是已确定其主体物质浓度或其他特性量值的溶液。精细化学品检验常用的标准溶液有如下 4 种：

① 滴定分析用标准溶液。也称为标准滴定溶液。主要用于测定试样的主体成分或常量成分。其浓度要求准确到 4 位有效数字，常用的浓度表示方法是物质的量浓度和滴定度。

② 杂质测定用标准溶液。包括元素标准溶液、标准比对溶液（如标准比色溶液、标准比浊溶液等）。主要用于对样品中微量成分（元素、分子、离子等）进行定量、半定量或限

量分析。其浓度通常以质量浓度来表示，常用的单位是 mg/L、μg/L 等。

③ pH 测量用标准缓冲液。具有准确的 pH 数值，由 pH 基准试剂进行配制。用于对 pH 计的校准，亦称定位。

④ 一般溶液，是指非标准溶液。它在精细化学品检验中常用于溶解样品、调节 pH、分离或掩蔽离子、显色等。配制一般溶液精度要求不高，只需保持 1~2 位有效数字。试剂的质量由架盘天平或电子秤称量，体积用量筒量取即可。

1.1.4.1 滴定分析用标准溶液的制备

（1）一般规定　标准溶液的浓度准确程度直接影响分析结果的准确度。因此，制备标准溶液在方法、使用仪器、量具和试剂等方面都有严格的要求。国家标准 GB/T 601—2016《化学试剂　标准滴定溶液的制备》中对上述各个方面的要求作了一般规定，即在制备滴定分析（容量分析）用标准溶液时，应达到下列要求：

① 配制标准溶液用水，至少应符合 GB/T 6682—2008 中三级水的规格。

② 所用试剂纯度应在分析纯以上。标定所用的基准试剂应为容量分析工作中使用的基准试剂。

③ 所用分析天平及砝码应定期检定。

④ 所用滴定管、容量瓶及移液管均须定期校正。

⑤ 制备标准溶液的浓度是指 20℃时的浓度，在标定和使用时，如温度有差异，应按标准进行补正。

⑥ 标定标准溶液时，平行试验不得少于 8 次，两人各做 4 次平行测定，检测结果再按规定的方法进行数据的取舍后取平均值，浓度值取 4 位有效数字。

⑦ 凡规定用"标定"和"比较"两种方法测定浓度时，不得略去其中任何一种。浓度值以标定结果为准。

⑧ 配制浓度等于或低于 0.02mol/L 的标准溶液时，应于临用前将浓度高的标准溶液，用煮沸并冷却的纯水稀释，必要时重新标定。

⑨ 滴定分析标准溶液在常温（15~25℃）下，保存时间一般不得超过 60 天。

（2）配制和标定方法　标准溶液的制备有直接配制法和标定法两种。

① 直接配制法。在分析天平上准确称取一定量的已干燥的基准物（基准试剂），溶于纯水后，转入已校正的容量瓶中，用纯水稀释至刻度，摇匀即可。

② 标定法。很多试剂并不符合基准物的条件，例如市售的浓盐酸中 HCl 很易挥发，固体氢氧化钠很易吸收空气中的水分和 CO_2，高锰酸钾不易提纯而易分解等。因此它们都不能直接配制标准溶液。一般是先将这些物质配成近似所需浓度的溶液，再用基准物测定其准确浓度。这一操作称为标定。标准溶液有三种标定方法。

a. 直接标定法。准确称取一定量的基准物，溶于纯水后用待标定溶液滴定，至反应完全，根据所消耗待标定溶液的体积和基准物的质量，计算出待标定溶液的基准浓度。如用基准物无水碳酸钠标定盐酸或硫酸溶液，就属于这种标定方法。

【例 1-1】　用直接标定法标定氢氧化钾-乙醇溶液。

解：配制。称取 30g 氢氧化钾，溶于 30mL 三级以上水中，用无水乙醇稀释至 1000mL。放置 5h 以上，取清液使用。

标定。称取 3g（精确至 0.0001g）于 105~110℃烘至恒量的基准邻苯二甲酸氢钾，溶于 80mL 无二氧化碳的水中，加入 2 滴酚酞指示剂（ρ＝10g/L），用配制好的氢氧化钾-乙醇溶液滴定至溶液呈粉红色，同时作空白试验。

计算。其准确浓度由式（1-7）计算：

$$c_{KOH} = \frac{m}{(V_1 - V_2) \times M_{C_6H_4CO_2HCO_2K}}$$

(1-7)

式中　c_{KOH}——标准溶液物质的量浓度；

　　　m——邻苯二甲酸氢钾的质量；

　　　V_1——标定试验消耗标准溶液的体积；

　　　V_2——空白试验消耗标准溶液的体积；

$M_{C_6H_4CO_2HCO_2K}$——邻苯二甲酸氢钾的摩尔质量。

b. 间接标定法。有一部分标准溶液没有合适的用以标定的基准试剂，只能用另一已知浓度的标准溶液来标定。当然，间接标定的系统误差比直接标定的要大些。如用氢氧化钠标准溶液标定乙酸溶液，用已知浓度的高锰酸钾标准溶液标定草酸溶液等都属于这种标定方法。

③ 比较法。用基准物直接标定标准溶液后，为了保证其浓度更准确，采用比较法验证。例如，盐酸标准溶液用基准物无水碳酸钠标定后，再用已知浓度的氢氧化钠标准溶液进行比较，既可以检验盐酸标准溶液浓度是否准确，也可考查氢氧化钠标准溶液的浓度是否可靠。

1.1.4.2　杂质测定用标准溶液的制备

为了确保杂质标准溶液的准确度，国家标准对其制备和使用也有严格要求，详见 GB/T 602—2002《化学试剂　杂质测定用标准溶液的制备》。

① 制备杂质标准溶液所用的水，至少应符合 GB/T 6682—2008 中二级水（详见表 1-1）的规格。

② 所用试剂纯度应在分析纯以上。

③ 使用杂质标准溶液应用移液管量取，每次量取体积 V 应符合：$0.05mL \leqslant V \leqslant 2.00mL$。

一般浓度低于 0.1g/L 的标准溶液，应在临用前用较浓的标准溶液（标准贮备液）于容量瓶中稀释而成。

④ 杂质标准溶液在常温（15～25℃）下保存期一般为 60 天。当出现混浊、沉淀或颜色有变化时，应重新制备。

1.1.4.3　配制溶液注意事项

① 分析实验所用的溶液应用纯水配制，容器应用纯水洗 3 次以上。特殊要求的溶液应事先作纯水的空白值检验。

② 溶液要用带塞的试剂瓶盛装。见光易分解的溶液要装于棕色瓶中。挥发性试剂、见空气易变质及放出腐蚀性气体的溶液，瓶塞要严密。浓碱液应用塑料瓶装，如装在玻璃瓶中，要用橡胶塞塞紧，不能用玻璃磨口塞。

③ 每瓶试剂溶液必须有标明名称、浓度和配制日期的标签，标准溶液的标签还应标明标定日期、标定者。

④ 配制硫酸、磷酸、硝酸、盐酸等溶液时，应把酸倒入水中。对于溶解时放热较多的试剂，不可在试剂瓶中配制，以免炸裂。

⑤ 用有机溶剂配制溶液时（如配制指示剂溶液），有时有机物溶解较慢，应不时搅拌，

可以在热水浴中温热溶液，不可直接加热。易燃溶剂要远离明火使用，有毒有机溶剂应在通风柜内操作，配制溶液的烧杯应加盖，以防有机溶剂的挥发。

⑥ 要熟悉一些常用溶液的配制方法。如配制碘溶液应加入适量的碘化钾；配制易水解的盐类溶液，如 $SnCl_2$ 溶液的配制，应先加酸溶解后，再以一定浓度的稀酸稀释。

⑦ 不能用手接触腐蚀性及有剧毒的溶液。剧毒溶液应作解毒处理，不可直接倒入下水道。

总之，溶液的配制是进行精细化学品检验的一项基础工作，是保证检验结果准确可靠的前提。在我国颁布的有关化工产品检验方法标准中，一般都规定了配制溶液所用试剂的等级和分析用水的规格，同时规定了相应的配制方法。一般定量分析所用试剂为分析纯，所用分析用水为三级水。为了不在教材中重复，本教材中"溶液的配制"未加说明时，所用试剂均为分析纯，所用实验室用水均为三级水。

1.1.5 溶液标签书写格式

1.1.5.1 标准溶液标签书写格式

标准溶液的配制、标定、检验及稀释等都应有详细记录，其重要性和要求不亚于测定的原始记录。标准溶液的盛装容器应粘贴书写内容齐全、字迹清晰、符号准确的标签。

标准溶液标签书写内容包括：溶液名称、浓度类型、浓度值、介质、配制日期、配制温度、瓶号、校核周期和配制人。以下列举两种书写格式供参考。

2 重铬酸钾标准滴定液
$c_{1/6K_2Cr_2O_7}=0.060\ 21\text{mol/L}$
$\times\times\times$ 18℃   校核周期:半年   2023.8.21

标签中：2 为瓶号；18℃为配制时室温；×××为配制者姓名；2023.8.21 为配制时间。

3A　　锌标准溶液
$\dfrac{\rho_{Zn}=2\mu\text{g/mL}}{(5\%\ HNO_3)}$
$\times\times\times$ 18℃   校核周期:一年   2023.8.21

标签中：3 为容器编号；A 为相同浓度溶液的顺序号；5％HNO₃ 为介质。

1.1.5.2　一般溶液标签书写格式

一般溶液标签的书写内容包括：名称、浓度、介质、配制日期和配制人。例如：

| HAc-NaAc 缓冲溶液 pH＝6 ××× 2023.2.2 | $w_{SnCl_2}=20\%$ (20％ HCl) ××× 2023.2.10 |

1.2　数据处理基础

1.2.1　有效数字与修约规则

1.2.1.1　有效数字

所谓有效数字就是实际上能测得的数字，一般由可靠数字和可疑数字两部分组成。在反复测量一个量时，其结果总是有几位数字固定不变，为可靠数字。可靠数字后面出现的数字，在各次单一测定中常常是不同的、可变的。这些数字欠准确，往往是通过操作人员估计得到的，因此为可疑数字。

有效数字位数的确定方法为：从可疑数字算起，到该数的左起第一个非零数字的数字个数称为有效数字的位数。

例如：用分析天平称取试样 0.6410g，这是一个四位有效数字，其中前面三位为可靠数字，最末一位数字是可疑数字，且最末一位数字有±1 的误差，即该样品的质量在 (0.6410± 0.0001) g 之间。

1.2.1.2　有效数字的修约规则

在数据记录和处理过程中，往往遇到一些精密度不同或位数较多的数据。由于测量中的误差会传递到结果中，为使计算简化，可按修约规则对数据进行保留和修约。按照 GB/T 8170—2008《数值修约规则与极限数值的表示和判定》，简而言之，就是 4 舍 6 入 5 成双。详见表 1-5。

表 1-5　数值修约规则

修约规则	修约实例		说明
	修约前	修约后	
1.6 要入 2.4 要舍	5.7261 5.7241	5.73 5.72	包括 6 及 6 以上 包括 4 及 4 以下
3.5 后有数就进一 5 后无数看左方： 左为奇数需进一 左为偶数全舍光	5.7251 5.735 5.725	5.73 5.74 5.72	即或进或舍，以结果为偶数为准。另外，"0"为偶数
4. 不论修约多少位，都要一次修停当	5.73467	5.73	不要依次修约： 5.73467→5.735→5.74

1.2.2　可疑数据的取舍

由于偶然误差的存在，实际测定的数据总是有一定的离散性。其中偏离较大的数据可能是由未发现的原因误差所引起的。若保留，势必影响所得平均值的可靠性，并会产生较大偏差；若随意舍去，则与人为挑选满意的数据无异，与实事求是的科学态度相违背。因此对于数据的取舍应有一个衡量的尺度，即对偏离较大的可疑数据应进行检查，然后决定取舍。

常用的检验方法有"$4\overline{d}$"检验法、Q检验法、Dixon检验法和Grubbs检验法等。下面介绍前两种方法。

1.2.2.1　$4\overline{d}$检验法

$4\overline{d}$检验法是较早采用的一种检验可疑数据的方法，可用于实验过程中对测定数据可疑值的估测。检验步骤如下：

① 一组测定数据求可疑数据以外的其余数据的平均值（$\overline{x}$）和平均偏差（$\overline{d}$）；

② 计算可疑数据（x_i）与平均值（$\overline{x}$）之差的绝对值；

③ 判断：若$|x_i-\overline{x}|>4\overline{d}$，则$x_i$应舍弃，否则保留。

使用$4\overline{d}$法检验可疑数据简单、易行，但该法不够严格，存在较大的误差，只能用于处理一些要求不高的实验数据。

1.2.2.2　Q检验法

Q检验法检验步骤如下：

① 将测定值由小到大顺序排列：x_1，x_2，x_3，…，x_n。其中x_1或x_n为可疑值。

② 计算可疑值与相邻值的差值，再除以极差，得统计值Q。即：

检验x_1时，$Q=\dfrac{x_2-x_1}{x_n-x_1}$；检验$x_n$时，$Q=\dfrac{x_n-x_{n-1}}{x_n-x_1}$

③ 判断：根据测定次数n和要求的置信度（如90%、95%等）查Q值表（表1-6）。如$Q\geqslant Q_{\text{表}}$时，则舍弃可疑值，否则保留。

表1-6　Q值表

n	3	4	5	6	7	8	9	10
$Q_{0.90}$	0.94	0.76	0.64	0.56	0.51	0.47	0.44	0.41
$Q_{0.95}$	1.53	1.05	0.86	0.76	0.69	0.64	0.60	0.58

Q检验法符合数理统计原理，Q值越大，说明x_1或x_n离群越远，至一定界限时即应舍弃。Q检验法具有直观和计算方法简便的优点。

【例1-2】　40.02，40.12，40.16，40.18，40.18，40.20为一组测定数据，其中一个数据可疑，试判断是否舍弃。

解：$Q=\dfrac{40.12-40.02}{40.20-40.02}=0.56$

以置信度90%测定次数为6，查Q值表，得$Q_{0.90}=0.56$

因$Q=Q_{0.90}$，40.02应舍弃。

1.2.3　测定结果的数值表达方式

检测结果的数值表达方式一般有以下几种。

1.2.3.1 算术平均值（$\overline{x}$）

在克服系统误差之后，当测定次数足够多（$n \rightarrow \infty$）时，其总体均值与真实值很接近。通常测定中，测定次数总是有限的，有限测定值的平均值只能近似真实值，算术平均值表达形式是算术平均值和标准偏差（$\overline{x} \pm s$）或算术平均值和最大相对偏差或相对标准偏差。例如：化妆品中含砷量 8 次测定结果平均值为 16mg/kg，最大相对偏差 4.2%，相对标准偏差 5.1%。

1.2.3.2 几何平均值（X_g）

若一组数据呈正态分布，此时可用几何平均值来表示该组数据。即

$$X_g = \sqrt[n]{x_1 x_2 x_3 \cdots x_n} = (x_1 x_2 x_3 \cdots x_n)^{\frac{1}{n}} \tag{1-8}$$

1.2.3.3 中位值

测定数据按大小顺序排列的中间值，即中位值。若数据次数为偶次，中位值是中间两个数据的平均值。

中位值最大的优点是简便、直观，但只有在两端数据分布均匀时，中位值才能代表最佳值。当测定次数较少时，平均值与中位值不完全符合。

1.3 精细化工产品的采样

1.3.1 采样的目的及基本原则

在分析工作中，需要检验的物料常常是大量的，其组成却不一定都是均匀的。检验分析时所称取的试样一般只有几克或更少，而分析结果又必须能代表全部物料的平均组成。因此，采取具有充分代表性的"平均样品"，就具有极重要的意义。

正确地采样（抽样），是精细化学品检验员必须掌握的基本技能之一。如果采样方法不正确，即使分析工作做得非常仔细和正确，也是毫无意义的。更有害的是，因提供的无代表性的分析数据，可能把不合格品判定为合格品或者把合格品判定为不合格品，其结果将直接给生产企业、用户和消费者带来难以估计的损失。因此，在采样中应遵循的基本原则，就是使采得的样品有充分的代表性。

1.3.2 采样的一般要求

国家标准 GB/T 6678—2003《化工产品采样总则》对化工产品的采样有关事宜做了原则上的规定。根据这些规定，进行化工产品采样的一般要求如下。

1.3.2.1 制订采样方案

在进行化工产品采样前，必须制订采样方案。该方案至少包括的内容如下：

① 确定总体物料的范围，即批量大小；

② 确定采样单元和二次采样单元；

③ 确定样品数、样品量和采样部位；

④ 规定采样操作方法和采样工具；

⑤ 规定样品的加工方法；

⑥ 规定采样安全措施。

1.3.2.2 确定样品数和量的原则

在满足需要的前提下，能给出所需信息的最少样品数和最少样品量为最佳样品数和最佳样品量。

（1）样品数的确定　一般化工产品，都可用多单元物料来处理。总体物料的单元数小于 500 的，采样单元的选取数，推荐按表 1-7 的规定确定。总体物料的单元数大于 500 的，采样单元数的确定，推荐按总体单元数立方根的三倍数，即 $3 \times \sqrt[3]{N}$（N 为总体的单元数），如遇有小数时，则进为整数。如单元数为 538，则 $3 \times \sqrt[3]{538} \approx 24.4$，将 24.4 进为 25，即选用 25 个单元。

（2）样品量的确定　在满足需要的前提下，样品量至少应满足以下要求：

① 至少满足 3 次重复检测的需求；

② 当需要留存备考样品时，应满足备考样品的需要；

③ 对采得的样品物料如需做制样处理时，应满足加工处理的需要。

表 1-7　选取采样单元数的规定

N	n	N	n
1~10	全部单元	182~216	18
11~49	11	217~254	19
50~64	12	255~296	20
65~81	13	297~343	21
82~101	14	344~394	22
102~125	15	395~450	23
126~151	16	451~512	24
152~181	17		

注：N 为总体物料的单元数；n 为采样选取的最少单元数。

1.3.2.3 对样品容器和样品保存要求

（1）对盛样容器的要求　具有符合要求的盖、塞或阀门，在使用前必须洗净、干燥。材质必须不与样品物质起化学反应，不能有渗透性。对光敏性物料，盛样容器应是不透光的，或在容器外罩避光塑料袋。

（2）对样品标签的要求　样品盛入容器后，随即在容器壁上贴上标签。标签内容包括：样品名称及样品编号，总体物料批号及数量，生产单位，采样部位，样品量，采样日期，采样者等。

（3）对样品保存的要求　产品采样标准或采样操作规程中，都应规定样品的保存量（作为备考样）、保存环境、保存时间等。对剧毒和危险样品的保存和销毁，除遵守一般规定外，还必须遵守毒物和危险物的有关规定。

1.3.2.4 对采样记录的要求

采样时，应记录被采物料的状况和采样操作，如物料的名称、来源、编号、数量、包装情况、保存环境、采样部位、所采的样品数和样品量、采样日期、采样人姓名等。采样记录最好设计成适当的表格，以便记录规整、方便。

1.3.2.5 采样应注意的事项

① 化工产品种类繁多，采样条件千变万化。采样时应根据采样的基本原则和一般规定，按照实际情况选择最佳采样方案和采样技术。

② 采样是一种和检验准确度有关的、技术性很强的工作。采样工作应由受过专门训练的人承担。

③ 采样前应对选用的采样方法和装置进行可行性实验，掌握采样操作技术。

④ 采样过程中应防止被采物料受到环境污染和变质。

⑤ 采样人员必须熟悉被采产品的特性和安全操作的有关知识和处理方法。

⑥ 采样时必须采取措施，严防爆炸、中毒、燃烧、腐蚀等事故的发生。

1.3.3 采样方法简介

采样前，应规定将试样总量均匀地分散到各个采样部位，然后进行采样。从一个采样部位按规定采取的一份样，称为子样。合并所有的子样，则为总样。

精细化工产品按物理形态主要分为固体和液体两种形态，其采样方法各有不同。另外，产品在包装前后，采样的方法也有所不同。

1.3.3.1 采样方法

（1）瓶装液体产品 被采样物料在搅拌均匀后，用适当的采样管采得均匀样品，装入盛样容器中，盖严，做好标志。

（2）桶装液体产品 被采样物料在滚动或搅匀后，用适当的采样管采得混合样品，或从桶内不同部位取相同量的样品，装入盛样容器内，混合均匀后，盖严，做好标志。

注：如须知表面或底部情况时，可分别采容器上部（距液面 1/10 处）或容器底部（距液面 9/10 处）的样品。

（3）贮罐装液体产品 当贮罐安有上、中、下采样口，在贮罐满时，从各采样口分别取相同数量的样品，混合均匀成为平均样品。当罐内液面高度达不到上部或中部采样口时，按下列方法采得样品：

① 当上部采样口比中部采样口更接近液面时，从中部采样口采 2/3 样品，从下部采样口采 1/3 样品，混合均匀。

② 当中部采样口比上部采样口更接近液面时，从中部采样口采 1/2 样品，从下部采样口采 1/2 样品，混合均匀。

③ 当液面低于中部采样口时，则从下部采样口采全部样品，混合均匀。

取得样品，装入盛样容器内，盖严，做好标志。

当贮罐只有顶部采样口时，可用适宜采样管或采样瓶从容器上部（距液面 1/10 处）、中部（距液面 3/10 处）、下部（距液面 9/10 处）3 个不同水平部位，取相同数量的样品，混合均匀，装入盛样容器内，盖严，做好标志。

（4）固体产品

① 粉末、小颗粒、小晶体和块状样品，可用采样勺或采样探子从物料的一定部位和一定方向，取部位样品或定向样品。每个采样单元中，所采的定向样品的部位、方向和数量依容器中物料的均匀程度确定。采得样品装入盛

固体化妆品
原料的取样

样容器中，盖严，做好标志。

② 在常温下为固体，当受热时易变成流动液体（但不改变其化学性质）的样品，可将盛样容器预先放置熔器室中，使样品全部熔化成液体状态后，按液体产品采样之规定采得液体样品装入盛样容器内，盖严，做好标志。

1.3.3.2 采样数目

按随机采样方法，对同一生产批号、相同包装的产品进行采样。基于目前各厂生产工艺和产品质量稳定性的差异，可根据产品质量自行决定采样数目，在产品质量正常情况下，采样数目推荐采用表1-7的数字。

1.3.3.3 最终样品的贮存与使用

根据1.3.2规定，所选取的采样单元数中，应留取适量样品，作为最终样品贮存。存放最终样品的瓶口应选择对产品呈惰性的包装材质，盖严密封。贮存时间由生产单位自行决定。

1.3.3.4 固体样品的制备

从较大数量的原始样品制成试验样品（简称试样）的过程，叫作样品的制备。试样应符合检验要求，并在数量上满足检验和备查的需要。样品制备过程中，不得改变样品的组成，不得使样品受到污染损失。

对于组成较均匀的样品，只要对样品稍加混合后取其一部分，即为试样。

对于组成不均匀的样品，样品制备一般应包括粉碎、混合、缩分3个步骤。应根据具体情况，一次或多次重复操作，直至得到符合要求的试样。

(1) 粉碎　用研钵、锤子或适当的装置及研磨机械来粉碎样品。

(2) 混合　根据样品量的大小，用手铲或合适的机械混合装置来混合样品。

(3) 缩分　根据物料状态，用四等分法和交替铲法或分样器，分格缩分铲或其他适当的机械分样器来缩分样品。

1.3.4 样品的验收

① 化学试剂应由商业部门的质量监督部门按照产品的技术标准进行验收，生产单位应保证每批出厂产品均符合质量标准要求。

② 验收部门要按产品编号，分批取样检验，每批出厂的产品必须附有一定格式的质量证书。

③ 要认真详细抽查被采物的包装容器是否受损、腐蚀或渗漏，并核对外部标志。如验收中发现可疑或异常现象，应及时报告，在双方未达成协议前，不得进行采样。

④ 为了检查产品的质量是否符合该产品质量证书的要求，验收部门对交货的产品，必须按有关规定进行采样。

⑤ 验收部门有权对成批产品进行采样检验，若有一项不合格时，双方应按照包装后成品采样方法，从同一批产品中加倍进行采样，重复检验全部项目，如有一个样品一项不合格时，则成批产品以不合格论。

⑥ 验收部门对交货的产品，在供需双方协商的规定日期前，应尽快进行采样验收，超过规定日期不采样，产品变质应由收货方负责。

练习题

1. 化学试剂有哪些类别？应如何选用？
2. 溶液浓度的表示法有哪些？这些表示法都能简称为"浓度"吗？
3. 溶液的标签书写格式有哪些？请写出 0.1mol/L NaOH 标准溶液的格式。
4. 有效数字的修约规则有哪些？
5. 可疑数据的取舍方法有哪些？
6. 如何确定采样的数量？

实训 1 氢氧化钠
标准溶液的
配制与标定

第**2**章
通常项目的检验

 学习目标

知识目标

（1）了解密度、熔点、沸点、折射率、水分、色度、pH 值、电导率等常用项目的检验方法。

（2）熟悉各常用项目的检验方法的原理。

（3）掌握各常用项目的检验方法的步骤。

能力目标

（1）能进行检验样品的制备。

（2）能进行相关溶液的配制。

（3）能根据待检样品的类型和要求选用合适的方法。

（4）能按照标准方法对待检样品的常用项目进行检验。

素质目标

（1）通过理论知识学习培养扎实的科学素养与人文素养。

（2）通过具体操作训练培养劳动精神、工匠精神。

（3）通过分组讨论和实训培养沟通能力和团队精神。

 案例导入

如果你是一名企业的检验人员，工作中要你测定硬脂酸的熔点，应如何进行测定？

课前思考题

（1）物质中水分的存在形态有哪两种？

（2）相对密度的单位为 kg/m^3 吗？

2.1　密度的测定

密度是物质的一个重要物理常数，尤其是对有机化合物而言，根据其密度值，可以区分

022

化学组成类似的化合物，鉴定液态化合物的纯度，定量分析单一溶质溶液的浓度。

2.1.1 密度测定的原理

在分析测试工作中，经常用来表述和需要测量的有关物质密度的物理量有如下三种。

2.1.1.1 密度（ρ）

密度（density），符号为 ρ。定义为物质的质量除以体积，国际单位为 kg/m^3，分析中常用其分数单位 g/cm^3，对于液体物质更习惯于表达为 g/mL。其数学表达式为：

$$\rho = \frac{m}{V} \tag{2-1}$$

2.1.1.2 相对密度（d）

要直接准确测定物质的密度是比较困难的，因此，常采用测定相对密度的方式来测定密度。

相对密度（relative density），符号为 d。定义为物质的密度与参比物质的密度在各自规定的条件下的比，无量纲。其数学表达式为：

$$d_t^t = \frac{\rho_i}{\rho_s} \tag{2-2}$$

式中　ρ——密度，下标 i 指待测物质，s 指参比物质；

d_t^t——待测物质 i 的密度与参比物质 s 的密度在规定温度 t 的比。

因为物质的密度通常是指 20℃的值，参比物质通常是纯水，测量时待测物质与参比物质的体积相等，故式(2-2)可改写为：

$$d_{20}^{20} = \frac{\rho_{20,i}}{\rho_{20,H_2O}} = \frac{m_i}{m_{H_2O}} \tag{2-3}$$

故　　　　　$$\rho_{20,i} = d_{20}^{20}\rho_{20,H_2O} = \frac{m_i}{m_{H_2O}}\rho_{20,H_2O} \tag{2-4}$$

式中　m_i、m_{H_2O}——体积完全相等的待测物质 i 与参比物质纯水的质量；

ρ_{20,H_2O}——20℃时水的密度。

实际上，水的密度也是随温度不同而变化的（如表 2-1 所示）。所以，在实际应用中，为了便于比较，常规定以 4℃时纯水的密度为基准，即：

$$d_{4,H_2O}^t = \frac{\rho_{t,H_2O}}{\rho_{4,H_2O}} \tag{2-5}$$

表 2-1　不同温度下水的密度与相对密度

温度 t /℃	密度 ρ_t /(g/cm³)	相对密度 d_{4,H_2O}^t	温度 t /℃	密度 ρ_t /(g/cm³)	相对密度 d_{4,H_2O}^t
0	0.999 839 6	0.999 867	8	0.999 847 7	0.999 876
4	0.999 972 0	1.000 000	9	0.999 780 1	0.999 808
5	0.999 963 7	0.999 992	10	0.999 698 7	0.999 727
6	0.999 939 9	0.999 968	11	0.999 603 9	0.999 632
7	0.999 901 1	0.999 929	12	0.999 496 1	0.999 524

温度 $t\ /℃$	密度 $\rho_t/(\text{g/cm}^3)$	相对密度 $d_{4,\text{H}_2\text{O}}^{t}$	温度 $t\ /℃$	密度 $\rho_t/(\text{g/cm}^3)$	相对密度 $d_{4,\text{H}_2\text{O}}^{t}$
13	0.999 375 6	0.999 404	22	0.997 768 3	0.997 796
14	0.999 242 7	0.999 271	23	0.997 536 3	0.997 564
15	0.999 097 7	0.999 126	24	0.997 294 4	0.997 322
16	0.998 941 0	0.998 969	25	0.997 042 9	0.997 071
17	0.998 772 8	0.998 801	26	0.996 781 8	0.996 810
18	0.998 593 4	0.998 621	27	0.996 511 3	0.996 539
19	0.998 403 0	0.998 431	28	0.996 231 6	0.996 259
20	0.998 201 9	0.998 230	29	0.995 943 0	0.995 971
21	0.997 990 2	0.998 018	30	0.995 645 4	0.995 673

所以，待测物质的密度 $\rho_{20,i}$ 也应是与 4℃时纯水的密度相比较而言的。如果不是在 20℃时而是在温度为 t 时测量的，或者要求温度为 t 时的密度值，则可写为：

$$d_{4,i}^{t}=\frac{m_i}{m_{\text{H}_2\text{O}}}d_{4,\text{H}_2\text{O}}^{t} \tag{2-6}$$

2.1.1.3　堆积密度

堆积密度是指待测物料的质量除以在规定时间内物料自由下落堆积而成的体积，其数学表达式与密度相同，常用单位为 g/mL。

堆积密度这个量一般只用于对物料粒度有规定的化工类固体产品，如离子交换树脂、洗衣粉等。

2.1.2　密度测定的方法

液体、固体和气体物料有时都要测定密度，根据 GB/T 4472—2011，在此主要介绍液体的密度的测定方法。

2.1.2.1　密度瓶法

（1）测定原理　在同一温度下，用蒸馏水标定密度瓶的体积，然后测定同体积待测样品的质量，计算其密度。密度瓶法测定相对密度是较精确的方法之一。

测定时的温度通常规定为 20℃，有时由于某种原因，也可能采用其他温度值。若如此，则测定结果应标明所采用的温度。

（2）仪器

① 密度瓶：密度瓶因形状和容积不同而有各种规格。常用的规格分别是 50mL、25mL、10mL、5mL、1mL，形状一般为球形。比较标准的是附有特制温度计、带磨口帽的小支管密度瓶，见图 2-1 所示。

② 烘箱式恒温箱。

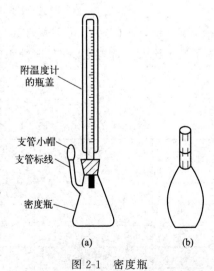

图 2-1　密度瓶

③ 恒温水浴：温度控制在（20.0±0.1）℃。

④ 温度计：分度值 0.1℃。

⑤ 分析天平：分度值不低于 0.0001g。

（3）测定步骤　精确称取清洁、干燥的密度瓶质量 m_0，然后装满新煮沸并冷却至 15℃ 左右的蒸馏水，插入温度计（瓶内应无气泡），浸于（20.0±0.1）℃恒温水浴中，保持 30min 后，取出，用滤纸擦干溢出支管外的水，盖上小帽，擦干密度瓶外的水，称其质量 m_1。

倒出蒸馏水，用乙醇、乙醚洗涤密度瓶，干燥后，按上述方法装入样品，称其质量 为 m_2。

（4）结果计算　样品的相对密度 d_{20}^{20} 和密度 ρ_{20} 按式(2-7)、式(2-8) 计算：

$$d_{20}^{20}=\frac{m_2-m_0}{m_1-m_0} \tag{2-7}$$

$$\rho_{20}=d_{20}^{20}\rho_{20,\mathrm{H_2O}} \tag{2-8}$$

式中　m_0——密度瓶质量，g；

m_1——密度瓶及水质量，g；

m_2——密度瓶及样品质量，g。

通常，化学手册上记载的相对密度多为 d_4^{20}，为了便于比较物料的相对密度，必须将测 得的 d_{20}^{20}，换算为以 1.0000 作标准，按式(2-9) 计算：

$$d_4^{20}=d_{20}^{20}\times0.99823 \tag{2-9}$$

（5）注意事项

① 向密度瓶内注入水时不得带起气泡。

② 装水与装试样前，空密度瓶的质量，一般应相等，如有差别，则应采用相应的 m_0 值。

2.1.2.2　密度计法

密度计法是测定液体相对密度最便捷而又实用的方法，只是准确度不如密度瓶法。密度 计是以阿基米德原理为依据制作的。当密度计浸入液体中时，受到自下而上的浮力作用，浮 力的大小等于密度计排开的液体质量。随着密度计浸入深度的增加，浮力逐渐增大，当浮力 等于密度计自身质量时，密度计处于平衡状态。

密度计在平衡状态时浸没于液体的深度取决于液体的密度。液体密度愈大，则密度计浸 没的深度愈小；反之，液体密度愈小，则密度计浸没的深度愈大。密度计就是依此来标 度的。

密度计种类多，精度、用途和分类方法各不相同，常用的有标准密度计、实验室用密度 计、实验室用酒精计、工作用酒精计、工作用海水密度计、工作用石油密度计和工作用糖度 计等。

（1）测定原理　由密度计在被测液体中达到平衡状态时所浸没的深度读出该液体的 密度。

（2）仪器

① 密度计：分度值为 0.001g/mL（见图 2-2 所示）。密度计是一支封口的玻璃管，中间 部分较粗，内有空气，放在液体中，可以浮起。下部装有小铅粒形成重锤，使密度计直立于

液体中。上部较细，管内有刻度标尺，可以直接读出相对密度值。有的密度计的刻度标尺上同时有以波美度（°Bé）为计量单位的刻度，有的则以特殊要求的计量单位（例如糖度、酒度）为刻度。

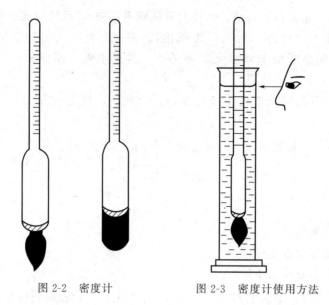

图 2-2　密度计　　　　　　图 2-3　密度计使用方法

② 恒温水浴：温度控制在（20.0±0.1）℃。

③ 温度计：分度值 0.1℃。

④ 玻璃量筒：250～500mL。

（3）测定步骤

① 在恒温（20℃）下测定：将待测定相对密度的样品小心倾入清洁、干燥的玻璃量筒中（量筒应较密度计高大些），不得有气泡，将量筒置于 20℃的恒温水浴中。待温度恒定后，将密度计轻轻插入试样中，如图 2-3 所示。样品中不得有气泡，密度计不得接触筒壁及筒底，密度计的上端露在液面外的部分所沾液体不得超过 2～3 分度。待密度计停止摆动，水平观察，读取待测液弯月面的读数，即为 20℃试样的密度。

② 在常温（t）下测定；按上述操作，在常温下进行。

（4）结果计算　常温 t 时试样的密度 ρ_t 按式（2-10）计算。

$$\rho_t = \rho_t' + \rho_t' \alpha (20 - t) \tag{2-10}$$

式中　ρ_t——常温 t 时，试样的密度，g/mL；

　　　ρ_t'——温度为 t 时，密度计的读数值，g/mL；

　　　α——密度计的玻璃体胀系数，一般为 0.000 025 /℃；

　　　t——测定时的温度值，℃。

如果将 t 时试样的密度 ρ_t 换算为 20℃时的密度 ρ_{20}，可按式（2-11）计算。

$$\rho_{20} = \rho_t + k(t - 20) \tag{2-11}$$

式中　k——试样密度的温度校正系数，可查表或由不同液态化工产品实测求得。

（5）注意事项

① 向量筒中注入待测液体时应小心地沿筒壁缓慢注入，切忌冲起气泡。

② 如不知待测液体的密度范围，应先用精度较差的密度计试测。测得近似值后再选择

相应量程范围的密度计。

③ 如密度计本身不带温度计，则恒温时需另用温度计测量液体的温度。

④ 放入密度计时应缓慢、轻放，切记勿使密度计碰及量筒底，也不要让密度计因下沉过快，而将上部沾湿太多。

2.1.2.3　韦氏天平法

韦氏天平法的准确度较密度瓶法差，但测定简单快速，其读数精度能达到小数后第四位。

（1）测定原理　在水和被测样中，分别测量"浮锤"的浮力，由游码的读数计算出试样的相对密度。

（2）仪器

① 韦氏天平：结构见图 2-4 所示。其垂直支柱高度可调，不等臂横梁短臂的末端有一个尖端 S，当它与支架上固定的一尖端 S′ 恰好对准时，表明天平安装调整完毕。天平梁的长臂分成 10 等份，并用数字 1～10 依次表示。横梁上与这些分度对应处都做成细切口，用来放置小游码，一组游码共 4 个（分别为 1、0.1、0.01 和 0.001）。第 10 个分度有一小钩。

② 恒温水浴：温度控制在（20.0±0.1）℃。

③ 温度计：分度值 0.1℃。

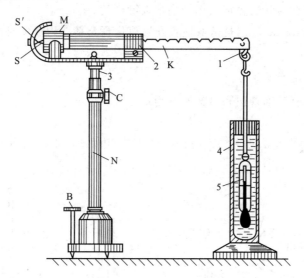

图 2-4　韦氏天平结构图

M—平衡锤；K—横梁；N—支柱；C—夹环；B—调节螺旋；S,S′—尖端；
1—挂钩；2—插头；3—轴杆；4—玻璃杯；5—具有温度计的浮锤

（3）操作步骤

① 将韦氏天平安装好，浮锤通过细铂丝挂在小钩上，旋转调整螺丝，使两个指针对正为止。

② 向玻璃筒缓慢注入预先煮沸并冷却至 20℃ 的蒸馏水，将浮锤全部浸入水中，不得带入气泡，把玻璃筒置于（20.0±0.1）℃ 恒温水浴中恒温 20min 以上，待温度一致时，通过调节天平的游码，使天平梁平衡，记录游码总值。

③ 取出浮锤，干燥后在相同温度下，用待测试样进行同样操作。

（4）结果计算　试样的密度 ρ_{20} 按式（2-12）计算：

$$\rho_{20}=\frac{n_1}{n_2}\rho_{20,H_2O} \tag{2-12}$$

式中　n_1——在水中游码的读数（游码总值）；

n_2——在被测试样中游码的读数（游码总值）；

ρ_{20,H_2O}——20℃时水的密度，为 0.998 20g/cm³。

（5）注意事项　操作时要特别注意：因韦氏天平所配置游码的质量是由浮锤体积决定的，所以每台天平都有与之相配套的浮锤和游码，切不可用其他的浮锤或游码代替。

2.2　熔点和凝固点的测定

2.2.1　熔点的测定

2.2.1.1　熔点和熔点范围

物质的熔点是其纯度的重要标志之一，熔点数据常作为鉴定物质或判断其纯度的依据。

物质的熔点（melting point）是指物质的固体态与其熔融态处于平衡状态时的温度，常记作 t_{mp}。纯净的物质都具有很准确的熔点，但要准确地测定物质的熔点，只有通过绘制熔点曲线才能做到。这在通常的测定工作中是难以做到的。

熔点范围（melting range）是指从物质开始液化至全部变为液体时的温度范围，也叫熔程或熔距。

2.2.1.2　熔点的测定方法

测定熔点的方法有毛细管法和显微熔点测定法等。

（1）毛细管法

① 测定装置。毛细管法测定熔点时的浴热方式有多种，常用的有高型烧杯式、提勒管式和双浴式等，其装置见图 2-5。

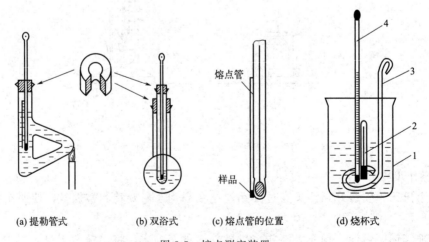

图 2-5　熔点测定装置

1—烧杯；2—毛细管；3—搅拌器；4—温度计

（a）提勒管式　（b）双浴式　（c）熔点管的位置　（d）烧杯式

② 测定步骤。将样品研成细末，除另有规定外，应参照各样品项下干燥失重的温度干燥。熔点范围低限在 135℃以上，且受热不分解的样品，可采用 105℃干燥；熔点在 135℃

以下或受热易分解的样品，可在五氧化二磷干燥器中干燥过夜，或用其他适宜的干燥方法干燥。

a. 一般样品的测定。将少量干燥研细的样品放入清洁干燥、一端封口的毛细管中。取一高约800mm的干燥玻璃管，直立于瓷板或玻璃板上，将装有样品的毛细管投落5～6次，直至毛细管内样品紧缩至（2～3）mm高。

将熔点测定装置安装好，装入适量相宜的浴液后，小心加热，使温度缓缓上升到熔点前10℃时，将装有样品的毛细管附着于测量温度计上，使样品层面与温度计的水银球的中部在同一高度（即毛细管的内容物部分应在温度计水银球中部），放入浴液中。继续加热，调节加热器使温度上升速率保持在 $(1.0\pm0.1)℃/min$。

当样品出现局部液化（出现明显液滴）时的温度即为初熔温度；样品完全熔化时的温度作为终熔温度。

b. 易分解或易脱水样品的测定。除每分钟升温2.5～3℃及毛细管装入样品后另一端亦应熔封外，其余与一般样品的测定方法相同。

c. 不易粉碎的样品（如蜡状样品）的测定。熔化无水洁净的样品后，将毛细管一端插入，使样品上升至约10mm，冷却凝固，封闭毛细管一端，将毛细管附着在温度计上，试样与温度计水银球平齐。按一般样品的测定方法，将附着毛细管的温度计放入浴液中，加热至温度上升到熔点前5℃时，调节热源，使温度上升速率保持为0.5℃/min，同时注意观察毛细管内的样品，当样品在毛细管内刚上升时，表示样品在熔化，此时温度计的读数即是样品的熔点。

（2）显微熔点测定法　用显微熔点测定仪测定熔点的方法称为显微熔点测定法。

显微熔点测定仪外形尽管有多种，但其核心组件都包括放大50～100倍的显微镜和载物台（电加热，有侧孔且已插入校正过的温度计）两部分，如图2-6所示。

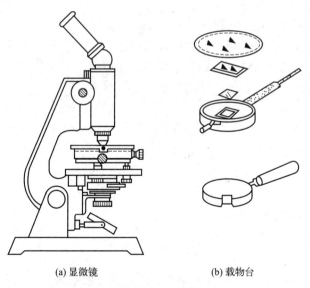

(a) 显微镜　　　　　(b) 载物台

显微熔点测定仪
使用操作视频

图2-6　显微熔点测定仪

关于仪器的调试、使用方法和注意事项见说明书。

（3）测定结果的表示　测定结果以熔点范围值表示。

（4）注意事项

① 测定有机物的熔点，要有两次以上的重复数据。

② 测定未知物的熔点时，应先做一次预测，预测时升温可稍快些。

③ 温度上升过快，测得的熔点一般偏高，熔点高于 100℃ 的样品应用甘油浴等代替水浴。

2.2.2 凝固点的测定

2.2.2.1 测定原理

熔化的样品如油脂或脂肪酸，缓缓冷却逐渐凝固时，由于凝固放出的潜热而使温度略有回升，回升的最高温度，即是该物质的凝固点，所以熔化和凝固是可逆的平衡现象。纯物质的熔点和凝固点应相同，但通常熔点要比凝固点略低 1～5℃。每种纯物质都有其固定的凝固点。天然的油脂无明显的凝固点。

凝固点是油脂和脂肪酸的重要质量指标之一，在制皂工业中，对油脂的配方有重要指导作用。

2.2.2.2 测定装置

测定凝固点的装置见图 2-7。

2.2.2.3 测定步骤

将被测样品装入试管中并装至刻度，温度计的水银球插在样品的中部，其温度读数至少在该样品的凝固点之上 10℃。

置试管于有软木塞的广口瓶中。按下法调整水浴的温度（水平面高于样品平面 1cm）：若待测样品的凝固点不低于 35℃，水温应保持 20℃；凝固点在 35℃ 以下，水温应调到凝固点下 15～20℃。

用套在温度计上的玻璃搅拌器作上下 40mm 等速搅拌，每分钟 80～100 次。每隔 15s 读一次数，当温度计的水银柱停留在一点上约达 30s 时，立即停止搅拌。仔细观察温度计水银柱的骤然上升现象。上升的最高点，即为该样品的凝固点。

平行测定允许误差为 ±0.3℃。

注意事项：温度计插入样品之前，用滤纸包着水银球，以手温热，避免玻璃表面温度较低而产生水蒸气，影响观察读数。

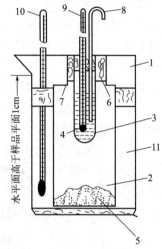

图 2-7 脂肪酸凝固点测定装置图
1—烧杯；2—广口瓶；3—试管；4—试样；5—重物；6,7—软木塞；8—搅拌器；9,10—温度计；11—水浴

2.3 沸点和沸程的测定

2.3.1 沸点的测定

沸点（boiling point）定义为：在标准状态下，液体的沸腾温度，常记作 t_{bp}。沸点是液体有机物的一个重要物理常数，是检验液体有机物纯度的一项重要指标。

当液态物质受热时，蒸气压增大，待蒸气压大到和大气压或所给压力相等时，液体沸腾即达到沸点。纯液态有机化合物有恒定的沸点，不纯的液态有机化合物没有恒定的沸点。因此，通过沸点的测定，可以定性地鉴定液态有机化合物的纯度。

沸点测定的方法有常量法（即蒸馏法）和微量法（即毛细管法）。

2.3.1.1　蒸馏法

这是 GB/T 616—2006《化学试剂　沸点测定通用方法》规定的液体有机试剂沸点测定的通用方法,适用于各种液体有机试剂。

(1) 测定装置　测定装置如图 2-8 所示。

(2) 测定步骤　按图 2-8 安装好测定装置。将长约 200mm 具侧管的试管用胶塞固定于 500mL 三口圆底烧瓶的中口,胶塞外侧应留有通气槽。测量用温度计采用单球内标式,分度值为 0.1℃,其量程应适于所测样品的沸点温度。安装时其下端水银球泡应距管内样品液面 20mm。辅助温度计附着于其上,且使其水银球泡位于测量温度计露于胶塞上面水银柱的中部。烧瓶中加入约为烧瓶体积 1/2 的硫酸。

向试管中加入适量样品,样品液面应略低于硫酸的液面。加热,当温度上升到某一值且在相当长的时间保持不变时,测量温度计显示之值即为样品的观测沸点 t_{bp}。

记录观测沸点 t_{bp}、室温和大气压。

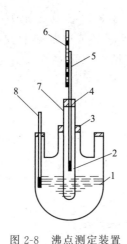

图 2-8　沸点测定装置

1—三口圆底烧瓶;2—试管;3,4—胶塞;5—测量温度计;
6—辅助温度计;7—试管;8—温度计

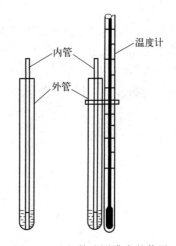

图 2-9　毛细管法测沸点的装置

2.3.1.2　毛细管法

若样品不多时,宜用毛细管法测定。

(1) 测定装置　毛细管法测沸点的装置如图 2-9 所示。

(2) 测定步骤　取一直径 3～4mm、长 80～90mm 的薄壁玻璃管并封闭其一端,内放入待测样品约 2 滴,把一支长 90～100mm、直径约 1mm 的毛细气泡管(内管)插入液体样品中。两个管之间要保持较大的间隙,样品的液面要超过气泡管的封口接头。

微量沸点管装妥后,蘸取浓硫酸少许,粘于温度计的一旁,如粘不住,可用橡胶圈固定,如图 2-9 所示,插入沸点测定装置的溶液中,溶液用浓硫酸,浓硫酸液面高出上侧管 0.5cm 左右,温度计插入沸点测定管内的深度以水银球的中点恰好在沸点测定管的两侧管口连线的中点为准。用酒精灯加热,由于气体膨胀,毛细气泡管内便有断断续续的小气泡冒出。当接近沸点时气泡增多,这时应放慢加热速度。当温度达到样品的沸点时,便出现一连串的小气泡,立即移开酒精灯,停止加热,使温度自行下降,气泡放出的速度逐渐减慢。仔细观察最后一个气泡出现而刚欲缩回毛细气泡管瞬间的温度，就是液体的蒸气压与大气压平衡时的温度，亦即该液体的观测沸点。

毛细管法测定沸点的精确度为±(1～3)℃。

2.3.2 沸程的测定

对某些有机溶剂和石油产品，常规定沸程为其纯度的重要指标之一，故常须根据测得的沸程数据确定产品的质量。

液体的沸程（boiling range）定义为：挥发性有机液体样品，在相应产品标准规定的条件下，从第一滴馏出物由冷凝管末端滴下的瞬间温度（初馏点）至蒸馏瓶底最后一滴液体蒸发的瞬间温度（干点）间的温度间隔。

但对于化学试剂，习惯上不完全蒸干，而是规定一个从初馏点到终馏点的温度范围。在此范围内，馏出物的体积应不小于产品标准的规定值（例如98%）。

2.3.2.1 测定装置

蒸馏用仪器装置见图2-10。图2-10中，支管蒸馏烧瓶有效容积为100mL，外面加罩，外罩上留有气孔、观察窗。内有隔热板，可用煤气灯或电加热装置加热。冷凝管全长600mm，水冷夹套长450mm，接收器用100mL量筒（两端各10mL部分分度值为0.5mL）。测量温度计分度值为0.1℃。

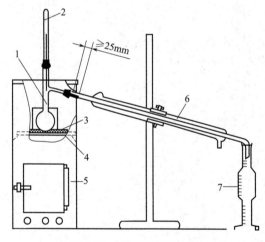

图2-10　蒸馏用仪器装置

1—支管蒸馏烧瓶；2—温度计；3—隔热板；4—隔热板架；5—蒸馏烧瓶外罩；6—冷凝管；7—接收器

2.3.2.2 测定步骤

① 用清洁、干燥的100mL量筒准确量取100mL样品，小心注入蒸馏烧瓶中，切勿使样品流入烧瓶的支管内。装好温度计，温度计水银球泡的上缘与烧瓶支管的下缘在同一高度上。加入几粒沸石。

② 记录室温时的大气压。

③ 开始加热，按下述规定调节升温速度。

加热开始到初馏点：沸点低于100℃的样品需时5～10min；沸点高于100℃的样品需时10～15min。

初馏点到馏出 90%：控制馏出速度 4～5mL/min。

馏出 90%到终馏点（或干点）：控制馏出速度 3～4mL/min。

④ 记录观测温度及沸程范围内馏出物的体积。记录初馏点的观测温度 t_1 后，可每馏出 10mL 馏出物记录一次温度。当馏出物总量达到 90mL 时，调节加热速度，使被蒸物在 3～5min 内达到终馏点，即温度读数上升至最高点又开始显出下降趋势时，立即停止加热。

⑤ 5min 后记下量筒内收集到的馏出物总体积，即回收量 $V_回$。

⑥ 停止加热后，先取下加热罩，使烧瓶冷却 5min，卸下烧瓶，将瓶内残留液倒入 10mL 量筒内，冷至室温后，记下残留液体积，即残留量 $V_残$。

2.3.2.3 测定结果的表示

各测量点温度按式(2-13)计算。

$$t = t_0 - \Delta t_p - \Delta t_t \tag{2-13}$$

式中　t——沸程温度；

　　t_0——产品标准中规定的沸程温度；

　　Δt_p——气压对测量温度的修正值；

　　Δt_t——测量温度计读数修正值。

蒸馏损失量按式(2-14)计算

$$V_损 = 100 - V_回 - V_残 \tag{2-14}$$

2.3.2.4 注意事项

① 安装仪器时，若样品的沸程温度范围上限高于 150℃，则应采用空气冷凝管。

② 量取样品和测量残留液体积时，若样品的沸程温度范围下限低于 80℃，则应在 5～10℃ 条件下进行（接收器部分浸入冷水浴中）。

③ 蒸馏应在通风良好的通风橱中进行。

④ 平行测定中两次测定结果一般允许：初馏点温度相差不大于 4℃，中间及终馏点温度相差不大于 2℃，残留物体积相差不大于 0.2mL。

2.4　折射率的测定

折射率是有机化合物的重要物理常数之一，作为液体化合物纯度的标志，它比沸点更可靠。通过测定溶液的折射率，还可定量分析溶液的浓度。

根据 GB/T 6488—2022，用阿贝折射仪测定液体有机物的折射率，可测定浅色、透明、折射率在 1.3000～1.7000 范围内的化合物。

2.4.1　方法原理

折射率（refractive index）定义为：真空中电磁波传播的速度与非吸收介质中特定频率的电磁波传播速度之比，量的符号为 n。

实际应用中，折射率是指钠光谱的 D 线（$\lambda = 589.3\text{nm}$），在 20℃ 的条件下，空气中的光速与被测物质中的光速之比，或光自空气中通过被测物质时的入射角的正弦与折射角的正弦之比，记做 n_D^{20}，例如水的折射率 $n_D^{20} = 1.3330$。

由于光在空气中的传播速度最快，因此，任何物质的折射率都大于 1。

2.4.1.1　光折射定律

光线从一种介质进入第二种密度不同的介质时即发生折射现象。这种现象是由于光线在各种不同的介质中传播的速度不同所造成的。在一定温度下，入射角 α 和折射角 β 与两种介质的折射率的关系如式（2-15）所示。

$$\frac{\sin\alpha}{\sin\beta}=\frac{n_2}{n_1} \tag{2-15}$$

式中　n_1，n_2——介质 1，2 的折射率；

　　　α，β——光在介质 1，2 界面上的入射角和折射角。

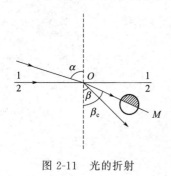

图 2-11　光的折射

当 $n_2 > n_1$ 时，从式（2-15）可知，入射角 α 必须大于折射角 β。这时光线由第一种介质进入第二种介质时，折向法线（如图 2-11）。在一定温度下对于给定的两种介质而言，n_2/n_1 为一常数，故当入射角增大时，折射角也必相应增大，当 α 达到极大值 90° 时所得到的折射角 β_c 称为临界折射角。显然，从图 2-11 中法线左边入射角的光线折射入第二种介质内时，折射线都应落在临界折射角 β_c 之内。这时若在 M 处放一目镜，则目镜上出现半明半暗的现象。从式（2-15）不难看出，当固定一种介质时，临界折射角 β_c 的大小和折射率（表征第二种介质的性质）有简单的函数关系。阿贝折射仪正是根据这个原理而设计的。

测定各种物质折射率的仪器叫折射仪，其原理是利用测定临界角以求得样品溶液的折射率。在折射仪中使用最普遍的是阿贝折射仪。

2.4.1.2　阿贝折射仪的构造

阿贝折射仪的外形如图 2-12。其光学系统由两部分组成，如图 2-13，即望远镜系统和读数系统。

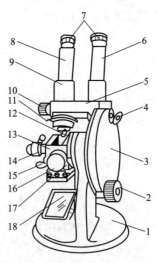

图 2-12　阿贝折射仪

1—底座；2—座镜转动手轮；3—圆盘组（内有刻度板）；4—小反光镜；5—支架；6—读数镜筒；7—目镜；8—观测镜筒；9—分界线调节旋钮；10—色散补偿器（阿米西棱镜旋钮）；11—色散刻度尺；12—棱镜锁紧扳手；13—棱镜组；14—温度计插座；15—恒温器接头；16—保护罩；17—主轴；18—反光镜

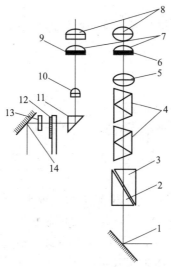

阿贝折射仪

图 2-13 阿贝折射仪光学系统

1—反光镜；2—棱镜；3—折射棱镜；4—色散补偿器；5,10—物镜；6,9—分划板；7,8—目镜；11—转向棱镜；
12—刻度盘；13—毛玻璃；14—小反光镜

望远镜系统：光线由反光镜进入棱镜及折射棱镜，被测样品溶液放在棱镜与折射棱镜之间，经色散补偿器阿米西棱镜抵消由于折射棱镜及被测物体所产生的色散。由物镜将明暗分界线成像于分划板上，经目镜放大后成像于观察者眼中。

读数系统：光线由小反光镜经过毛玻璃射到刻度盘上，经转向棱镜及物镜将刻度成像于分划板上，经目镜放大后成像于观察者眼中。

2.4.1.3 临界折射图

如图 2-14 中辅助棱镜 1 的斜面 EF 为毛玻璃面，进入的光线在斜面 EF 上漫射，并以不同的方向进入液膜，达到测量棱镜的斜面 MN，经折射进入棱镜 2。因为待测液的折射率 n_1 都小于棱镜（玻璃）的折射率 n_2（$n_2 \approx 1.75$），则折射角 β 都小于入射角 α，所以，各个方向的光均可在斜面 MN 上发生折射而进入棱镜，最大入射角（90°）所对应的折射角也最大，即为临界折射角 β_c。

因此，当光线以 0°～90° 方向入射时，只有临界折射角 β_c 以内才有折射光，形成亮区，临界折射角以外没有折射光，自然是暗区。

式（2-15）可改写为式（2-16）。

$$n_1 = n_2 \frac{\sin\beta_c}{\sin90°} = n_2 \sin\beta_c \qquad (2\text{-}16)$$

式中　n_1——待测液体的折射率；

　　　n_2——棱镜 2 的折射率，$n_2 \approx 1.75$。

因此，只要测出棱镜 2 的临界折射角，就可以得到样品的折射率。不同物质的临界折射角 β_c 不同，所以，样品的折射率 n_1 是临界折射角 β_c 的函数。实际上，折射光从棱镜射出后进入空气时又再次产生折射，折射角为 θ。折射仪实际测量的是 θ 值。θ 与 n_1 间的关系见式（2-17）。

$$n_1 = \sin\delta \sqrt{n_2^2 - \sin^2\theta} - \cos\delta \sin\theta \qquad (2\text{-}17)$$

式中　δ——棱镜的角度。

因此，只要知道折射角 θ，就可求出待测液体的折射率 n_1。

2.4.2　测定步骤

2.4.2.1　恒温

将恒温水浴与棱镜组相连，调节水浴温度，使棱镜温度保持在 $(20.0\pm0.1)℃$。

2.4.2.2　折射仪的校准

通常用测定蒸馏水（用 GB/T 6682 中规定的二级水）折射率的方法来进行校正，即在 20℃时，纯水的折射率为 $n_D^{20}=1.3330$，折射仪的刻度数应与之相符合。若温度不在 20℃时，折射率亦有所不同。根据实验所得，10～30℃时蒸馏水的折射率如表 2-2 所示。

对于折射率读数较高的折射仪的校正，通常是用备有特制的具有一定折射率的标准玻璃块来校正。校正时，可解开下面棱镜，把上方棱镜表面调整到水平位置，然后在标准玻璃块的抛光面上加上 1 滴折射率很高的液体（α-溴萘）湿润之，贴在上方棱镜的抛光面上，然后进行校正。无论是用蒸馏水还是用标准玻璃块来校正折射仪，如遇读数不正确时，可借助仪器上特有的校正螺旋，将其调整到正确读数。

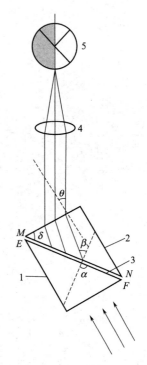

图 2-14　临界折射图
1,2—棱镜；3—毛玻璃面；4—物镜；
5—目镜观察到的暗区与亮区

表 2-2　纯水在 10～30℃时的折射率

$t/℃$	纯水折射率	$t/℃$	纯水折射率
10	1.333 71	21	1.332 90
11	1.333 63	22	1.332 81
12	1.333 59	23	1.332 72
13	1.333 53	24	1.332 63
14	1.333 46	25	1.332 53
15	1.333 39	26	1.332 42
16	1.333 32	27	1.332 31
17	1.333 24	28	1.332 20
18	1.333 16	29	1.332 08
19	1.333 07	30	1.331 96
20	1.332 99		

2.4.2.3　折射仪的使用

① 测定液体时，滴 1 滴待测试液于下面棱镜上，将上、下棱镜合上，调整反射镜，使光线射入棱镜中。

② 由目镜观察，转动棱镜旋钮，使视野分为明暗两部分。

③ 旋动补偿旋钮，使视野中除黑白两色外，无其他颜色。

④ 转动棱镜旋钮，使明暗分界线在十字交叉点。

⑤ 通过放大镜在刻度尺上进行读数。三次读数间的极差不得大于 0.0002。三次读数的平均值即为测定结果。

⑥ 测定完毕，必须拭净镜身各机件、棱镜表面并使之光洁，在测定水溶性样品后，用脱脂棉吸水洗净。若为油类样品，须用乙醇或乙醚、苯等拭净。

2.4.3　注意事项

阿贝折射仪
使用操作视频

① 折射率通常规定在 20℃下测定，如果测定温度不是 20℃，而是在室温下进行，应进行温度校正。

② 折射仪不宜暴露在强烈阳光下。不用时应放回原配木箱内，置阴凉处。

③ 使用时一定要注意保护棱镜组，绝对禁止与玻璃管尖端等硬物相碰；擦拭时必须用镜头纸轻轻擦拭。

④ 不得测定有腐蚀性的液体样品。

2.5　旋光本领的测定

当有机化合物分子中含有不对称碳原子时，就表现出旋光性，例如蔗糖、葡萄糖等，这类具有光学活性的物质，称为旋光性物质。

旋光性物质的旋光性可通过测定其旋光本领（optical rotatory power）而得知。旋光本领是旋光性物质的一个特性常数，通过旋光本领的测定，可检查光学活性物质的纯度，也可定量测定旋光性化合物溶液的浓度。

2.5.1　方法原理

当平面偏振光通过旋光介质时，偏振光的振动方向就会偏转，偏转角度的大小反映了该介质的旋光本领。

2.5.1.1　自然光与偏振光

光波是横波，即自然光是在垂直于光线行进方向的平面内沿各个方向振动的。当自然光射入由各向异性晶体制成的棱镜或人造偏振片（聚碘乙烯醇薄膜）时，透出的光就只有一个振动方向了。这种只有一个振动方向的光称为偏振光。

起偏镜的作用是将自然光变成偏振光。例如，常用的尼科耳棱镜就是将方解石晶体沿一定的对角面剖开，制成两块直角棱镜，再用树胶黏合而成，如图 2-15 所示。

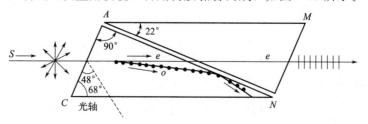

图 2-15　尼科耳棱镜

当自然光以一定入射角投射到棱镜上时，就变成两条相互垂直的平面偏振光。称为寻常光线 o 的偏振光在第一块棱镜与树胶相交的交界面上全反射；而称为非常光线 e 的偏振光，能透过树胶层及第二块棱镜，成为只在一个平面上振动的平面偏振光。

包含晶体光轴和光线的平面称为晶体的主截面，图中的 $AMNC$ 就是主截面。寻常光线 o 振动面垂直于主截面，非常光线 e 的振动面与主截面平行。

2.5.1.2　旋光仪工作原理

根据尼科耳棱镜的作用原理可知，棱镜既可产生偏振光，同样也可以用于检测偏振光（非常光线 e）。因此，若将两块尼科耳棱镜前后连用，则前者产生偏振光，称为起偏镜；后者检测偏振光，称为检偏镜。其作用原理如图 2-16 所示。

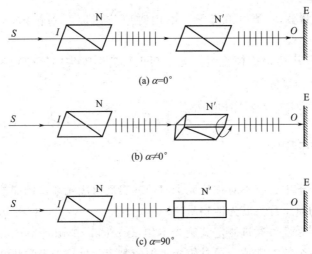

(a) $\alpha=0°$

(b) $\alpha\neq0°$

(c) $\alpha=90°$

图 2-16　透过检偏镜的光强变化

由起偏镜 N 透出的偏振光，经检偏镜 N′后，在 E 幕上一般形成一个亮点。如两镜的主截面平行，即它们的夹角 $\alpha=0°$，这时亮点的亮度最大 [图 2-16(a)]；以偏振光传播方向为轴，旋转镜 N′，使两镜主截面之间的夹角 $\alpha\neq0°$ [图 2-16(b)]，则幕上光点亮度随 α 增大而逐渐减弱；当 $\alpha=90°$时 [图 2-16(c)]，两个棱镜的主截面正交，幕上亮点完全消失。只有偏振光通过尼科耳棱镜时才有上述性质。这就是尼科耳棱镜的检偏作用。

旋光仪即是以两块尼科耳棱镜为主要部件，中间放置待测样品，以钠光灯为光源设计的。其光学系统如图 2-17 所示。

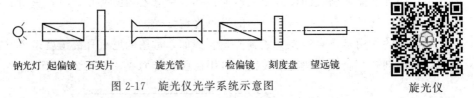

钠光灯　起偏镜　石英片　　旋光管　　检偏镜　刻度盘　望远镜

图 2-17　旋光仪光学系统示意图

旋光仪

在两个主截面互相垂直的起偏镜和检偏镜之间放置一个盛装待测液体的旋光管。当旋光管内装有无旋光性介质时，望远镜镜筒内的视场是黑暗的；当管内装有旋光性物质（溶液或液体）时，因介质使光的振动平面旋转了某一角度，则视野稍见明亮，再旋转检偏镜使视场变得黑暗如初，则检偏镜转动的角度就是旋光物质使偏振光偏转的角度，这个角度的大小可在与检偏镜同轴的刻度盘上读出。

为了精确地比对望远镜镜筒内视场的明暗，在起偏镜与旋光管之间加装一块狭长石英片。石英的旋光性使通过它的平面偏振光又转了一定角度。在镜筒中看到的视场就有三种情况，如图 2-18 所示。

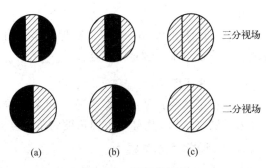

图 2-18　旋光仪视场

① 检偏镜与起偏镜的主截面相互平行时，视场中间亮两边暗，见图 2-18(a)。

② 检偏镜与起偏镜的主截面相互垂直时，视场中间暗两边亮，见图 2-18(b)。

③ 检偏镜的主截面处于 1/2 石英片所转角度时，视场中明暗相同，见图 2-18(c)。

当光路中的石英片宽度约为视场直径的 1/3 时，形成三分视场；若为 1/2，则形成二分视场。

选择第三种情况，即视场中明暗相同的位置，作为测量零点。当将被测旋光性物质置于光路中后，视场又明暗不等，只要转动与检偏镜同轴的刻度盘，使视场中明暗再度相同，则刻度盘上的读数就是被测物质的实测旋光角。不同物质的旋光角不仅大小不同，有时方向也会不同。检偏镜顺时针转动后视场中明暗相同时，称为右旋；反之，称为左旋。

2.5.2　测定步骤

2.5.2.1　配制样品溶液

按产品标准的规定取样并配制样品溶液。溶液必须澄清、透明，否则应过滤。液体样品可直接进行测定。

2.5.2.2　装填旋光管

将干燥清洁的旋光管，一端用光学玻璃片盖好，用螺旋帽旋紧。将管子直立，用被检液体充满至液面凸出管口，用另一光学玻璃片紧贴管口，平行推进，削平液面，盖严管口，用螺旋帽旋紧。

2.5.2.3　校准仪器

按仪器说明书的规定调整旋光仪，待仪器稳定后，将装满蒸馏水或纯溶剂的旋光管置于旋光仪中，若目镜视场如图 2-18(a) 和 (b) 所示，表明检偏镜未达到或超过了零点位置。转动检偏镜，直至出现如图 2-18(c) 所示的明暗全等的情况。检查标尺盘与游标尺上的零点是否重合。如重合，表明零点准确；如不重合，则记下读数值，以便修正测定结果。

2.5.2.4　测定

按步骤 2.5.2.3 操作，将装满样品的旋光管置于旋光仪中，转动检偏镜，直至出现如图 2-18(c) 所示的明暗全等的情况，读取偏转角度值。经校正后，即为实测的旋光角。

2.5.3　测定结果的表达

光学活性物质的旋光性能，在 GB/T 613—2007《化学试剂 比旋光本领（比旋光度）测定通用方法》中称为比旋光度，符号为 $[\alpha]_D^t$，单位为度（°）；而把旋光仪直接测得的值称为旋光度，符号为 α，单位也是度（°）。但 GB/T 3102.8—1993 这一推荐性国家标准中，废除了比旋光度和旋光度这两个量的名称，分别改用旋光角（angle of optical rotation）和旋光本领。

根据 GB/T 3102.8—1993《物理化学和分子物理学的量和单位》的规定，物质的旋光性能，用下述三个物理量来描述。

2.5.3.1 旋光角 α

旋光角定义为：平面偏振光通过旋光介质，面向光源观察时向右偏转的角。符号为 α，单位为弧度（rad）。实际中也用角度的单位度（°）表示。$1° = (\pi/180)$ rad。

2.5.3.2 摩尔旋光本领 α_n

摩尔旋光本领定义为：

$$\alpha_n = \frac{\alpha A}{n} \tag{2-18}$$

式中 n——旋光性组元在横截面 A 的线性偏振光束途径中之物质的量。

摩尔旋光本领的量符号为 α_n，单位为 rad·m²/mol。实际中常用 (°)·cm²/mol。

2.5.3.3 质量旋光本领 α_m

质量旋光本领也称为比旋光本领，其定义为：

$$\alpha_m = \frac{\alpha A}{m} \tag{2-19}$$

式中 m——旋光性组元在横截面 A 的线性偏振光束途径中之质量。

质量旋光本领的量符号为 α_m，单位为 rad·m²/kg。实际中常用 (°)·cm²/g。

比较 GB/T 3102.8—1993 所规定的量，可知质量旋光本领或称为比旋光本领，就相当于 GB/T 613—2007 中所述的比旋光度，所以比旋光本领的测定结果可按照 GB/T 613—2007 所给出的类似公式计算。

对液体的比旋光本领

$$\alpha_m(t, D) = \frac{\alpha}{\rho l} \tag{2-20}$$

对溶液的比旋光本领

$$\alpha_m(t, D) = \frac{\alpha}{\rho_B l} \tag{2-21}$$

式中 $\alpha_m(t, D)$——20℃时，以钠光谱 D 线波长为光源，物质的比旋光本领；

α——旋光仪测得的旋光角；

ρ——液体样品的密度；

ρ_B——溶液样品的质量浓度；

l——旋光管的长度。

2.5.4 注意事项

测定旋光性物质的旋光本领时要注意以下几点。

① 物质的旋光本领与入射光波长和温度有关。通常用钠光谱 D 线（$\lambda = 589.3$nm、黄色）为光源。以 $t = 20$℃或 25℃时的值表示。

② 将样品液体或校正用液体装入旋光管时要仔细小心，勿产生气泡。

③ 校正仪器或测定样品时，调整检偏镜—检查亮度—记取读数的操作步骤，一般都需要重复多次，取平均值，经校正后作为结果。

④ 光学活性物质的旋光本领不仅大小不同，旋转方向有时也不同。所以，记录测得的旋光角 α 时要标明旋光方向，顺时针转动检偏镜时，称为右旋，记作＋或 R；反之，称为左旋，记作－或 L。

由于目前很多文献中仍以度为单位的比旋光度作为物性参数，因此，在查阅和引用有关旋光性的数据资料时，一定要分辨清楚它是以什么为单位表示的。根据 GB/T 3102.8—1993《物理化学和分子物理学的量和单位》和 GB/T 613—2007《化学试剂 比旋光本领（比旋光度）测定通用方法》的计算公式，比旋光本领 $[(°) \cdot cm^2/g]$ 和比旋光度 $(°)$ 在数值上相差 10 倍，即：

$$\alpha_m = \frac{1}{10}[\alpha] \tag{2-22}$$

配制样品常用的溶剂是水、甲醇、乙醇或氯仿，必须强调的是，采用不同的溶剂，测出的比旋光本领数值，甚至旋光方向有可能不同。

2.6　水分的测定

水分是化工产品分析的重要项目之一。化工产品中的水分，以吸附水和化合水两种状态存在。

吸附水包括吸附于产品的表面由分子间力形成的吸附水及充满在毛细管巨大孔隙中的毛细管水。附着在物质表面的水，较易蒸发，一般在常温下，通风干燥一定时间，当物质中的水分和大气的湿度达到平衡，即可以除去，这部分水分又算之为外在水分。吸附在物质内部毛细孔中的水则较难蒸发，必须在比水的沸点较高的温度（如 $102 \sim 105℃$）下，干燥一定时间，才能除去。这部分水算之为内在水分。吸附水与物质的性质、样品的细度及大气的湿度有关。

化合水包括结晶水和结构水。结晶水以 H_2O 分子状态结合于物质的晶格中，但是稳定性较差，当加热至 $300℃$，即可以分解逸出。结构水则以化合状态的氢氧基存在于物质的晶格中，并结合得十分牢固，必须在 $300 \sim 1000℃$ 的高温，才能分解逸出。

化工产品中水分的测定，通常有干燥减重法、卡尔·费歇尔法和蒸馏法等。

2.6.1　干燥减重法

干燥减重法是通过加热使固体产品中包括水分在内的挥发性物质挥发尽从而使固体物质的质量减少的方法，是固体化工产品中水分测定的通用方法，适用于加热稳定的无机化工产品、化学试剂、化肥等产品中水分含量的测定。采用干燥减重法测定产品中真实的水分时，应满足如下三个条件：

① 挥发的只是水分；

② 不发生化学变化，或虽然发生了化学变化，但不伴随有质量变化；

③ 水分可以完全除去。

实际上，完全满足上述三个条件在多数情况下是很困难的，所以干燥减重法测定水分时，同时也将水分以外的挥发性物质或在加热过程的化学变化中产生的挥发性物质视为了水分。

2.6.1.1 测定原理

在一定的温度下，将试样烘干至恒量，然后测定试样减少的质量。

恒重是指进行重复干燥后，直到两次称量值的质量差不大于 0.0003g 时，视为恒重。

2.6.1.2 主要仪器

① 带盖的称量瓶。

② 烘箱：灵敏度能控制在±2℃，装有温度计，温度计插入烘箱的深度应使水银球与待测定试样在同一水平面上。

③ 干燥器：内装适当的干燥剂（如硅胶、五氧化二磷等）。

④ 天平：光电分析天平或电子天平，分度值为 0.1mg。

2.6.1.3 测定步骤

（1）试样称取　称取充分混匀、具有代表性的试样，操作中应避免试样中水分的损失或从空气中吸收水分。根据被测试样中水分的含量来确定试样的质量（g），参见表 2-3。称取一定的试样（称准至 0.0001g），置于预先在 105～110℃下干燥至恒重的称量瓶中。

表 2-3　被测试样用量

水分含量 $w/\%$	试样量 m/g	水分含量 $w/\%$	试样量 m/g
0.01～0.1	不少于 10	1.0～10	5～1
0.1～1.0	10～5	>10	1

（2）测定　将盛有试样的称量瓶的盖子稍微打开，置于 105～110℃的烘箱中，称量瓶应放在温度计水银球的周围。烘干 2h 之后，将瓶盖盖严，取出称量瓶，置于干燥器内，冷却至室温（不少于 30min），称量。再烘干 1h，按上述操作，取出称量瓶，冷却相同时间，称量，直至恒量。

取最后一次测量值作为测定结果。

2.6.1.4 测定结果的表达

用质量分数 w_{H_2O} 表示的水分含量，按式（2-23）计算。

$$w_{H_2O}=\frac{(m_1-m_2)}{m} \tag{2-23}$$

式中　m——试样的质量；

　　　m_1——称量瓶及试样在干燥前的质量；

　　　m_2——称量瓶及试样在干燥后的质量。

2.6.2 卡尔·费歇尔法

卡尔·费歇尔法是一种非水溶液氧化-还原滴定测定水分的化学分析法，是一种迅速而又准确的水分测定法，被广泛应用于多种化工产品的水分测定。

2.6.2.1 测定原理

存在于样品中的任何水分（游离水或结晶水）与已知滴定度的卡尔·费歇尔试剂（碘、二氧化硫、吡啶和甲醇组成的溶液）进行定量反应，反应式为：

$$H_2O+I_2+SO_2+3C_5H_5N \Longrightarrow 2C_5H_5N\cdot HI+C_5H_5N\cdot SO_3$$

$$C_5H_5N \cdot SO_3 + CH_3OH \Longrightarrow C_5H_5NH \cdot OSO_2O \; (CH_3)$$

以合适的溶剂溶解样品（或萃取出样品的水），用卡尔·费歇尔试剂滴定，即可测出样品中水的含量。

滴定终点用"永停"法或目测法确定。

2.6.2.2　主要试剂

① 甲醇：分析纯，含水量 $w_{H_2O} \leqslant 0.05\%$，当试剂含水量超过 0.05% 时，于 $500mL$ 甲醇中加入 5A 分子筛约 $50g$，塞上瓶塞，放置过夜，吸取上层清液使用。

② 乙二醇甲醚：分析纯，含水量 $w_{H_2O} \leqslant 0.05\%$，当试剂含水量超过 0.05% 时，按上述甲醇脱水法脱水。

③ 吡啶：分析纯，含水量 $w_{H_2O} \leqslant 0.05\%$，当试剂含水量超过 0.05% 时，按上述甲醇脱水法脱水。

④ 碘：分析纯。

⑤ 二氧化硫：钢瓶装二氧化硫或用浓硫酸分解饱和无水亚硫酸钠溶液制得的二氧化硫，均须经脱水干燥处理。

⑥ 5A 分子筛：直径 $3\sim5mm$，在 $500℃$ 焙烧 2 h，于干燥器（不得放干燥剂）中冷却至室温。

⑦ 卡尔·费歇尔试剂：量取 $670mL$ 甲醇或乙二醇甲醚于 1L 干燥的磨口棕色瓶中，加入 $85g$ 碘，盖紧瓶塞，振摇至碘全部溶解，加入 $270mL$ 吡啶，摇匀，于冰水浴中冷却，缓缓通入二氧化硫，使增重达 $65g$ 左右，盖紧瓶盖，摇匀，于暗处放置 2h 以上。

用乙二醇甲醚代替甲醇配制的卡尔·费歇尔试剂，可用于含活泼羰基的化合物中水分的测定，试剂的稳定性也可得到改善。

⑧ 水标准溶液：$\rho_{H_2O} = 20g/L$。准确称取 $2.0g$ 水，置于盛有约 $50mL$ 上述甲醇的充分干燥的 $100mL$ 容量瓶中，用同样甲醇稀释到刻度，混匀，用此溶液标定卡尔·费歇尔试剂。参照目测法或直接电量法中的标定方法。

⑨ 水标准溶液：$\rho_{H_2O} = 2g/L$。准确称取 $1.0g$ 水，置于盛有约 $100mL$ 上述甲醇的充分干燥的 $500mL$ 容量瓶中，用同样甲醇稀释到刻度，混匀。此溶液与卡尔·费歇尔试剂体积之间的对应值参照电量返滴定法中的测定方法测得。

⑩ 聚硅氧烷润滑脂（润滑磨砂玻璃接头用）。

2.6.2.3　主要仪器

所有使用的玻璃仪器均需在 $130℃$ 烘箱中预先干燥 $30min$，然后在装有干燥剂的干燥器中冷却和储存。

滴定装置如图 2-19 所示，由以下各部分组成：

① 自动滴定管：$25mL$，分度值为 $0.05mL$。

② 反应瓶。

③ 铂电极。

④ 电磁搅拌器。

⑤ 电流表。

⑥ 磨口棕色玻璃贮瓶。

卡尔·费歇尔
水分测定仪

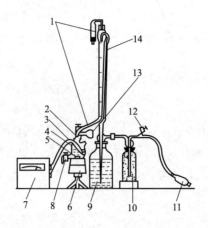

图 2-19 直接滴定法仪器装置

1—填充干燥剂的保护管；2—球磨玻璃接头；3—铂电极；4—滴定容器；5—外套玻璃或聚四氟乙烯的软钢棒；6—电磁搅拌器；7—终点定量测定装置；8—排液口；9—装卡尔·费歇尔试剂的试剂瓶；10—填充干燥剂的干燥瓶；11—双边橡胶球；12—螺旋；13—塞青霉素瓶塞（作进样口）；14—25mL自动滴定管（分度值0.05mL）

⑦ 终点定量测定装置：目测法时可省略。

2.6.2.4 测定步骤

（1）终点的确定 用"永停"法确定终点，其原理为：在浸入溶液中的两铂电极间加一电压，若溶液中有水存在，则阴极极化，两电极之间无电流通过。滴定至终点时，溶液中同时有碘及碘化物存在，阴极去极化，溶液导电，电流突然增加至一最大值并稳定1min以上，此时即为终点。

无色的样品也可用目测法确定终点。滴定至终点时，因有过量碘存在，溶液由黄色变为棕黄色。

（2）卡尔·费歇尔试剂的标定 在反应瓶中加入一定体积（浸没铂电极）的甲醇，在搅拌下用卡尔·费歇尔试剂滴定至终点。加5mL甲醇，滴定至终点并记录卡尔·费歇尔试剂滴定的用量（V_1），此为水标准溶液的溶剂空白。加5mL水标准溶液，滴定至终点并记录卡尔·费歇尔试剂的用量（V_2）。卡尔·费歇尔试剂的滴定度按式（2-24）计算。

$$T = \frac{m}{V_1 - V_2} \tag{2-24}$$

式中 T——卡尔·费歇尔试剂的滴定度；

m——加入水标准溶液中水的质量；

V_1——滴定溶剂空白时消耗卡尔·费歇尔试剂的体积；

V_2——滴定标准溶液时消耗卡尔·费歇尔试剂的体积。

（3）样品中水分的测定 在反应瓶中加一定体积（浸没铂电极）的甲醇或产品标准中所规定的样品溶剂，在搅拌下用卡尔·费歇尔试剂滴定至终点。迅速加入产品标准中规定数量的样品，滴定至终点并记录卡尔·费歇尔试剂滴定的用量（V_1）。样品中水的质量分数 w_{H_2O} 按式（2-25）或式（2-26）计算：

$$w_{H_2O} = \frac{V_1 T}{m} \tag{2-25}$$

$$w_{H_2O} = \frac{V_1 T}{V_2 \rho} \tag{2-26}$$

式中　V_1——滴定样品时消耗卡尔·费歇尔试剂的体积，mL；

　　　T——卡尔·费歇尔试剂的滴定度，g/mL；

　　　m——加入样品的质量，g；

　　　V_2——加入液体样品的体积，mL；

　　　ρ——液体样品的密度，g/mL。

2.6.3　蒸馏法

蒸馏法采用了一种有效热交换方式，水分可被迅速移去，测定速度较快，设备简单经济，管理方便，准确度能满足常规分析的要求。蒸馏法有多种型式。应用最广的蒸馏法是共沸蒸馏法。

2.6.3.1　测定原理

化工产品中的水分与甲苯或二甲苯共同蒸出，收集馏出液于接收管内，读取水分的体积，即可计算产品中的水分。

2.6.3.2　主要试剂

甲苯或二甲苯：取甲苯或二甲苯，先以水饱和后，分去水层，进行蒸馏，收集馏出液备用。

2.6.3.3　主要仪器

水分蒸馏测定器：如图 2-20 所示。

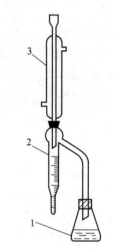

图 2-20　水分蒸馏测定器

1—250mL 锥形瓶；2—水分接收管，有刻度；3—冷凝管

2.6.3.4　操作步骤

称取适量样品（估计含水 2～5mL），放入 250mL 锥形瓶中，加入新蒸馏的甲苯（或二甲苯）75mL，连接冷凝管与水分接收管，从冷凝管顶端注入甲苯，装满水分接收管。

加热慢慢蒸馏，控制馏出液流速为 2 滴/s，待大部分水分蒸出后，加速蒸馏使流速约 4 滴/s，当水分全部蒸出后，接收管内的水分体积不再增加时，从冷凝管顶端加入甲苯冲洗。如冷凝管壁附有水滴，可用附有小橡胶头的铜丝擦下，再蒸馏片刻至接收管上部分及冷凝管壁无水滴附着为止，读取接收管水层的容积。

2.6.3.5　结果计算

按式(2-27)计算水分的含量 w_{H_2O}。

$$w_{H_2O} = \frac{V}{m} \times \rho \tag{2-27}$$

式中　V——接收管内水的体积，mL；

　　　ρ——水的密度，g/mL。

　　　m——样品的质量，g。

2.6.3.6　注意事项

① 选用的溶剂必须与水不互溶，20℃时相对密度小于1，不与样品发生化学反应，水和溶剂混合的共沸点要分别低于水和溶剂的沸点，如苯的沸点为 80.4℃，纯水沸点为 100℃，

而苯与水混合溶液共沸点为 69.13℃。

② 仪器必须清洁而干燥,安装要求不漏气。

③ 用标样做对照实验。

2.7　色度的测定

产品的色度是指产品颜色的深浅。物质的颜色是产品重要的外观标志,也是鉴别物质的重要性质之一。产品的颜色与产品的类别和纯度有关。例如纯净的水在水层浅时为无色,深时为浅蓝绿色;水中如含有杂质,则出现一些淡黄色甚至棕黄色。无论是白色固体还是无色的液体的化工产品,它们的颜色总有不同程度的差别,因此,检验产品的颜色可以鉴定产品的质量并指导和控制产品的生产。色度的测定方法很多,主要有铂-钴色度标准法、加德纳色度标准法和罗维朋比色计法等。

2.7.1　铂-钴色度标准法

液体化工产品的色度的检测按国家标准规定采用铂-钴色度标准法。

色度的单位为黑曾(HAZEN),1黑曾是指每升溶液中含有 1mg 的以氯铂酸(H_2PtCl_6)形式存在的铂和 2mg 氯化钴($CoCl_2 \cdot 6H_2O$)的铂-钴溶液的色度。

这种方法适用于测定透明或稍接近于参比的铂-钴色号的液体化工产品的颜色,这种颜色特征通常为"棕黄色"。不适用于易炭化物质的测定。

2.7.1.1　测定原理

按一定的比例,将氯铂酸钾、氯化钴配成盐酸性水溶液,并制成标准色列,将样品的颜色与标准铂-钴比色液的颜色目测比较,即可得到样品的色度,以黑曾(铂-钴)颜色单位表示结果。

由于 pH 值对色度有较大影响,所以在测定色度的同时,应测量溶液的 pH 值。

2.7.1.2　主要试剂

① 六水合氯化钴($CoCl_2 \cdot 6H_2O$)。

② 氯铂酸钾(K_2PtCl_6)。

③ 盐酸。

2.7.1.3　主要仪器

① 分光光度计。

② 比色管:容积 50mL 或 100mL,在底部以上 100mm 处有刻度标记。一套比色管的玻璃颜色和刻度线高应相同。

2.7.1.4　测定步骤

① 标准比色母液的制备(500HAZEN)。准确称取 1.000g 六水合氯化钴和 1.245g 氯铂酸钾于烧杯中,用水溶解后,移入 1000mL 容量瓶中,加入 100mL 盐酸,用水稀释到刻度,摇匀,即得标准比色母液。标准比色母液可以用分光光度计以 1cm 的比色皿按表 2-4 所列波长进行检查,其吸光度应在表 2-4 中所列范围之内。

表 2-4　500 黑曾单位铂-钴标准液吸光度允许范围

波长 λ/nm	430	450	480	510
吸光度 A	0.110～0.120	0.130～0.145	0.105～0.120	0.055～0.065

② 标准铂-钴对比溶液的配制。在 10 个 500mL 及 14 个 250mL 的两组容量瓶中，分别加入表 2-5 所示数量的标准比色母液，用水稀释到刻度。标准比色母液和稀释溶液放入带塞棕色玻璃瓶中，置于暗处密封保存。标准比色母液可以保存 6 个月，稀释溶液可以保存 1 个月。

③ 测定样品的色度。向一支 50mL 或 100mL 比色管中注入一定量的样品，注满到刻线处；向另一支比色管中注入具有类似样品颜色的标准铂-钴对比溶液，注满到刻线处。比较样品与铂-钴对比溶液的颜色。比色时在日光或日光灯照射下正对白色背景，从上往下观察，避免侧面观察，确定接近的颜色。

表 2-5　标准铂-钴对比溶液的配制

500mL 容量瓶		250mL 容量瓶	
标准比色母液的体积 V/mL	相应颜色,黑曾(铂-钴色号)	标准比色母液的体积 V/mL	相应颜色,黑曾(铂-钴色号)
5	5	30	60
10	10	35	70
15	15	40	80
20	20	45	90
25	25	50	100
30	30	62.5	125
35	35	75	150
40	40	87.5	175
45	45	100	200
50	50	125	250
		150	300
		175	350
		200	400
		225	450

2.7.1.5　测定结果的表达

样品的颜色以最接近于样品的标准铂-钴对比溶液的黑曾（铂-钴）颜色单位表示。如果样品的颜色与任何标准铂-钴对比溶液不相符合，则根据可能估计一个接近的铂-钴色号，并描述观察到的颜色。

2.7.2　加德纳色度标准法

加德纳色度标准法广泛应用于干性油、清漆、脂肪酸、聚合脂肪酸和树脂溶液等色泽较深的液体，在一般化工产品中有时也用此法，但用得不多。

加德纳色度标准按色泽的深浅分为 18 色号，色度标准又分固体色度标准和液体色度标准。测定时，试样与色度标准对照，从而确定其为某号色度的色泽。

2.7.2.1 加德纳固体色度标准法

（1）原理　加德纳固体色度标准分为 18 色号，各个色号应符合规定的彩度坐标和高度透光率。

（2）主要仪器　加德纳比色仪：包括 18 个色号的色度标准玻璃片、玻璃管（内径 10.65mm、外高 114mm）、规定光源等。

（3）测定步骤　将试样倾入试样玻璃管中（如试样有沉淀物，应过滤），放入比色仪中与色度标准玻璃对比，确定与试样最接近的色度标准号，并报告结果。不考虑色相的差异。

铁钴比色计

（4）测定结果的表达　如须精确测定，可报告为与某号色度标准相符，或报告为浅于或深于某号色度标准；如试样的色泽在两个色号之间，如在 5 和 6 色号之间，可报告为 5，5＋，6－或 6 号色，须视实际情况和要求而定。

2.7.2.2 加德纳液体色度标准法

（1）原理　加德纳液体色度标准也分 18 个色号，系由氯铂酸钾的盐酸溶液和氯化钴-氯化铁的盐酸溶液（铁-钴色度标准）作为标准。也有用重铬酸钾的硫酸溶液作为标准的。

（2）试剂

① 氯铂酸钾溶液：根据需要准确称取一定量的分析纯氯铂酸钾（K_2PtCl_6），加入 c（HCl）＝0.1mol/L 的盐酸溶液（见表 2-6）。

表 2-6　加德纳色度标准溶液的配制

加德纳色度标准号	色度坐标号		每 1000mL 盐酸（0.1mol/L）中氯铂酸钾的质量/g	铁-钴色度标准溶液			每 100mL 浓硫酸中重铬酸钾的质量/g
	X	Y		氯化铁溶液的体积/mL	氯化钴溶液的体积/mL	$\psi=1:17$ 的盐酸的体积/mL	
1	0.3190	0	0.550				0.0039
2	0.3241	0.3344	0.865				0.0048
3	0.3315	0.3456	1.330				0.0071
4	0.3433	0.3632	2.080				0.0112
5	0.3578	0.3820	3.035				0.0205
6	0.3750	0.4047	4.225				0.0322
7	0.4022	0.4360	6.400				0.0384
8	0.4179	0.4535	7.900				0.0515
9	0.4338	0.4648		3.8	3.0	93.2	0.0780
10	0.4490	0.4775		5.1	3.6	91.2	0.164
11	0.4836	0.4805		7.5	5.3	87.2	0.250
12	0.5082	0.4639		10.8	7.6	81.6	0.380
13	0.5395	0.4451		16.6	10.0	73.4	0.572
14	0.5654	0.4295		22.2	13.3	64.5	0.763

续表

加德纳色度标准号	色度坐标号		每1000mL盐酸(0.1mol/L)中氯铂酸钾的质量/g	铁-钴色度标准溶液			每100mL浓硫酸中重铬酸钾的质量/g
	X	Y		氯化铁溶液的体积/mL	氯化钴溶液的体积/mL	$\varphi=1:17$的盐酸的体积/mL	
15	0.5870	0.4112		29.4	17.6	53.0	1.041
16	0.6060	0.3933		37.8	22.8	39.4	1.280
17	0.6275	0.3725		51.8	25.6	23.1	2.220
18	0.6475	0.3525		100.0	0.0	0.0	3.00

② 氯化钴溶液：取 1 份纯氯化钴（$CoCl_2 \cdot 6H_2O$）与 3 份 $\varphi(HCl)=1:17$ 的盐酸溶液混匀。

③ 氯化铁溶液：取约 5 份氯化铁（$FeCl_3 \cdot 6H_2O$）与 1.2 份 $\varphi(HCl)=1:17$ 的盐酸溶液混匀。调整至准确色度，使其相当于新鲜制备的每 100mL 浓硫酸中含有 3.00g 重铬酸钾（$K_2Cr_2O_7$）的溶液的色度。

④ 铁-钴色度标准溶液：按表 2-6 取试剂②和③加 $\varphi(HCl)=1:1$ 的盐酸溶液配制。

（3）测定步骤　在比色管（内径 10.65mm，外高 114mm）中，各注入试液和色度标准溶液，在（25 ± 5）℃下并在相同背景白光下，进行对比。

（4）测定结果的表达　试样的色泽以最接近的一个加德纳色度标准的色号报告结果。例如，结果报告为 4 号，即表示试样与加德纳色度标准 4 号最接近。

2.7.3　罗维朋比色计法

罗维朋比色计法常用于油脂等化工产品的测定。

2.7.3.1　测定原理

罗维朋比色计法是利用光线通过标准颜色的玻璃片及油槽，以肉眼比出与油脂色泽相近或相同的玻璃片色号，测定结果按玻璃片上标明的总数表示。

2.7.3.2　仪器

罗维朋比色计：其结构示意图见图 2-21，由深浅不同的红、黄、蓝三种标准颜色玻璃片，两片接近标准白色的碳酸镁反光片，两只具有蓝玻璃滤光片的 60 W 奥司莱（Osrain）灯泡和观察管等组成。玻璃片放在可开动的暗箱中供观察用。在检验油脂的色泽时，蓝玻璃片很少使用，主要是用红色和黄色两种。此两种玻璃片一般标有如下不同深浅颜色的号码，号码愈大，颜色愈深。

黄色：1.0，2.0，3.0，5.0，10.0，15.0，20.0，35.0，50.0，70.0。

红色：0.1，0.2，0.3，0.4，0.5，0.6，0.7，0.8，0.9，1.0，2.0，2.5，3.0，4.0，5.0，6.0，7.0，8.0，9.0，10.0，11.0，12.0，16.0，20.0。

所有玻璃片，每 9 片分装在一个标尺上，全部标尺同装于一个暗盒中，可以任意拉动标尺调整色泽。碳酸镁反光片将灯光反射入玻璃片和试样上，此片用久后要变色，可取下用小刀刮去一薄层后继续使用。

油槽用无色玻璃制成，有不同长度的数种规格，其长度必须非常准确，常用的是 133.35mm 和 25.4mm 两种，有时也用到 50.8mm 或其他长度的，视试样色泽的深浅而定。

在用 133.35mm 的油槽观察时，若红色标准超过 40 时，改用 25.4mm 油槽。在报告测定结果时，应注明所用槽长度尺寸。所有油槽厚度一致，形状见图 2-22。

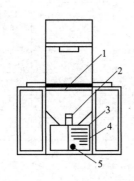

图 2-21　罗维朋比色计结构示意图
1—反光片；2—玻璃油槽；3—内装奥司莱灯泡；
4—标准颜色玻璃片；5—观察管

罗维朋比色计

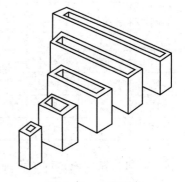

图 2-22　油槽形状

2.7.3.3　测定步骤

将澄清透明或经过滤的油脂样品注入适当长度的洁净油槽中，小心放入比色计内，切勿使手指印等污物黏附在油槽上。关闭活动盖，仅露出玻璃片的标尺及观察管。样品若是固态或在室温下呈不透明状态的液体，应在不超过熔点 10℃ 的水浴上加热，使之熔化后再进行比色。

比色时，先将黄色玻璃片固定后再打开灯，然后依次配入不同号码的红色玻璃片进行比色，直至玻璃片的颜色和样品的颜色完全相同或相近为止。黄色玻璃片可参考使用红色玻璃片的深浅来决定。

例如：棉籽油、花生油时，红色在 1.0～35，黄色可用 10.0；红色在 3.5 以上，黄色可用 70.0。牛油及脂肪酸时，红色在 1.0～3.5，黄色可用 10.0；红色在 3.5～5.0，黄色可用 35.0；红色高于 5.0，黄色可用 70.0。豆油时，红色 1.0～3.5，黄色可用 10.0；红色高于 3.5，黄色可用 70.0。椰子油及棕榈油时，红色 1.0～3.9，黄色可用 6.0；红色高于 3.9，黄色可用 10.0。

如果油脂带有绿色，用红、黄两种玻璃片不能将样品的颜色调配到一致时，可用蓝色玻璃片调整。

2.7.3.4　测定结果的表达

测定结果以红、黄和蓝色玻璃片的总数表示，注明使用的油槽长度。

2.7.3.5　注意事项

① 配色时若色泽与样品不一致，可取最接近的稍深的色值。

② 配色时，使用的玻璃片数应尽可能少。如黄色 35.0，不能以黄 15 和黄 20 的玻璃片配用。

2.8　pH 值的测定

溶液的 pH 值（pH value）的测定，在分析测试工作中占有很重要的地位，因为溶液的酸碱性是很多化学反应顺利进行的重要条件之一，很多测试工作要在严格控制 pH 值条件下才能成功完成。

pH 值是溶液中氢离子浓度的负对数值，公式表示如下：

$$pH = -\lg[H^+] \tag{2-28}$$

测定 pH 值的方法有比色法、pH 计测定法、pH 基准试剂法和电位滴定法。比色法就是用 pH 试纸进行比色对照，该法简便易行，但准确度不高，不适用于测定混浊、有色的样品。

在通常的测定中，用 pH 计测定溶液的 pH 值，是最简便、实用而又准确的方法。在此主要介绍 pH 计测定法。

2.8.1　测定 pH 的原理

用 pH 计测定溶液的 pH 值，其理论依据是能斯特（Nernst）方程式。

用一支指示电极和一支参比电极共同浸入待测溶液中组成一个原电池，电池的组成为：

Ag,AgCl（固态）｜0.1mol/L HCl 溶液｜玻璃膜‖待测溶液｜饱和 KCl 溶液，HgCl$_2$·Hg

$$\underbrace{}_{\text{指示电极}}\quad\underbrace{}_{\text{参比电极}}$$

通过原电池将溶液 pH 值转化为电位。25℃ 时，每相差一个 pH 值单位，产生 59.1mV 的电位差，如式(2-29) 所示。

$$E = K - 0.591pH \tag{2-29}$$

式中，K 是一个不确定的常数，包含了指示电极、参比电极的电位和膜与待测溶液的接界电位对电动势的总贡献，在同样操作条件下，K 值保持不变。

所以，为了利用上述关系中的 K 值，可先用已知 pH 值的标准缓冲溶液，测定电池的电动势 E，即可求出 K。然后在相同条件下（即 K 值保持不变），测量由待测溶液构成的电池的电动势，就可算出待测溶液的 pH 值。

利用 pH 计实际测定时，仪器上设有定位旋钮，当将电极插入标准缓冲溶液时，只要旋动定位旋钮，使仪器正好显示出该标准缓冲溶液的 pH 值。由此可见，测定操作中的"定位"，其实就是确定 K 值，但并不具体求出 K 的数值，而只是将其确定，并在测定待测溶液时保持 K 值不变。

由此可见，待测溶液的 pH 值是以标准溶液的 pH 值为基准的。因此，标准缓冲溶液的 pH 值准确与否，直接影响着测定结果的准确性。

pH 值可直接从仪表的刻度上读数。温度差异引起的变化可通过仪器上的温度补偿装置加以校正。

2.8.2　测定仪器

2.8.2.1　pH 计

pH 计通常也称为酸度计。型号很多，不同型号的 pH 计其测定原理相同，基本配置相似，仅测量精度、显示方式和外形结构有所差异。

2.8.2.2　电极

pH 计的核心是参比电极和指示电极。参比电极常用的是饱和甘汞电极，指示电极常用的是玻璃电极。而近年来的 pH 计则多将二者合一,制成复合电极,使用更为方便。

复合玻璃电极是由玻璃电极和甘汞电极组合而成的。两个电极安装在两个同心的玻璃管中,从外表上看好像是一个电极,见图 2-23。

图 2-23 中多孔陶芯是复合玻璃电极的主要部件之一,直径为 2mm。当将复合玻璃电极浸入溶液中时,多孔陶芯就把溶液和参比电极接通,与饱和 KCl 溶液一起,共同起到盐桥的作用。玻璃电极和参比电极用导线与电极插头接通。玻璃电极与插头下端相接,是负极;参比电极与插头上端相接,是正极。两极间的电动势由于玻璃球膜的作用,随溶液的 pH 值的变化而变化。复合玻璃电极上的注液小口,用于补充盐桥溶液。

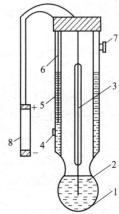

图 2-23　复合玻璃电极
1—玻璃球膜;2—0.1mol/L 的 HCl;
3,6—Ag-AgCl 电极;4—多孔陶芯;
5—盐桥溶液;7—注液小口;8—电极插头

2.8.3　主要试剂

校正用标准缓冲溶液:可按表 2-7 要求配制,称取规定量的试剂溶于 25℃水中,转移到 1L 容量瓶中,加水至刻度线。所用水应为两次蒸馏水,用前应煮沸数分钟,赶走二氧化碳,冷却后使用。配好的溶液储于聚乙烯瓶或硬质玻璃瓶中,有效期 30d。不同温度下标准缓冲溶液的 pH 值见表 2-8。

复合电极浸泡液及配制方法

表 2-7　标准缓冲溶液的配制

标准缓冲溶液	pH 值(25℃)	1L 溶液所含试剂规定量	试剂的热处理要求
草酸盐溶液	1.68	12.71g 四草酸氢钾,溶于水,稀释至 1L	
酒石酸盐溶液	3.56	外消旋酒石酸氢钾在 25℃时,剧烈振荡至饱和	
邻苯二甲酸盐溶液	4.01	10.21g 邻苯二甲酸氢钾	105℃干燥至质量恒定
磷酸盐溶液	6.86	3.39g 磷酸二氢钾＋3.53g 磷酸氢二钠	(110～130)℃烘干 2h
硼酸盐溶液	9.18	3.80g 硼砂	
氢氧化钙溶液	12.45	在 25℃时,氢氧化钙的饱和溶液	

表 2-8　不同温度时标准缓冲溶液的 pH 值

温度/℃	标准缓冲溶液的 pH 值					
	草酸盐溶液	酒石酸盐溶液	邻苯二甲酸盐溶液	磷酸盐溶液	硼酸盐溶液	氢氧化钙溶液
0	1.67		4.01	6.98	9.40	13.42
5	1.67		4.01	6.95	9.39	13.31
10	1.67		4.00	6.92	9.33	13.00
15	1.67		4.00	6.90	9.27	12.81
20	1.68		4.00	6.88	9.22	12.63
25	1.68	3.56	4.01	6.86	9.18	12.45
30	1.69	3.55	4.01	6.85	9.14	12.30
35	1.69	3.55	4.02	6.84	9.10	12.14
40	1.69	3.55	4.03	6.84	9.07	11.98

2.8.4　测定步骤

pH 值测定
操作视频

① 按照 pH 计说明书的要求进行操作，启动仪器，预热 10min。

② 制备两种 pH 标准缓冲溶液，其中一种的 pH 值大于并接近待测溶液的 pH 值，另一种小于并接近待测溶液的 pH 值。

③ pH 计校正。将温度补偿旋钮调至标准溶液的温度处，依次用上述两种标准溶液作两点定位。将电极和塑料杯用水冲洗干净后，再用标准缓冲溶液冲洗 2～3 次，用滤纸吸干。注入 70mL 标准溶液于塑料杯中，插入电极，校正仪器刻度。

④ 样品的测定。小心移开校正液，先用水冲洗电极，再用试液洗涤电极。调节试液的温度至（25±1）℃。将 pH 计的温度补偿旋钮调至 25℃。测定试液的 pH 值。

为了测得准确的结果，可将试液分成几份，重复操作，直到 pH 读数至少稳定 1min 为止。

2.8.5　注意事项

① 测定前，按各品种项下的规定，选择两种 pH 值约相差 3 个 pH 单位的标准缓冲液，并使供试液的 pH 值处于二者之间。

② 取与供试液 pH 值较接近的第一种标准缓冲液对仪器进行校正（定位），使仪器数值与标准缓冲液的数值一致。

③ 仪器定位后，再用第二种标准缓冲液核对仪器示值，误差应不大于±0.02pH 单位。若大于此偏差，则应小心调节斜率，使示值与第二标准缓冲液的数值相符。重复上述定位与斜率调节至符合要求。否则，须检查仪器或更换电极后，再行校正至符合要求。

④ 每次更换标准缓冲液或供试液前，应用水充分洗涤电极，然后将水吸尽，也可用所换的标准缓冲液或供试液洗涤。

⑤ 在测定高 pH 值的供试品时，应注意碱误差的影响。碱误差是由于普通玻璃电极对 Na^+ 也有响应，使测得的 H^+ 活度高于真实值，即 pH 读数低于真实值，产生负误差。若使用锂玻璃电极，可克服碱误差的影响。

⑥ 对弱缓冲液（如水）的 pH 值测定。先用苯二甲酸氢钾标准缓冲液校正仪器后测定供试液，并重取供试液再测，直至 pH 值的读数在 1min 内改变不超过±0.05pH 单位为止；然后再用硼砂标准缓冲液校正仪器，再如上法测定；二次 pH 值的读数相差不应超过 0.1，取二次读数的平均值为其 pH 值。

⑦ 配制标准缓冲液与溶解供试品的水，应是新沸过的冷水，其 pH 值应为 5.5～7.0。

⑧ 标准缓冲液一般可保持 2～3 个月，若发现有浑浊、发霉或沉淀等现象时，则不能继续使用。

⑨ 电极头易碎，勿碰击硬物。

2.9　电导率的测定

水的电导率（conductivity）反映了水中电解质杂质的总含量。GB/T 6682—2008 规定了水的电导率测定的方法。

2.9.1 测定原理

电解质溶液也能像金属一样具有导电能力，只不过金属的导电能力一般用电阻（R）表示，而电解质溶液的导电能力通常用电导（G）来表示。电导是电阻的倒数，即 $G=1/R$。

根据欧姆定律，导体的电阻 R 与其长度 l 成正比，而与其截面积 A 成反比，即：

$$R=\rho \frac{l}{A} \tag{2-30}$$

式中，ρ 称为电阻率。

式（2-30）如用电导表示，可写为：

$$G=\frac{1}{R}=\frac{1}{\rho}\frac{A}{l}=\kappa \frac{A}{l} \tag{2-31}$$

$$\kappa=\frac{1}{\rho}=G \frac{l}{A}=\frac{1}{R}\frac{l}{A} \tag{2-32}$$

式中，κ 称为电导率。电导率的量符号为 r 或 σ，但特别注明，在电化学中可用符号 κ。其单位为 S/m。实际中常用其分数单位 mS/cm 或 μS/cm。

对于某一给定的电极而言，l/A 是一定值，称为电极常数，也叫电导池常数。因此，可用电导率的数值表示溶液导电能力的大小。

对于电解质溶液，电导率系指相距 1cm 的两平行电极间充以 $1cm^3$ 溶液所具有的电导。电导率与溶液中的离子含量大致成比例地变化，因此测定电导率，可间接地推测离解物质的总浓度。

2.9.2 仪器装置

电导仪也叫电导率仪，主要由电极和电计部分组成。电导率仪中所用的电极称为电导电极。实验室中常用的电导率仪见表 2-9。

电导率仪

表 2-9 常用电导率仪

仪器型号	测量范围/(μS/cm)	电极常数	温度补偿范围/℃	备注
DDS-11C	$0\sim10^5$		$15\sim35$	指针读数，手动补偿
DDS-11D	$0\sim10^5$	0.01，0.1，1 及 $10cm^{-1}$ 四种	$15\sim35$	指针读数
DDS-304	$0\sim10^5$	0.01，0.1，1 及 $10cm^{-1}$ 四种	$10\sim40$	指针读数，线性化交直流两用
DDS-307	$0\sim2\times10^4$		$15\sim35$	数字显示，手动补偿
DDSJ-308A	$0\sim2\times10^5$		$0\sim50$	数字显示，手动补偿，结果可保存、删除、打印、断电保护
DDB-303A	$0\sim2\times10^4$	0.01，1，$10cm^{-1}$	$0\sim35$	数字显示，便携式四挡测量范围
MC 126	$0\sim2\times10^5$		$0\sim40$	便携式，防水，防尘
MP 226	$0\sim2\times10^5$			自动量程，终点判别，串行输出

电导电极的选择，则应依据待测溶液的电导率范围和测量量程而定，见表 2-10。

表 2-10　不同量程溶液选用电极一览表

量程	电导率 /(μS/cm)	电极常数 /(cm^{-1})	配用电极
1	0~0.1	0.01	双圆筒钛合金电极
2	0~0.3	0.01	
3	0~1	0.01	
4	0~3	0.01	
5	0~10	0.01	
6	0~30	0.01	
7	0~100	0.01	
8	0~10	1	DJS-1C 型光亮电极
9	0~30	1	
10	0~100	1	
11	0~300	1	
12	0~1 000	1	
13	0~3 000	1	
14	0~10 000	1	
15	0~100	10	DJS-10C 型铂黑电极
16	0~300	10	
17	0~1 000	10	
18	0~3 000	10	
19	0~10 000	10	
20	0~30 000	10	
21	0~100 000	10	

2.9.3　测定步骤

① 认真阅读说明书，按照说明书的规定程序，调试、校正电导率仪后再进行测定。

② 若测定一级、二级水的电导率，选用电极常数为 0.01~0.1/cm 的电极，调节温度补偿至 25℃，使测量时水温控制在（25±1）℃，进行在线测定，即将电极装在水处理装置流动出水口处，调节出水流速，赶尽管道内及电极内的气泡后直接测定。

③ 若进行三级水的测定，则可取水样 400mL 于锥形瓶中，插入电极进行测定。

④ 若测定一般天然水、水溶液的电导率，则应先选择较大的量程挡，然后逐挡降低，测得近似电导率范围后，再选配相应的电极，进行精确测定。

⑤ 测量完毕，取出电极，用蒸馏水洗干净后放回电极盒内，切断电源，擦干净仪器，放回仪器箱中。

2.10　黏度的测定

黏度是流体的一个重要的物理性能，对产品的性能有较大的影响，是许多精细化学品必须测定的项目。

液体受外力作用而流动时，由于液体分子间作用力的影响，液体内部任何相邻两层的接触面上产生与流动方向平行、作用力相反方向的阻力，致使液体内部各层的流动速度不相同。这种液体内部一层液体对于另一层液体运动的阻力，称为内摩擦力或黏滞力。液体的黏度，就是液体流动时内摩擦力大小的程度。

液体的黏度分为绝对黏度和运动黏度。

（1）绝对黏度　又称为动力黏度。使相距 $1cm^2$ 的两层液体以 $1cm/s$ 的速度作相对运动时，如果作用于 $1cm^2$ 面积上的阻力为 $10^{-5}N$，则该液体的绝对黏度为 1。绝对黏度用 η 表示，SI 单位为 Pa·s，实际应用中多用 mPa·s。

（2）运动黏度　是指液体的绝对黏度与其相同温度下的密度之比。运动黏度以 v 表示，SI 单位为 m^2·s。

液体的黏度与物质分子的大小有关系，分子较大时黏度较大，分子较小时黏度小。同一液体物质的黏度与温度有关，温度增高时黏度减少，温度降低时黏度增大。因此，测得的液体黏度应注明温度条件。

液体黏度测定方法很多，精细化学品黏度测定中常用的是旋转黏度计法和黏度杯法。

2.10.1　旋转黏度计法

旋转黏度计法适用于牛顿流体或近似牛顿流体特性的产品黏度测定，非常适于黏度范围为 $5\sim5\times10^4$ mPa·s 的产品。旋转黏度计测量的黏度是动力黏度，它基于表观黏度随剪切速率变化而呈可逆变化。

2.10.1.1　旋转式黏度计工作原理

旋转式黏度计工作原理是基于一定转速转动的转筒（或转子）在液体中克服液体的黏滞阻力所需的转矩与液体的黏度成正比关系。NDJ-1 型旋转黏度计的构造见图 2-24。当同步电机以稳定的速度旋转，连接刻度圆盘，再通过游丝和转轴带动转子旋转。

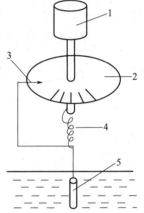

图 2-24　NDJ-1 型旋转黏度计构造图
1—同步电机；2—刻度圆盘；3—指针；4—游丝；5—转子

如果转子未受到液体的阻力，则游丝、指针与刻度圆盘同速旋转，指针在刻度盘上指出的读数为"0"。

反之，如果转子受到液体的黏滞阻力，则游丝产生扭矩，与黏滞阻力抗衡，最后达到平衡，这时与游丝连接的指针在刻度圆盘上指示一定的读数（即游丝的扭转角）。

2.10.1.2　仪器设备

（1）旋转黏度计。

（2）超级恒温水浴：能保持（25±0.1）℃。

（3）温度计：分度为 0.1℃。

（4）容器：直径不小于 6cm，高度不低于 11cm 的容器或旋转黏度计上附带的容器。

旋转黏度计

2.10.1.3　测定步骤

（1）试样的配制　试样的采集和配制过程中应保证试样均匀无气泡。试样量要能满足旋转黏度计测定的需要。

（2）旋转黏度计使用

① 同种试样应该选择适宜的相同转子和转速，使读数在刻度盘的 20%～80% 范围内。

② 将盛有试样的容器放入恒温水浴中，保持 20min，使试样温度与试验温度平衡，并保持试样温度均匀。

③ 将转子垂直浸入试样中心部位，并使液面达到转子液位标线（有保护架应装上）。

④ 开动旋转黏度计，读取旋转时指针在圆盘上不变时的读数。

⑤ 每个试样测定 3 次，取 3 次测定中最小读数值。

2.10.1.4　结果计算

样品的黏度 η 按式(2-33)计算

$$\eta = K\alpha \qquad (2\text{-}33)$$

式中　K——系数，根据所选的转子和转速由仪器给定；

　　　α——读数值。

2.10.2　黏度杯法

2.10.2.1　测定原理

黏度杯测量的黏度是条件黏度，它是以一定体积的样品在一定温度下从规定直径的孔中流出的时间来表示的黏度。黏度杯法适用于 50mL 试样流出时间在 30～100s 内样品黏度的测定。

2.10.2.2　仪器和设备

① 黏度杯：（1～4）号黏度杯的容量大于 50mL，见图 2-25。

② 秒表：精度为 0.1s。

③ 承接杯：50mL。

④ 恒温室：能保持 (23 ± 0.5)℃。

2.10.2.3　测定步骤

① 揩干净黏度杯，并在空气中干燥或用冷风吹干，对光观察黏度杯流出孔应该清洁。

② 将试样和黏度杯放在恒温室中恒温。

③ 将黏度杯和 50mL 量筒垂直固定在支架上，流出孔距离量筒底面 20cm，并在黏度杯流出孔下面放一只 50mL 量筒。

④ 用手堵住流出孔，将试样倒满黏度杯。

图 2-25　涂-4 黏度杯

⑤ 松开手指，使试样流出。记录手指移开流出孔至接受的量筒中试样达到 50mL 时的时间，以流出时间（s）作为试样黏度。

⑥ 再做 1 次测定，2 次测定值之差不应大于平均值的 5%。

2.10.2.4　结果表达

测定结果以流出时间（s）表示，取算术平均值，留 3 位有效数字。

另外，以涂-4 黏度杯测得的黏度可以换算为标准黏度，见表 2-11。

表 2-11　涂-4 黏度与标准黏度的换算

涂-4/ s	标准/(mPa·s)	涂-4/ s	标准/(mPa·s)	涂-4/ s	标准/(mPa·s)	涂-4/s	标准/(mPa·s)	涂-4/s	标准/(mPa·s)
16	47	32	110	54	210	80	300～310	124	480
18	50	35	120	57	225	85	340	128	510
20	56	38	140	61	240	88	350	133	520
22	65	41	150	65	250	94	370	136	530
24	74	42	165	67	270	98	400	137	540
28	85	45	180	73	280	104	430	138	550
30	100	50	200	76	290	110	465	143	580

2.10.2.5　注意事项

① 内坩埚须用溶剂油洗涤后,在煤气灯上加热,以除尽黏附的溶剂油,待冷至室温后使用。

② 试样含水若大于 0.1%,必须脱水。可在试样中加入新煅烧并冷至室温的食盐、硫酸钠或无水氯化钙。闪点低于 100℃的试样,脱水时不必加热,其他试样允许加热至 60～80℃。

③ 点火器的火焰应预先调至 3～4mm。

④ 要正确区分试样蒸气的闪火与点火器火焰的闪光。为此,除应事先将测定装置安放于避风且光线较暗处外,如闪燃现象仍不明显,还必须在试样温度升高 2℃时继续点火证实。

2.11　灰分的测定

灰分是化工产品和食品的一项常规指标。灰分是指样品经高温灼烧后残留下来的无机物,又称矿物质(氧化物或无机盐类)。灰分的分类如下:水溶性灰分,K,Na,Mg,Ca;水不溶性灰分,泥砂,Fe、Al 盐;酸不溶性灰分:泥砂,SiO_2。水溶性灰分反映的是可溶性的钾、钠、钙、镁等的氧化物和盐类的含量。水不溶性灰分反映的是污染的泥砂和铁、铝等氧化物及碱土金属的碱式磷酸盐的含量。酸不溶性灰分反映的是污染的泥沙和食品中原来存在的微量氧化硅的含量。一般是测定总灰分的含量,总灰分包含了以上几种灰分。

2.11.1　测定原理

把一定量的样品经炭化后放入高温炉内灼烧,使有机物质被氧化分解,以二氧化碳、氮的氧化物及水等形式逸出,而无机物质以硫酸盐、磷酸盐、碳酸盐、氯化物等无机盐和金属氧化物的形式残留下来,这些残留物即为灰分,称量残留物的质量即可计算出样品中总灰分的含量。

2.11.2　材料与仪器

2.11.2.1　试剂和材料

① 乙酸镁 [$(CH_3COO)_2Mg·4H_2O$]:分析纯。

② 乙酸镁溶液(80g/L):称取 8.0g 乙酸镁加水溶解并定容至 100mL,混匀。

③ 乙酸镁溶液(240g/L):称取 24g 乙酸镁加水溶解并定容至 100mL,混匀。

2.11.2.2　仪器和设备

① 马弗炉。

② 分析天平（感量：0.0001g）。

③ 石英坩埚或瓷坩埚。

④ 干燥器。

⑤ 电热板。

⑥ 水浴锅。

2.11.3　分析步骤

2.11.3.1　坩埚的灼烧

取大小适宜的石英坩埚或瓷坩埚置马弗炉中，在 (550±25)℃下灼烧 0.5h，冷却至 200℃以下后，取出，放入干燥器中冷却 30min，准确称量，并重复灼烧至前后两次称量相差不超过 0.5mg 为恒重。

2.11.3.2　称样

灰分大于 10g/100g 的试样称取 2～3g，精确至 0.0001g；灰分小于 10g/100g 的试样称取 3～10g，精确至 0.0001g。

2.11.3.3　测定

液体和半固体试样应先在沸水浴上蒸干。固体或蒸干后的试样，先在电热板上以小火加热使试样充分炭化至无烟，然后置于马弗炉中，在 (550±25)℃灼烧 4h。冷却至 200℃以下后，取出，放入干燥器中冷却 30min，在称量前如灼烧残渣有炭粒时，向试样中滴入少许水湿润，使结块松散，蒸干水分再次灼烧直至无炭粒即灰化完全，准确称量。重复灼烧至前后两次称量相差不超过 0.5mg 为恒重。

2.11.4　结果计算

按式(2-34)计算

$$X_1 = \frac{m_1 - m_2}{m_3 - m_2}$$
(2-34)

灰分的测定
操作视频

式中　X_1——试样中灰分的含量，g/100g；

　　　m_1——坩埚和灰分的质量，g；

　　　m_2——坩埚的质量，g；

　　　m_3——坩埚和试样的质量，g。

灰分含量≥10g/100g 时，保留三位有效数字；含量<10g/100g 时，保留两位有效数字。

实训 2 多元醇折射
率的测定

实训 3 氨基酸旋光
本领的测定

实训 4 电导率的
测定

在重复性条件下获得的两次独立测定结果的绝对差值不得超过算术平均值的 5%。

 练习题

1. 密度的测定方法有哪几种？

2. 如果待测样品的熔点为 120℃，采用毛细管法测定该样品的熔点，可采用什么做介质？能用水吗？

3. 沸点的测定方法有哪些？原理是什么？

4. 阿贝折射仪的测定原理是什么？

5. 如何使用旋光仪测定味精的旋光本领？

6. 水分测定的方法有哪些？适用范围如何？

7. 色度测定的方法有哪些？分别适用于哪些产品的测定？

8. 测定 pH 值时常用的三种缓冲溶液是哪些？如果待测样品的 pH 值为 8.3，应用哪两种缓冲溶液定位？

9. 水的电导率越大，说明水的电解质含量越高吗？

10. 黏度的测定方法有哪些？分别适用于哪些产品的测定？

11. 哪些产品需要测定闪点？

第 **3** 章

油脂的检验

学习目标

知识目标

(1) 熟悉油脂理化检验项目。

(2) 掌握油脂理化检验项目的常规检验方法。

能力目标

(1) 能进行油脂检验样品的制备。

(2) 能进行相关溶液的配制。

(3) 能根据油脂的种类和检验项目选择合适的检验方法。

(4) 能对油脂相关项目进行检验,给出正确结果。

素质目标

(1) 通过理论知识学习培养扎实的科学素养与人文素养。

(2) 通过具体操作训练培养劳动精神、工匠精神。

(3) 通过分组讨论和实训培养沟通能力和团队精神。

案例导入

如果你是一名企业的检验人员,工作中需要测定硬脂酸的酸值,应如何测定?

课前思考题

(1) 油脂的碘值高意味着油脂容易氧化吗?

(2) 化妆品中常用的油脂和蜡有哪些?

　　油脂是精细化学品生产的常用原料,以植物油脂和动物油脂为主,其组成主要是高级脂肪酸的甘油酯,其次是人工合成的油脂,以及少数的矿物油,如凡士林等。

　　油脂由于来源、品种、加工条件、保存等情况不同,其质量优劣的差异较大。油脂检验项目甚多,通常是根据其用途的需要来选择检验项目。例如

油脂常见的
特征参数

化妆品用的油脂和蜡的熔点、色泽、气味等项目是必须测定的。

3.1 油脂物理性能的测定

3.1.1 熔点的测定

纯净的油脂和脂肪酸有其固定的熔点，但天然油脂的纯度不高，熔点不够明显。

油脂的熔点与其组成和组分的分子结构密切相关。一般组成脂肪酸的碳链愈长，熔点愈高；不饱和程度愈大，熔点愈低。双键位置不同熔点也有差异。

测定熔点常用毛细管法，具体测定方法见本书第 2 章 2.2 节内容。

3.1.2 凝固点的测定

凝固点是油脂和脂肪酸的重要质量指标之一，在制皂工业中，对油脂的配方有重要指导作用。

测定凝固点的方法见本书第 2 章 2.2 节内容。

蓖麻油氢化后
的熔点变化

3.1.3 相对密度的测定

油脂的相对密度与其脂肪酸的组成和结构有关，如油脂分子内氧的质量分数越大，其相对密度越大。因此，随着油脂分子中低分子脂肪酸、不饱和脂肪酸和羟基酸含量的增加，其相对密度增大。油脂的相对密度范围一般在 0.87～0.97 之间。相对密度的测定方法有密度瓶法和密度计法等，具体的测定步骤见本书第 2 章 2.1 节内容。

3.1.4 色泽的测定

油脂愈纯其颜色和气味愈淡，纯净的油脂应是无色无味无臭的。通常，油脂受提炼、贮存的条件和方法等因素的影响，具有不同程度的色泽。

油脂的色泽直接影响其产品的色泽。例如，用色泽较深的油脂生产的肥皂，其色泽也较深，这样的产品不受消费者欢迎，所以色泽是油脂质量指标必不可少的项目。

油脂变色原因

测定色泽的方法有铂-钴分光光度法、罗维朋比色计法等，具体的测定方法见第 2 章 2.7 节内容。

3.2 水分和挥发分的测定

通常纯度较高或精炼过的油脂含水量极少，但在精炼过程中水分不可能完全除去。这是因为油脂中常含磷脂、蛋白质以及其他能与水结合成胶体的物质，使水不易下沉而混杂在油脂中。此外，固状、半固状油脂在凝固时往往夹带较多的水分。例如常见的骨油、牛油和羊油含水量有时高达 20% 左右。

水分的存在是油脂酸败变质的基础，因此加工油脂或使用油脂作原料时都需要进行水分的测定。测定油脂水分的方法有两种：A. 采用沙浴或电热板；B. 采用电热干燥箱。其中方法 A 适用于所有的油脂；方法 B 仅适用于酸值低于 4 的非干性油脂，不适用于月桂酸型的油（棕榈仁油和椰子油）。

3.2.1　方法 A（热板法）

3.2.1.1　测定原理

本方法是在（103±2）℃的条件下，对测试样品进行加热至水分和挥发物完全散尽，测定样品损失的质量。

3.2.1.2　主要仪器

① 蒸发皿：直径 8～9cm，深度 3cm。
② 温度计：刻度范围为 80～110℃，长约 100mm，水银球加固，上端具有膨胀室。
③ 沙浴或电热板。
④ 干燥器：内含有效的干燥剂。

3.2.1.3　测定步骤

预先称量干燥洁净的蒸发皿和温度计的总质量，再称入 10.00～20.00g 的油脂样品，将装有测试样品的蒸发皿在沙浴或电热板上加热至 90℃，升温速率控制在 10℃/min 左右，边加热边用温度计搅拌。降低加热速率观察蒸发皿底部气泡的上升，控制温度上升至（103±2）℃，确保不超过 105℃。继续搅拌至蒸发皿底部无气泡放出。

为确保水分完全散尽，重复数次加热至（103±2）℃、冷却至 90℃的步骤，将蒸发皿和温度计置于干燥器中，冷却至室温，称量，精确至 0.001g。重复上述操作，直至连续两次结果不超过 2mg。

同一测试样品进行两次测定。

3.2.1.4　结果计算

样品中水分（含挥发物）的质量分数 w_{H_2O} 按式(3-1) 计算。

$$w_{H_2O} = \frac{m_1 - m_2}{m} \tag{3-1}$$

式中　m_1——样品、蒸发皿及温度计加热前的总质量，g；
　　　m_2——样品、蒸发皿及温度计加热后的总质量，g；
　　　m——样品质量，g。

3.2.2　方法 B（干燥减重法）

干燥减重法是将试样按规定的方法在（105±1）℃的条件下进行加热干燥后，计算其减少的量，从而测定水分。

干燥减重法的测定方法详见本书第 2 章 2.6 节内容。

3.3　酸值的测定

酸值是指中和 1g 样品所需氢氧化钾的质量（mg），单位为 mg/g。

酸值是油脂品质的重要指标之一，是油脂中游离脂肪酸多少的度量。

油脂中一般都含有游离脂肪酸，其含量多少和油源的品质、提炼方法、水分及杂质含量、贮存的条件和时间等因素有关。水分杂质含量高，贮存及提炼温度高和时间长，都能导致游离脂肪酸含量增高，促进油脂的水解和氧化等化学反应。

油脂的酸值可以采用指示剂法和电位滴定法测定。

3.3.1 指示剂法

该法适用于油脂、羊毛醇、脂肪醇、脂肪酸、香料等试样中酸值的测定。

3.3.1.1 方法原理

酸值的测定原理就是酸碱中和原理，即

$$RCOOH + KOH \longrightarrow RCOOK + H_2O$$

试样溶解在乙醚和乙醇的混合溶剂中，然后用氢氧化钾-乙醇标准溶液滴定存在于油脂中的游离脂肪酸。

3.3.1.2 主要试剂和仪器

① 乙醚与 95% 乙醇溶剂按体积比 1:1 混合。使用前每 100mL 混合溶剂中，加入 0.3mL 指示剂，用氢氧化钾-乙醇溶液准确中和。

警告：乙醚高度易燃，并能生成爆炸性过氧化物，使用时必须特别谨慎。

注：甲苯可代替乙醚；如果需要，异丙醇可代替乙醇。

② 氢氧化钾-95% 乙醇标准溶液，$c_{KOH} = 0.1mol/L$ 或必要时 $c_{KOH} = 0.5mol/L$。

使用前必须知道溶液的准确浓度，并应经校正，使用最多五天前配制溶液，移清液于棕色玻璃瓶中贮存，用橡胶塞塞紧。溶液应为无色或浅黄色。

③ 酚酞指示剂溶液：10g/L 的 95% 乙醇溶液。

中性乙醇：$\varphi_{C_2H_5OH} = 95\%$。于 500mL 95% 乙醇中加 6~8 滴酚酞，用 $c_{KOH} = 0.5mol/L$ 的溶液滴至刚显红色，再以 $c = 0.1mol/L$ 的盐酸滴至红色刚褪为止。

④ 滴定管：50mL；三角瓶：250mL。

⑤ 分析天平：感量 0.0001g。

3.3.1.3 测定步骤

将试样加入 50~150mL 预先中和过的乙醚-乙醇混合液中溶解。

用 0.1mol/L 氢氧化钾溶液边摇动边滴定，直到指示剂显示终点（酚酞变为粉红色须最少维持 10s 不褪色）。

注：如果滴定所需 0.1mol/L 氢氧化钾溶液体积超过 10mL 时，可用浓度为 0.5mol/L 氢氧化钾溶液。

同一试样进行两次测定。

3.3.1.4 结果计算

测定结果按式(3-2) 计算。

$$AV = \frac{cVM_{KOH}}{m} \tag{3-2}$$

酸值测定
操作视频

式中　AV——酸值，mg/g；

　　　c——氢氧化钾标准溶液的实际浓度，mol/L；

　　　V——试样滴定与空白试验消耗的标准溶液体积之差，mL；

　　　m——样品的质量，g；

　　　M_{KOH}——氢氧化钾的摩尔质量，56.11g/mol。

3.3.1.5　注意事项

① 若油脂颜色较深，可改用 $\rho=7.5g/L$ 碱性蓝 6B 乙醇溶液代替酚酞作指示剂。该试剂在酸性介质中显蓝色；在碱性介质中显红色。如果油脂本身带红色，宜用 $\rho=10g/L$ 百里酚酞-乙醇溶液作指示剂；颜色深的油脂，应先在分液漏斗中用乙醇提取游离脂肪酸，与杂质色素分离后，再以碱性蓝作指示剂，滴定抽出的脂肪酸。此外，若测定的油脂颜色深而且酸值又高，可以加 $\rho=100g/L$ 的中性氯化钡溶液，用酚酞作指示剂，以氢氧化钾标准溶液滴定，待溶液澄清时观察水相的颜色以确定终点。其目的是以生成的白色钡盐沉淀作底衬提高对颜色的灵敏度。油脂颜色深时，酸值用电位滴定法测定为佳。

② 滴定终点的确定：滴定到溶液显红色后保持不褪色的时间，必须严格控制在 30s 以内。如时间过长，稍过量的碱将使中性油脂皂化而红色褪去，从而多消耗碱。

③ 两次平行测定结果允许误差不大于 0.5%。

3.3.2　电位滴定法

3.3.2.1　原理

在无水介质中，以氢氧化钾-异丙醇溶液，采用电位滴定法滴定试样中的游离脂肪酸。

3.3.2.2　主要试剂和仪器

本法所列试剂均为分析纯，水为蒸馏水、去离子水或同等纯度的水。

① 甲基异丁基酮。使用前用氢氧化钾-异丙醇溶液准确中和至酚酞指示剂终点呈微红色。

② 氢氧化钾-异丙醇标准溶液，$c_{KOH}=0.1mol/L$ 或 $c_{KOH}=0.5mol/L$。使用前必须知道溶液的准确浓度，并应经校正。

③ 150mL 高型烧杯；10mL 滴定管，最小刻度 0.05mL。

④ 备有玻璃和甘汞电极的 pH 计：饱和氯化钾溶液和试验溶液之间须用一厚度最小为 3mm 的烧结玻璃或瓷质圆盘保持接触。

⑤ 磁性搅拌器。

3.3.2.3　分析步骤

① 称 5～10g 样品，准确至 0.01g，放入烧杯中。

② 用 50mL 甲基异丁基酮溶解试样，插入 pH 计的电极，启动磁性搅拌器，用氢氧化钾-异丙醇标准溶液滴定至终点。

同一试样进行两次测定。

3.3.2.4　结果计算

同指示剂法。

3.4　皂化值的测定

油脂皂化值的定义是：皂化 1g 油脂中的可皂化物所需氢氧化钾的质量（mg），单位为 mg/g。

可皂化物含游离脂肪酸及脂肪酸甘油酯等。皂化值的大小与油脂中所含

常见油脂皂化值

甘油酯的化学成分有关，一般油脂的分子量和皂化值的关系是：甘油酯分子量愈小，皂化值愈高。另外，若游离脂肪酸含量增大，皂化值随之增大。

油脂的皂化值是指导肥皂生产的重要数据，可根据皂化值计算皂化所需碱量、油脂内的脂肪酸含量和油脂皂化后生成的理论甘油量三个重要数据。

3.4.1 方法原理

测定皂化值是利用酸碱中和法，测定油和脂肪酸中游离脂肪酸和甘油酯的含量。在回流条件下将样品和氢氧化钾-乙醇溶液一起煮沸，然后用标定的盐酸溶液滴定过量的氢氧化钾。其反应式如下：

$$(RCOO)_3C_3H_5 + 3KOH \longrightarrow 3RCOOK + C_3H_5(OH)_3$$
$$RCOOH + KOH \longrightarrow RCOOK + H_2O$$
$$KOH + HCl \longrightarrow KCl + H_2O$$

3.4.2 主要试剂和仪器

3.4.2.1 主要试剂

① 氢氧化钾-乙醇标准溶液：$c_{KOH} = 0.5 mol/L$ 的乙醇溶液。约 0.5mol 氢氧化钾溶于 $\varphi = 95\%$ 的 1L 乙醇中。此溶液应为无色或淡黄色。通过下列任一方法可制得稳定的无色溶液。

方法一：将 8g 氢氧化钾和 5g 铝片放在 1L 乙醇中回流 1h 后立刻蒸馏。将需要量（约 35g）的氢氧化钾溶解于蒸馏物中。静置数天，然后倾出清亮的上层清液弃去碳酸钾沉淀。

方法二：加 4g 叔丁醇铝到 1L 乙醇中，静置数天，倾出上层清液，将需要量的氢氧化钾溶解于其中，静置数天，然后倾出清亮的上层清液弃去碳酸钾沉淀。将此液贮存在配有橡胶塞的棕色或黄色玻璃瓶中备用。

② 盐酸标准溶液：$c_{HCl} = 0.5 mol/L$。

③ 酚酞指示剂：$\rho_{酚酞} = 1\%$ 的乙醇溶液。

④ 碱性蓝 6B 溶液：$\rho = 2.5 g/100mL$，溶于 95% 乙醇（体积分数）。

3.4.2.2 主要仪器

① 恒温水浴。

② 回流冷凝管：带有连接锥形瓶的磨砂玻璃接头。

③ 滴定管：50mL。

④ 锥形瓶（磨口）：250mL。

3.4.3 测定步骤

称取已除去水分和机械杂质的油脂样品 3～5g（如为工业脂肪酸，则称 2g，称准至 0.001g），置于 250mL 锥形瓶中，准确移取 25mL 氢氧化钾-乙醇标准溶液，接上回流冷凝管，置于沸水浴中加热回流 0.5h 以上，使其充分皂化。停止加热，稍冷，加酚酞指示剂 5～10 滴，然后用盐酸标准溶液滴定至红色消失为止。同时吸取 25mL 氢氧化钾-乙醇标准溶液按上述方法做空白试验。

3.4.4　结果计算

样品的皂化值 SV 按式(3-3) 计算。

$$SV = \frac{c \times (V_0 - V_1) M_{KOH}}{m} \tag{3-3}$$

式中　SV——油脂样品的皂化值，mg/g；

　　　　c——盐酸标准溶液的实际浓度，mol/L；

　　　　V_0——空白试验消耗盐酸标准溶液的体积，mL；

　　　　V_1——试样消耗盐酸标准溶液的体积，mL；

　　　　m——样品质量，g；

　　　M_{KOH}——氢氧化钾的摩尔质量，56.11g/mol。

3.4.5　注意事项

① 如果溶液颜色较深，终点观察不明显，可以改用 0.5～1mL 的碱性蓝 6B 作指示剂。

② 皂化时要防止乙醇从冷凝管口挥发，同时要注意滴定液的体积，盐酸标准溶液用量大于 15mL，要适当补加中性乙醇，加入量参照酸值测定。

③ 两次平行测定结果允许误差不大于 0.5%。

3.5　碘值的测定

碘值是指 100g 油脂所能吸收碘的质量（g），单位为 g/100g。

油脂内均含有一定量的不饱和脂肪酸，无论是游离状还是甘油酯，都能在每 1 个双键上加成 1 个卤素分子。这个反应对检验油脂的不饱和程度非常重要。通过碘值可大致判断油脂的属性：碘值大于 130，可认为该油脂属于干性油脂类；小于 100 属于不干性油脂类；在 100～130 则属半干性油脂类。制肥皂用的油脂，其混合油脂的碘值一般要求不大于 65。硬化油生产中可根据碘值估计氢化程度和需要氢的量。

测定碘值的方法很多，如氯化碘-乙醇法、氯化碘-乙酸法、碘酊法、溴化法、溴化碘法等，GB/T 5532—2022 中使用以下方法。

3.5.1　测定原理

在溶剂中溶解试样，加入韦氏（Wijs）试剂反应一定时间后，加入碘化钾和水，用硫代硫酸钠溶液滴定析出的碘。

3.5.2　主要试剂和仪器

除非另有说明，所用试剂均为分析纯，水应符合 GB/T 6682 中二级水的要求。

3.5.2.1　主要试剂

① 碘化钾溶液（KI）：100g/L，不含碘酸盐或游离碘。

② 淀粉溶液：将 5g 可溶性淀粉在 30mL 水中混合，加入 1000mL 沸水，并煮沸 3min，然后冷却。

③ 硫代硫酸钠标准溶液：$c_{Na_2S_2O_3}=0.1mol/L$，标定后使用。

④ 溶剂：将环己烷和冰乙酸等体积混合。

⑤ 韦氏（Wijs）试剂：含一氯化碘的乙酸溶液。韦氏（Wijs）试剂中 I 与 Cl 之比应控制在 1.10±0.1 的范围内。

含一氯化碘的乙酸溶液配制方法：一氯化碘 25g 溶于 1500mL 冰乙酸中。韦氏（Wijs）试剂稳定性较差，为使测定结果准确，应做空白样的对照测定。

配制韦氏（Wijs）试剂的冰乙酸应符合质量要求，且不得含有还原物质。

鉴定是否含有还原物质的方法如下：

取冰乙酸 2mL，加 10mL 蒸馏水稀释，加入 1mol/L 高锰酸钾 0.1mL，所呈现的颜色应在 2h 内保持不变。如果红色褪去，说明有还原物质存在。

可用如下方法精制：

取冰乙酸 800mL 放入圆底烧瓶内，加入 8～10g 高锰酸钾，接上回流冷凝器，加热回流约 1h，移入蒸馏瓶中进行蒸馏，收集 118～119℃的馏出物。

3.5.2.2 主要仪器

除实验室常规仪器外，还包括下列仪器设备：

① 玻璃称量皿：与试样量配套并可置入锥形瓶中。

② 容量为 500mL 的具塞锥形瓶：完全干燥。

③ 分析天平：分度值 0.0001g。

3.5.3 测定步骤

① 按表 3-1 称取油脂样品放入 500mL 锥形瓶中，加入 20～25mL 溶剂溶解试样，用移液管准确加入 25mL 韦氏（Wijs）试剂，盖好塞子，摇匀后将锥形瓶置于暗处。

② 对碘值低于 150 的样品，锥形瓶应在暗处放置 1h；碘值高于 150 的、已聚合的、含有共轭脂肪酸的（如桐油、脱水蓖麻油）、含有任何一种酮类脂肪酸（如不同程度的氢化蓖麻油）的，以及氧化到相当程度的样品，应置于暗处 2h。

③ 到达规定的反应时间后，加 20mL 碘化钾溶液和 150mL 水。用标定过的硫代硫酸钠标准溶液滴定至溶液呈现淡黄色。加 3mL 淀粉溶液继续滴定，一边滴定一边用力摇动锥形瓶，直到蓝色刚好消失。也可以采用电位滴定法确定终点。

④ 同时做空白溶液的测定。

表 3-1 不同碘值宜称取油脂样品的数量

碘值	称取油脂的质量/g	碘值	称取油脂的质量/g
<20	1.2000～1.2200	120～140	0.1900～0.2100
20～40	0.7000～0.7200	140～160	0.1700～0.1900
40～60	0.4700～0.4900	160～180	0.1500～0.1700
60～80	0.3500～0.3700	180～200	0.1400～0.1500
80～100	0.2500～0.3000	>200	0.1000～0.1400
100～120	0.2300～0.2500		

3.5.4　结果计算

样品的碘值 IV 按式(3-4)计算。

$$IV = \frac{c \times (V_0 - V_1) \times M_{1/2I_2}}{m} \times 100 \tag{3-4}$$

式中　IV——样品的碘值，g/100g；

c——硫代硫酸钠标准溶液的实际浓度，mol/L；

V_0——空白试验消耗硫代硫酸钠标准溶液的体积，mL；

V_1——样品消耗硫代硫酸钠标准溶液的体积，mL；

$M_{1/2I_2}$——$\frac{1}{2}I_2$ 的摩尔质量，126.9g/mol；

m——样品质量，g。

3.5.5　注意事项

① 称取样品的质量应控制在样品消耗硫代硫酸钠标准溶液的体积是空白试验消耗硫代硫酸钠的一半或略大于一半，否则结果有偏低的倾向。

② 两次平行测定结果允许误差不大于 1%。

3.6　不皂化物的测定

不皂化物是指用氢氧化钾皂化后的全部生成物用指定溶剂提取，在规定的操作条件下不挥发的所有物质。例如甾醇、高分子醇类、树脂、蛋白质、蜡、色素、维生素 E 以及混入油脂中的矿物油和矿物蜡等物质。天然油脂中常含有不皂化物，但一般不超过 2%。因此，测定油脂的不皂化物，可以了解油脂的纯度。不皂化物含量高的油脂不宜用作制肥皂的原料，特别是对可疑的油脂，必须测定其不皂化物含量。

3.6.1　测定原理

油脂与氢氧化钾-乙醇溶液在煮沸回流条件下进行皂化，用乙醚从皂化液中提取不皂化物，蒸发溶剂并对残留物干燥后称量。

3.6.2　主要试剂和仪器

3.6.2.1　主要试剂

本部分使用的试剂均为分析纯，水为蒸馏水、去离子水或等同纯度的水。

① 乙醚：新蒸过，不含过氧化物和残留物。

② 丙酮。

③ 氢氧化钾-乙醇溶液：$c_{KOH} = 1mol/L$。在 50mL 水中溶解 60g 氢氧化钾，然后用 95%（体积分数）乙醇稀释至 1000mL。溶液应为无色或浅黄色。

④ 氢氧化钾水溶液：$c_{KOH} = 0.5mol/L$。

⑤ 酚酞指示剂溶液：10g/L 的 95％（体积分数）乙醇溶液。

3.6.2.2　主要仪器

实验室常用仪器，特别是下列仪器。

① 圆底烧瓶：带标准磨口的 250mL 圆底烧瓶。

② 回流冷凝管：具有与烧瓶①配套的磨口。

③ 500mL 分液漏斗：使用聚四氟乙烯旋塞和瓶塞。

④ 水浴锅。

⑤ 电烘箱：可控制在（103±2）℃。

3.6.3　测定步骤

3.6.3.1　试样

称取约 5g 试样，精确至 0.01g，置于 250mL 烧瓶中。

3.6.3.2　皂化

加入 50mL 氢氧化钾-乙醇溶液和一些沸石。烧瓶与回流冷凝管连接好后，小心煮沸回流 1h。停止加热，从回流管顶部加入 100mL 水并旋转摇动。

如果提取的不皂化物用于测定维生素 E，则必须添加联苯三酚且尽快地完成操作（30min 以内）。

3.6.3.3　不皂化物的提取

冷却后转移皂化液到 500mL 分液漏斗，用 100mL 乙醚分几次洗涤烧瓶和沸石，并将洗液倒入分液漏斗。盖好塞子，倒转分液漏斗，用力摇 1min，小心打开旋塞，间歇地释放内部压力。静置分层后，将下层皂化液尽量完全放入第二只分液漏斗中。如果形成乳化液，可加少量乙醇或浓氢氧化钾或氯化钠溶液进行破乳。

采用相同的方法，每次用 100mL 乙醚再提取皂化液两次，收集三次乙醚提取液放入装有 40mL 水的分液漏斗中。

3.6.3.4　乙醚提取液的洗涤

轻轻转动装有提取液和 40mL 水的分液漏斗。

警告：剧烈的摇动可能会形成乳化液。

等待完全分层后弃去下面水层。用 40mL 水再洗涤乙醚溶液两次，每次都要剧烈震摇，且在分层后弃去下面水层。排出洗涤液时需留 2mL，然后沿轴线旋转分液漏斗，等待几分钟让保留的水层分离。弃去水层，当乙醚溶液到达旋塞口时关闭旋塞。

用 40mL 氢氧化钾水溶液，40mL 水相继洗涤乙醚溶液后，再用 40mL 氢氧化钾水溶液进行洗涤，然后用 40mL 水洗涤至少两次。

继续用水洗涤，直到加入 1 滴酚酞溶液至洗涤液后，不再呈粉红色为止。

3.6.3.5　蒸发溶剂

通过分液漏斗的上口，小心地将乙醚溶液全部转移至 250mL 烧瓶中。此烧瓶需预先于（103±2）℃的烘箱中干燥，冷却后称量，精确至 0.1mg。在沸水浴上蒸馏回收溶剂。

加入 5mL 丙酮，在沸水浴上转动时倾斜握住烧瓶，在缓缓的空气流下，将挥发性溶剂完全蒸发。

3.6.3.6 残留物的干燥和测定

① 将烧瓶水平放置在（103±2）℃的烘箱中，干燥15min。然后放在干燥器中冷却，取出称量，准确至0.1mg。按上述方法间隔15min重复干燥，直至两次称量质量相差不超过1.5mg。如果三次干燥后还不恒质，则不皂化物可能被污染，须重新进行测定。

注：如果条件允许，尤其是如果不皂化物需要进一步检测时，可使用真空旋转蒸发器。

② 当需要对残留物中的游离脂肪酸进行校正时，将称量后的残留物溶于4mL乙醚中，然后加入20mL预先中和到使酚酞指示液呈淡粉色的乙醇。用0.1mol/L标准氢氧化钾-乙醇溶液滴定到相同的终点颜色。

③ 以油酸来计算游离脂肪酸的质量，并以此校正残留物的质量。

3.6.3.7 测定次数

同一试样需进行两次测定。

3.6.3.8 空白试验

用相同步骤及相同量的所有试剂，但不加试样进行空白试验。如果残留物超过1.5mg，需对试剂和方法进行检查。

3.6.4 结果计算

样品中不皂化物的质量分数 w 按式(3-5)计算。

$$w = \frac{m_1 - m_2 - m_3}{m_0} \tag{3-5}$$

式中　m_0——试样的质量，g；

　　　m_1——残留物的质量，g；

　　　m_2——空白试验的残留物质量，g；

　　　m_3——游离脂肪酸的质量，g；

　　　w——试样中不皂化物的含量，以质量分数计，％。

实训5 固体油脂
和蜡熔点的测定

实训6 硬脂酸酸
值的测定

实训7 油酸碘值
的测定

◎ 练习题

1. 酸值的定义是什么？如何测定硬脂酸的酸值？为什么在终点时，红色容易褪去？
2. 碘值的定义是什么？碘值测定原理是什么？
3. 用油脂制造肥皂时，为什么要测定油脂不皂化物含量？油脂不皂化物包括哪些物质？
4. 测定氧化脂肪酸的作用是什么？

第**4**章
香料和香精的检验

　学习目标

知识目标

(1) 熟悉香料和香精理化检验项目。

(2) 掌握香料和香精理化检验项目的常规检验方法。

能力目标

(1) 能进行检验样品的制备。

(2) 能进行相关溶液的配制。

(3) 能根据香料、香精的种类和检验项目选择合适的分析方法。

(4) 能按照标准方法对香料和香精相关项目进行检验，给出正确结果。

素质目标

(1) 通过理论知识学习培养扎实的科学素养与人文素养。

(2) 通过具体操作训练培养劳动精神、工匠精神。

(3) 通过分组讨论和实训培养沟通能力和团队精神。

　案例导入

如果你是一名企业的检验人员，供应商给你公司送来了几种香精样品，你如何才能判定其质量是否合格呢？

　课前思考题

(1) 香料与香精有什么区别？

(2) 天然香料是纯物质吗？

香料是能被嗅觉嗅出香气或味觉尝出香味的物质，是配制香精的原料。香精则是由数种乃至数十种香料，按照一定的配比调和成具有某种香气或香韵及一定用途的调和香料。随着人类文明的进步和生活方式的多样化，香料香精的需求量日趋增加，日用化工（化妆品、洗涤剂等）、食品、造纸、涂料、烟酒、印刷等工业中应用也日益广泛。

4.1　香料的感官检验

香料的感官检验包括香料试样的香气质量、香势、留香时间以及香料的香味和色泽等指标的检验。为尽量避免不同人感官检验的差异对检验结果带来的误差，通常采用统计感官检验法。

4.1.1　香气的评定

香气是香料的重要性能指标，通过香气的评定可以辨别其香气的浓淡、强弱、杂气、掺杂和变质的情况。香气的评定，是由评香师在评香室内利用嗅觉对试样和标准样品的香气进行比较，从而评定样品与标准样品的香气是否相符。

4.1.1.1　标准样品、溶剂和辨香纸

（1）标准样品　是由国家主管部门授权审发，经过选择的最能代表当前生产质量水平的各种香料产品。并根据不同产品的特性定期审换，一般为一年。

不同品种、不同工艺方法和不同地区的香料，用不同原料制成的单离香料，或不同的工艺路线制成的合成香料，以及不同规格的香料，均应分别确定标准样品。标准样品要妥善保管，防止香气污染。

（2）溶剂　按不同香料品种选用乙醇、苄醇、苯甲酸苄酯、邻苯二甲酸二乙酯、十四酸异丙酯、水等作溶剂。

（3）辨香纸　用质量好的厚度约为 0.5mm 的无臭吸水纸，切成宽 0.5～1.0cm、长10～15cm 的纸条。

4.1.1.2　香气评定的方法和步骤

在空气清新无杂气的评香室内，先将等量的试样和标准样品分别放在相同且洁净无臭的容器中，进行评香，包括瓶口香气的比较，然后再按下列两类香料分别进行评定。

（1）液体香料　用辨香纸分别蘸取容器内试样与标准样品 1～2cm（两者必须接近等量），用夹子夹在测试架上，然后用嗅觉进行评香。除蘸好后立即辨其香气外，应辨别其在挥发过程中全部香气是否与标准样品相符，有无杂气。天然香料更应评比其挥发过程中的头香、体香、尾香，以全面评价其香气质量。

对于不易直接辨别其香气质量的产品，可先以不同溶剂溶解，并将试样与标准样品分别稀释至相同浓度，再蘸在辨香纸上待溶剂挥发后按上述方法及时评香。

（2）固体香料　固体香料的试样和标准样品可直接（或擦在清洁的手背上）进行评香。香气浓烈者可选用适当溶剂溶解，并稀释至相同浓度，然后蘸在辨香纸上按上述方法进行评香。

在必要时，固体和液体香料的香气评定可用等量的试样和标准样品，配成香精或实物加香后进行评香。

4.1.1.3　结果的表示

香气评定结果可用分数（满分 40 分）表示：纯正（39.1～40.0 分）、较纯正（36.0～39.0 分）、可以（32.0～35.9 分）、尚可（28.0～31.9 分）、及格（24.0～27.9 分）、不及格（24.0 分以下）。

4.1.2 香味的鉴定

评香的正确操作

对食用香料，除进行香气质量的鉴定外，还需进行香味的鉴定。其方法是取试样的 1％乙醇溶液，加入 250mL 糖浆中，用味觉进行鉴定，应符合同一型号的标准样品。

4.1.3 色泽的鉴定

香料的阈值

香料的色泽是香料的一个重要的指标。香料色泽的鉴定是通过比较待测试样与标准比色液的色泽是否相符（液体试样），或在指定范围内，以确定试样是否达到质量标准（固体试样）。

4.1.3.1 主要试剂

① 重铬酸钾标准液：$\rho_{K_2Cr_2O_7} = 1.0 \text{g/L}$。准确称取经烘干至恒重的重铬酸钾（保证试剂）1.000 0g 于 1000mL 容量瓶中，加 2％的硫酸水溶液溶解后，稀释至刻度。

② 重铬酸钾标准液：$\rho_{K_2Cr_2O_7} = 0.1 \text{g/L}$。用移液管准确吸取上述重铬酸钾标准液 100mL 于 1000mL 容量瓶中，用 2％的硫酸水溶液稀释至刻度。

③ 硫酸溶液：质量分数为 2％。

4.1.3.2 液体标准比色液

按表 4-1 用移液管准确量取质量浓度为 0.1g/L 或 1.0g/L 的重铬酸钾标准溶液于 100mL 容量瓶中，以 2％硫酸水溶液稀释至刻度，即得从水白到橘黄的 17 个色标。

表 4-1　液体标准比色液的配制

颜色	色标号	重铬酸钾标准溶液	
		体积/mL	质量浓度/(g/L)
水白	0	0	0.1
无色	1	2.3	0.1
	2	3.3	0.1
	3	5.0	0.1
浅柠檬黄	4	7.4	0.1
	5	11.0	0.1
淡柠檬黄	6	16.0	0.1
	7	23.0	0.1
柠檬黄	8	39.0	0.1
	9	48.0	0.1
深柠檬黄	10	71.0	0.1
	11	11.2	1.0
橘色	12	20.5	1.0
	13	32.2	1.0
黄橙	14	38.4	1.0
	15	51.5	1.0
橘黄	16	78.0	1.0

4.1.3.3　测定方法

① 固体香料：将试样置于一洁净的白纸上，用目测法观察其色泽是否在指定范围内。

② 液体香料：将试样与标准比色液分别置于相同规格的比色管中至同刻度处，沿垂直方向观察，评比色泽。

4.2　香料的理化性质测定

香料的应用性能在很大程度上决定其理化性质，通过理化性质的测定可以了解香料的质量和应用性能的好坏。而表示香料理化性质的参数很多，有相对密度、折射率、旋光度、熔点、冻点（凝固点）、沸程、不溶性、油溶性、醇溶性、蒸发后残留物、pH 值、酸值、酯值、羰基化合物含量、酚含量等。其中相对密度、折射率、旋光度、熔点、冻点（凝固点）、沸程、pH 值等通用项目的测定方法已在第 2 章进行了详细介绍，在此仅介绍以下几个具代表性的理化性质的测定方法。

4.2.1　乙醇中溶解度的测定

香料在乙醇中的溶解度是指：在规定温度下，1mL 或 1g 的香料全部溶解于一定浓度的乙醇水溶液时所需该乙醇水溶液的体积。

通过测定香料在乙醇水溶液中的溶解度，可以判断精油中萜类含氧化合物和萜烯的相对比例，进而可以判断精油的质量。

4.2.1.1　主要试剂

乙醇的水溶液：常用的乙醇水溶液的体积分数分别为 50％、55％、60％、65％、70％、75％、80％、85％、90％、95％等。各种体积分数的溶液可按表 4-2 用体积分数为 95％的乙醇与蒸馏水配制而成。

表 4-2　乙醇和水混合液的配制

乙醇含量(体积分数)/％	加入蒸馏水体积/mL	混合液相对密度 d_{20}^{20}	乙醇含量(体积分数)/％	加入蒸馏水体积/mL	混合液相对密度 d_{20}^{20}
50	95.8	0.9316～0.9321	75	29.5	0.8740～0.8746
55	77.9	0.9214～0.9218	80	20.9	0.8605～0.8611
60	62.9	0.9105～0.9119	85	13.3	0.8461～0.8467
65	50.2	0.8990～0.8995	90	6.4	0.8303～0.8310
70	39.1	0.8869～0.8874	95	0.0	0.8124～0.8132

4.2.1.2　主要仪器

① 量筒：10mL 或 20mL，具磨砂玻璃塞，分刻度为 0.1mL。

② 移液管：1mL。

③ 分析天平：精度为 0.0001g。

④ 温度计：分刻度为 0.1℃ 或 0.2℃。

4.2.1.3　测定步骤

准确量取 1mL 或称取 1g 试样，置于量筒中，按规定温度在水浴中保温至温度恒定，用滴管缓缓地逐滴加入一定体积分数的乙醇水溶液，每次加入后均须摇匀，加入至溶液澄清时记录加入的乙醇溶液的体积。

或按产品标准中溶解度指标的规定，一次加入规定体积分数的乙醇水溶液，保温并振摇片刻，如能得到澄清溶液，即为合格。

4.2.1.4 结果的表示

香料在乙醇中的溶解度可表示为：1mL 或 1g 香料溶解在 ____ mL 体积分数为 ____ ％的乙醇中。

4.2.1.5 注意事项

① 溶解度的测定常用乙醇作溶剂，如用其他溶剂时应在有关产品标准中指出。

② 在测定时，如加入某种体积分数的乙醇溶液到 10mL 时，尚不能得到澄清溶液，可试用体积分数较高的乙醇溶液重新进行试验。

4.2.2 酸值的测定

酸值的定义：中和 1g 香料中所含的游离酸所需氢氧化钾的质量（mg）。

酸值是精油的一个重要的性能指标，通过酸值的测定可以了解精油的质量。一般来讲，精油中游离酸的含量很小，但若加工不当或贮存时间过久，由于精油成分分解、水解或氧化，都会使其游离酸的含量增大，香料的品质也就随之下降。

测量精油酸值的基本原理和步骤及结果表达与油脂酸值的测定基本一致，在此就不详述了，但测定时应注意以下几个方面。

① 如果用 0.1mol/L 氢氧化钾标准溶液测定酸值时用量超过 10mL，则需减少试样重作，或改用 0.5mol/L 氢氧化钾标准溶液来滴定。

② 在测定醛类产品的酸值时，溶液颜色到粉红色呈现即为终点，因为活泼的醛类基团在滴定时极易被氧化成酸。

③ 对于色泽较深的试样可多加中性乙醇稀释。

④ 在测定甲酸酯类（如甲酸香叶酯、甲酸苄酯）的酸值时，由于该类化合物遇碱极易水解，使酸值偏高，因此测定此类试样时应保持在冰水浴中进行滴定。

⑤ 在测定水杨酸酯类的酸值时要用 50％乙醇代替 95％乙醇，并用酚红作指示剂。

⑥ 平行测定结果允许误差要求如下：酸值在 10 以下为 0.2％；酸值在 10 以上为 0.5％。

4.2.3 酯值或含酯量的测定

香料的酯值（EV）是指：中和 1g 香料中所含的酯在水解后释放出的酸所需氢氧化钾的质量（mg）。

酯值与酸值一样都是香料重要的性能指标，通过酯值的测定可以了解香料产品的质量。

4.2.3.1 测定原理

在规定的条件下，用氢氧化钾-乙醇溶液加热水解香料中存在的酯，过量的碱用盐酸标准溶液回滴。反应式如下：

$$RCOOR' + H_2O \longrightarrow RCOOH + R'OH$$
$$RCOOH + KOH \longrightarrow RCOOK + H_2O$$

$$KOH + HCl \longrightarrow KCl + H_2O$$

4.2.3.2　主要试剂

① 中性分析纯乙醇。

② 氢氧化钾-乙醇溶液：$c_{KOH} = 0.5 mol/L$。

③ 盐酸标准溶液：$c_{HCl} = 0.5 mol/L$。

④ 指示剂：酚酞指示液，或当香料中含有带酚基团的组分时，用酚红指示液。

4.2.3.3　主要仪器

① 皂化瓶：耐酸玻璃制成，容量为 $100 \sim 250 mL$，装上一根长至少为 1m、内径 $1 \sim 1.5 cm$ 的带磨砂口的玻璃空气冷凝管。

如有必要，特别是对于那些含有多量轻馏分以及与放置于沸水浴中时间有关的香料，可用冷水回流冷凝器代替玻璃空气冷凝器。

② 滴定管：容量为 25mL 或 50mL。

③ 移液管：容量为 25mL。

④ 分析天平，沸水浴，电位计。

4.2.3.4　测定步骤

① 称取适量试样约 2g（精确至 0.0001g）于皂化瓶中，用移液管加入 25mL 氢氧化钾-乙醇水溶液和一些浮石或瓷片。

对于酯值高的香料，要增加氢氧化钾-乙醇溶液的加入量，以使过量的碱的体积至少为 10mL；对于酯值低的香料，应加大试样量。

② 接上空气冷凝器，将皂化瓶在沸水浴上回流 1h（或按有关香料产品标准中规定的时间进行回流）。

③ 冷却至室温，取下空气冷凝器，加入 20mL 水和 5 滴酚酞指示剂或酚红指示剂（如果香料中含有带酚基团的组分）。

④ 过量的氢氧化钾用盐酸标准溶液滴定，至粉红色消失为止（如皂化后色泽较深，滴定前可加 50mL 蒸馏水稀释），记录消耗酸的体积。

⑤ 同时不加试样按上述步骤进行空白试验。

平行试验结果的允许误差为 0.5%。

⑥ 电位计可用于所有的香料，但特别推荐用于颜色较深而滴定终点难判断的香料（如：香根油），在此情况下，测定和空白试验应使用相同的试剂和仪器。

4.2.3.5　结果计算

① 香料的酯值（EV）按式(4-1)计算。

$$EV = \frac{(V_0 - V_1) \times c \times 56.1}{m} - AV \tag{4-1}$$

式中　V_0——空白试验所消耗盐酸标准溶液的体积，mL；

　　　V_1——滴定试样所消耗盐酸标准溶液的体积，mL；

　　　c——盐酸标准溶液浓度，mol/L；

　　　m——试样的质量，g；

　　56.1——KOH 的摩尔质量，g/mol。

　　AV——香料的酸值。

② 香料含酯量 E，以％表示，按式(4-2) 计算。

$$E = \frac{(V_0 - V_1') \times c \times M_r}{10m} \tag{4-2}$$

式中　V_1'——新测定过程中耗用盐酸标准溶液的体积，mL；

　　　M_r——指定酯的分子量，g/mol。

结果保留到小数点后一位。

平行试验结果允许误差：酯值在 10 以下为 0.2；含酯量在 10％以下为 0.2％；酯值在 10~100 为 0.5；含酯量在 10％以上为 0.5％；酯值在 100 以上为 1.0。

4.2.4　羰基化合物含量的测定

醛、酮类羰基化合物是天然精油的重要芳香成分，羰基化合物含量的多少对精油的香气特征具有重要影响。香料中羰基化合物含量的测定方法很多，常用的有中性亚硫酸钠法、盐酸羟胺法、游离羟胺法等，在此仅介绍中性亚硫酸钠法。

4.2.4.1　测定原理

用中性亚硫酸钠溶液与醛或酮在沸水浴中反应释放出氢氧化钠，逐渐用酸中和释放的氢氧化钠使醛或酮反应完全。

4.2.4.2　主要试剂

① 中性亚硫酸钠饱和溶液：以酚酞为指示剂，在澄清的亚硫酸钠饱和溶液中加入亚硫酸氢钠溶液（30％）使呈中性。该试剂在使用时应新鲜配制并过滤。

② 乙酸溶液：质量比为 1∶1。

③ 酚酞指示剂：质量分数为 1％的乙醇溶液。

4.2.4.3　主要仪器

① 醛瓶：如图 4-1，容量 150mL，颈部长 150mm，具 10mL 刻度和 0.1mL 分刻度。刻度的零线应稍高于圆筒形颈部的底处，圆锥形壁和垂直颈部构成的角度约为 30°。

② 移液管：10mL。

③ 沸水浴。

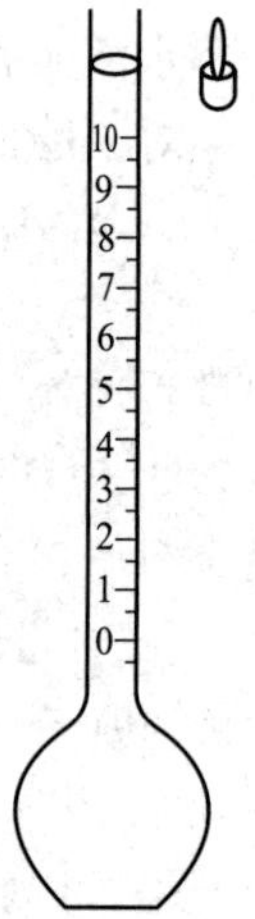

图 4-1　醛瓶

4.2.4.4　测定步骤

用移液管移取干燥并经过滤的试样 10mL，注入醛瓶中，加入 75mL 中性亚硫酸钠饱和溶液，振摇使之混合。加入 2 滴酚酞指示剂，随即置于沸水浴中加热，并不断振荡。当粉红色显现时，加入数滴乙酸水溶液，使瓶内混合液的粉红色褪去，重复加热振荡。当粉红色不再显现时，加入数滴酚酞指示剂，继续加热 15min。如不再显现粉红色，取出冷却至室温。如仍有粉红色显现，则再加热振荡并滴加乙酸水溶液至粉红色褪去。取出冷却至室温，当油层与溶液完全分开后，加入一定量的中性亚硫酸钠饱和溶液，使油层全部上升至瓶颈刻度处，读取油层的体积（mL）。

4.2.4.5　结果计算

醛或酮含量的体积分数 φ 按式(4-3) 计算。

$$x = \frac{V - V_1}{V} \times 100\%$$ (4-3)

式中　V——试样的体积，mL；

　　　V_1——油层的体积，mL。

4.2.4.6　注意事项

① 如试样中含有金属杂质，则将试样摇匀后取约 50mL，再加入约 0.5g 酒石酸，搅和静置后过滤备用。

② 如有油滴沾附瓶壁时，可将瓶置于掌心快速旋转或轻敲瓶壁，使油滴全部上升至瓶颈。

③ 冷却至室温时，有时会发现有少量亚硫酸盐加成物从溶液中沉淀出来，而且往往留存在油层和溶液层之间，这样使读数发生困难。可用滴管沿细颈内壁滴加几滴水，以使油层和溶液层分离清晰。

④ 平行试验结果的允许误差为 1%。

4.2.5　含酚量的测定

酚羟基是发香基团之一，酚含量的多少对香料的香气品质有着直接影响。

4.2.5.1　测定原理

把已知体积的香料与强碱反应，使酚类物质转化为可溶性的酚盐，然后测量未被溶解的香料的体积，即可计算出含酚量。

4.2.5.2　主要试剂

① 酒石酸：粉末状。

② 氢氧化钾溶液：质量分数为 5%，不含氧化硅和氧化铝。

③ 二甲苯：不含能溶于氢氧化钾溶液的杂质。

制备方法：加适量氢氧化钾溶液于分液漏斗中，振摇，分层后取上层二甲苯备用。

4.2.5.3　主要仪器

① 醛瓶：125mL 或 150mL，颈长约 15cm，具 10mL 刻度和 0.1mL 分刻度。刻度的零线应稍高于圆筒形颈部的底处，圆锥形壁和垂直颈部构成的角度为 30°。

② 移液管：2mL、10mL。

③ 锥形瓶：100mL。

④ 分液漏斗：250mL。

4.2.5.4　测定步骤

（1）试样处理　酚含量高的香料往往色泽较深，测定前需进行脱色处理。脱色方法是：取 10mL 以上香料，按每 50g 香料加 1g 酒石酸的比例加入酒石酸粉末，充分振荡，过滤后干燥备用。

（2）试样测定　用移液管吸取 10mL 经处理的试样于含有约 75mL 氢氧化钾溶液的醛瓶中，在沸水浴中加热 10min，并至少振摇 3 次。

沿瓶壁缓缓加入氢氧化钾溶液，再加热 5min，使未转化为水溶性的碱性酚盐的香料上升到醛瓶有刻度的颈部。为了便于分离附着在壁上的油滴，可用两手旋转醛瓶和轻敲瓶壁。

静置使分层，冷却至室温，当全部未被吸收的油相都集中到瓶颈时，读取油层的体积。

若有乳化现象发生，可用移液管加入 2mL 二甲苯，用玻璃棒搅拌乳化层并静置。若乳化现象消失，读取油层的体积。若仍有乳化现象，可在最初振摇前加入 2mL 二甲苯重复试验。

4.2.5.5 结果计算

香料含酚量 w 按式(4-4) 计算：

$$w = 10 \times (10 - V) \tag{4-4}$$

式中　V——未被吸收的油相的体积，mL。

如果测定过程中加入了 2mL 二甲苯，则从体积 V 中减去 2mL。

结果表示为最近似的整数。平行测定结果允许误差为 1%。

4.3　日用香精的检验

为了满足不同日化产品的加香要求，日用香精产品可分为以下三大类型。

(1) 化妆品用香精　包括膏霜、香水、花露水、香粉、发油、蜡用香精等。

(2) 内用香精　包括牙膏、唇膏、餐具洗涤剂、风油精制品用香精等。

(3) 外用香精　包括香皂、护发素、洗涤用品、洗衣粉及其他加香产品用香精。

由于香精是由若干种香料及其他添加剂组成的混合物，即便是同一香型的香精，也可以有数十种不同的配方。因此，香精的检验很难制订一个统一的标准。香精的质量标准一般都是由生产厂家自行拟定的企业标准。但在拟定企业标准时，必须遵循表 4-3 的香精技术要求。

表 4-3　香精的技术要求

指标名称	化妆品用香精	内用香精	外用香精	备注
色泽	符合同一型号标样			标样的确定、认可和保存等均由国家主管部门审发，并定期更换
香气	符合同一型号标样的特征香气			
折射率(20℃)	$n_{标样} \pm 0.005$			
相对密度(25℃)	$D_{标样} \pm 0.008$			
重金属限量(以 Pb 计)/(mg/kg)	≤10		—	
含砷量(As)/(mg/kg)	≤5	≤3	—	
pH 值	≤8			

日用香精的质量检验一般包括：色泽、香气、折射率、相对密度、重金属限量（以 Pb 计）、含砷量、pH 值、乙醇中的溶解度等。检验标准及检验方法一般引用香料的检验方法。对化妆品用香精，还要按照化妆品卫生标准要求进行禁用物质和限用物质的检验。在此仅介绍重金属限量（以 Pb 计）、含砷量的测定。

香精在不同介质中的香气变化

4.3.1　重金属（以 Pb 计）限量的测定

香料香精的应用范围日益扩大，使得人们接触香料香精的机会日益增多。许多香料香精产品在使用时直接与人体的皮肤接触或直接入口，所以香精产品的安全性尤为重要，重金属限量就是其中的一个重要指标。

4.3.1.1　测定原理

在酸性（pH＝3～4）条件下，试样中的重金属离子与硫化氢作用，生成棕黑色物质，与同法处理的铅标准溶液比较，做限量试验。

4.3.1.2　主要试剂

① 氨水：体积比为 1∶3 的溶液。

② 冰乙酸溶液：质量分数为 30% 的溶液。

③ 酚酞指示剂：质量分数为 10% 的乙醇溶液。

④ 饱和 H_2S 水溶液。将 H_2S 气体通入脱 CO_2 的新鲜蒸馏水中至饱和为止。该溶液必须现配现用。

⑤ 铅标准贮备液：$\rho_{Pb}＝0.1g/L$。准确称取 0.160g 分析纯 Pb（NO_3）$_2$ 溶于蒸馏水中，加入 1mL 硝酸，转移至 1L 容量瓶中，加蒸馏水稀释至刻度。有效期 2 个月。

⑥ 铅标准使用溶液：$\rho_{Pb}＝0.01g/L$。使用前，用移液管准确移取 10mL 铅标准贮备液⑤于 100mL 容量瓶中，用蒸馏水稀释至刻度，摇匀。该溶液必须使用前新鲜配制。

4.3.1.3　主要仪器

① 分析天平。

② 纳氏比色管：50mL，配套的 2 只比色管。

③ 蒸发皿。

④ 马弗炉。

4.3.1.4　测定步骤

（1）标准色溶液的配制　用移液管取 2mL 铅标准使用液，加入 50mL 纳氏比色管中，用量筒加入 0.5mL 冰乙酸溶液，加水稀释至 25mL，再加入 10mL 饱和 H_2S 溶液后，摇匀，于暗处静置 10min。

（2）试样的测定　称取 2g 试样（精确至 0.1g）置于 50mL 蒸发皿中，于沸水浴上蒸干，先用小火炭化，然后于 550℃灰化。

冷却后，加 0.5mL 冰乙酸溶液，溶解后加 20mL 蒸馏水（必要时过滤）。置于 50mL 纳氏比色管中，加 1 滴酚酞指示剂，用氨水溶液调至淡红色，加 0.5mL 乙酸溶液，加水至 25mL，加入 10mL 饱和 H_2S 水溶液，摇匀，在暗处放置 10min。

用目视比色法比较试样溶液和标准色溶液的颜色，若 10min 内试样颜色不深于标准色溶液颜色，则试样重金属含量（以 Pb 计）即为合格。

4.3.2　含砷（As）量的测定

砷及其化合物都具有很强的毒性，在日用化学品中必须严格控制其含量。

4.3.2.1　测定原理

先以 KI、$SnCl_2$ 将五价 As 还原为三价 As。然后，三价 As 与新生态氢（由锌粒与酸作用生成）作用生成砷化氢，砷化氢使溴化汞试纸产生黄色至橙色的色斑。最后比较试样砷斑和标准砷斑的颜色，判断试样的含砷量是否合格。

4.3.2.2　主要试剂

① 盐酸溶液：体积比为 1∶1 的溶液。

② 氧化镁。

③ 硝酸镁溶液：质量分数为 10%。

④ KI 溶液：质量分数为 15%。

⑤ 氯化亚锡-盐酸溶液：ρ_{SnCl_2}＝40g/L。称取 40.0g $SnCl_2 \cdot 2H_2O$，置于干燥烧杯中，加 40mL 盐酸溶液溶解，再用盐酸溶液稀释至 100mL。

⑥ 无砷锌粒。

⑦ 乙酸铅棉花。称取 5.0g 乙酸铅 $[Pb(CH_3COO)_2 \cdot 3H_2O]$ 和 15g NaOH，溶于 80mL 蒸馏水中，稀释至 100mL。将脱脂棉浸入该乙酸铅溶液中，湿透取出，除去多余溶液，晾干，保存于密闭瓶中。

⑧ 砷标准贮备液：c_{As}＝0.1mg/mL。称取 0.1320g As_2O_3（已于硫酸干燥器中干燥至恒重），溶于 1.2mL 温热的 NaOH 溶液中，移入 1L 容量瓶中，加蒸馏水稀释至刻度。

⑨ 砷标准使用液：c_{As}＝0.001mg/mL。使用前用移液管准确移取 10.0mL 砷标准贮备液⑧于 1L 容量瓶中，用蒸馏水稀释至刻度，摇匀备用。

⑩ 溴化汞试纸。将剪成直径 10cm 的圆形滤纸片于 5% 溴化汞-乙醇溶液中浸渍 1h 以上，保存于冰箱中备用。使用前取出于暗处晾干。

4.3.2.3 主要仪器

① 测砷装置：见图 4-2，两套。玻璃测砷管上部装有乙酸铅棉花，下部插入橡胶塞中，使小孔恰好在橡胶塞下露出。溴化汞试纸固定于玻璃测砷管上端平面与玻璃帽下端平面之间。

② 分析天平。

③ 蒸发皿：50mL 瓷质蒸发皿。

④ 沸水浴。

⑤ 马弗炉。

⑥ 干燥器。

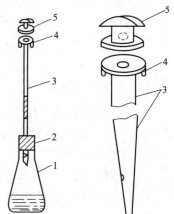

图 4-2 测砷装置图
1—10mL 锥形瓶；2—橡胶塞；
3—测砷管；4—管口；5—玻璃帽

4.3.2.4 测定步骤

(1) 试样砷斑的制备 称取 1g 香精试样（精确至 0.1g）置于 50mL 蒸发皿中，加 1g 氧化镁及 5mL 硝酸镁溶液（同时取同量的氧化镁及硝酸镁溶液作空白试验），在水浴上蒸干后，用小火加热炭化，再于 500～600℃ 的马弗炉中灼烧至灰化完全。

冷却后，加少量水，再加盐酸溶液并溶解残渣，加水至总体积为 23mL。移入锥形瓶中，加 5mL 盐酸、5mL 碘化钾溶液及 5 滴氯化亚锡-盐酸溶液，摇匀后，在室温静置 10min。

加 2g 无砷金属锌，立即将已装好乙酸铅棉花及溴化汞试纸的玻璃管装上，于 25～30℃ 暗处放置 1h，溴化汞试纸产生的色斑，即试样砷斑。

(2) 标准砷斑的制备 用移液管取 3mL 砷标准使用液，按上述同样的方法进行处理即得标准砷斑。

（3）比色　用目视法比较试样砷斑和标准砷斑颜色，若试样砷斑颜色不深于标准砷斑颜色，则试样中含砷量符合标准，记录比色结果。

 练习题

1. 香料的物理测定项目有哪些？各采用什么仪器测定？
2. 香料的酸值和酯值如何测定？
3. 香精中重金属（以 Pb 计）限量试验如何进行？

实训 8 香精
香气的评价

第 **5** 章

表面活性剂的检验

 学习目标

知识目标

(1) 了解表面活性剂的类型、功能及对产品质量的影响。

(2) 熟悉表面活性剂理化检验项目。

(3) 掌握表面活性剂理化检验项目的常规检验方法。

能力目标

(1) 能进行表面活性剂检验样品的制备。

(2) 能进行相关溶液的配制。

(3) 能根据表面活性剂的种类和检验项目选择合适的检验方法。

(4) 能按照标准方法对表面活性剂相关项目进行检验，给出正确结果。

素质目标

(1) 通过理论知识学习培养扎实的科学素养与人文素养。

(2) 通过具体操作训练培养劳动精神、工匠精神。

(3) 通过分组讨论和实训培养沟通能力和团队精神。

 案例导入

如果你是一名企业的检验人员，供应商给你公司送来一批阴离子表面活性剂（AES），你如何评价这批样品的质量呢？

课前思考题

(1) 表面活性剂有哪几种类型？各类表面活性剂有哪些性能？

(2) 表面活性剂都能起泡吗？

表面活性剂分子由亲水基和疏水基两部分组成。具有亲油（疏水）和亲水（疏油）两个部分的两亲分子，能吸附在两相界面上，呈单分子排列使溶液的表面张力降低，它不仅有洗涤去污作用，而且具有润湿、乳化、增溶、起泡、柔软、抗静电、杀菌等多种性能，是日常生活和工业生产不可缺少的产品。

表面活性剂的品种繁多，性质差异，除与亲油基的大小、形状有关外，主要与亲水基的不同有关。因而表面活性剂按亲水基可分为两大类：离子型和非离子型表面活性剂。表面活性剂溶于水时，凡能离解成离子的称离子型表面活性剂；凡不能离解成离子的称非离子型表面活性剂。而离子型表面活性剂又分为阴离子型、阳离子型和两性离子型表面活性剂。另外，还有含氟、硅、硼等元素的特种表面活性剂，一般按其亲油基分类。每类特种表面活性剂又可进一步分为阳离子、阴离子、非离子及两性离子表面活性剂。

表面活性剂是一类具有特殊性质的专用化学品，除需对产品各级质量标准的项目进行检验外，尚需要作产品分析、理化性能分析等。从检验方法讲，随着表面活性剂合成工业和应用的发展，其检验方法也不断充实，日趋完善。经典的化学分析法已相当成熟，进入标准化和规范化阶段。本章仅介绍表面活性剂的性能、类型及定量分析。

5.1　表面活性剂的基本性能试验

5.1.1　表面活性剂发泡力的测定

泡沫是表面活性剂的基本特征之一。表面活性剂泡沫性能的测定方法有搅动法、气流法、倾注法等。目前国家标准 GB/T 7462—1994《表面活性剂　发泡力的测定　改进 Ross-Miles 法》，适用于所有的表面活性剂。然而测量易于水解的表面活性剂溶液的发泡力，不能给出可靠的结果，因为水解物聚集在液膜中，会影响泡沫的持久性。也不适用于非常稀的表面活性剂溶液发泡力的测定。

5.1.1.1　方法原理

500mL 表面活性剂溶液从 450mm 高度流到相同溶液的液体表面之后，产生泡沫，测量得到的泡沫体积。

5.1.1.2　仪器设备

（1）泡沫仪　由分液漏斗、计量管、夹套量筒及支架部分组成。见图 5-1～图 5-4。

① 分液漏斗。容量 1L，其构成为：一个球形泡与长 200mm 的管子相连接，管的下端有一旋塞。分液漏斗梗在旋塞轴心线以上 150mm 处带一刻度，供在试验中指示流出量的下限。在分液漏斗旋塞轴线下 40mm 处严格地垂直于管的长度切断管子的下端。如图 5-1。

② 计量管。不锈钢材质，长 70mm，内径 (1.9 ± 0.02) mm，壁厚 0.3mm。管子的两端用精密工具车床垂直于管的轴线精确地切割。计量管压配入长度为 10～20mm 的钢或黄铜安装管，安装管的内径等于计量管的外径，外径等于分液漏斗的玻璃旋塞的底端管外径。计量管上端和安装管上端应在同一平面上，用一段短的厚橡胶管（真空橡胶管）固定安装管，使得安装管的上端和玻璃旋塞的底端管相接触。如图 5-2。

③ 夹套量筒。容量 1.5L，刻度分度 10mL。由壁厚均匀的耐化学腐蚀的玻璃管制成，

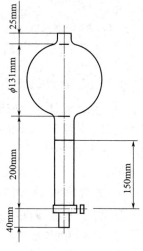

图 5-1　分液漏斗图

管内径（65±1)mm，下端缩成半球形，并焊接一梗管直径 12mm 的直孔标准锥形旋塞，塞孔直径 6mm。下端 50mL 处刻一环形标线，由此线往上按分度 10mL 刻度，直至 1500mL 刻度，容量准确度应满足（1500±13)mL。距 50mL 标线以上 450mm 处刻一环形标线，作为计量管下端位置标记。量筒外焊接外径约 90mm 的夹套管，如图 5-3。

④ 支架。使分液漏斗和量筒固定在规定的相对位置，并保证分液漏斗流出液对准量筒中心，如图 5-4。

（2）刻度量筒　500mL。

（3）容量瓶　1000mL。

（4）恒温水浴　带有循环水泵，可控制水温于（50±0.5)℃。

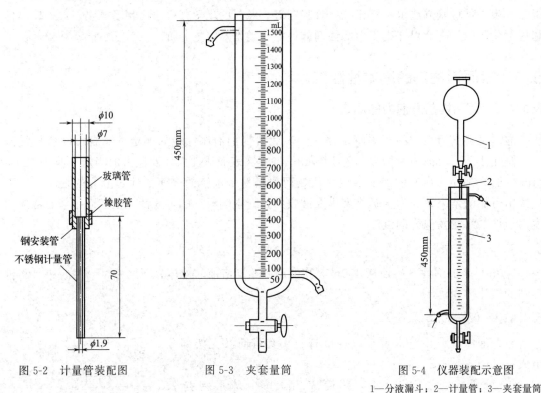

图 5-2　计量管装配图　　　图 5-3　夹套量筒　　　图 5-4　仪器装配示意图

1—分液漏斗；2—计量管；3—夹套量筒

5.1.1.3　检验步骤

（1）仪器的清洗　彻底清洗仪器是试验成功的关键。试验前尽可能将所有玻璃器皿与铬酸-硫酸混合液接触过夜。然后用水冲洗至没有酸，再用少量的待测溶液冲洗。

罗氏泡沫仪
（2152 型）

将安装管和计量管组件在乙醇和三氯乙烯的共沸混合物蒸气中保持 30min，然后用少量待测溶液冲洗。

对同一产品相继间的测量，用待测溶液简单冲洗仪器即可，如需要除去残留在量筒中的泡沫时，不管用什么方法来完成，随后都要用待测溶液冲洗。

（2）仪器的安装　用橡胶管将恒温水浴的出水管和回水管分别连接至夹套量筒夹套的进水管（下）和出水管（上），调节恒温水浴温度至（50±0.5)℃。

安装带有计量管的分液漏斗，调节支架，使量筒的轴线和计量管的轴线相吻合，并使计量管的下端位于量筒内 50mL 溶液的水平面上 450mm 标线处。

（3）待测样品溶液的配制　将待测样品，按其工作浓度或其产品标准中规定的试验浓度配制溶液。配制溶液先调浆，然后用所选择的已预热至 50℃ 的水溶解。必须很缓慢地混合，不搅拌，以防止泡沫形成，保持溶液于（50±0.5）℃，直至试验进行。

稀释用水可用鼓泡法制备经空气饱和的蒸馏水或用 3mmol/L 钙离子（Ca^{2+}）硬水。

在测量时溶液的时效，应不少于 30min，不大于 2h。

（4）灌装仪器　将配制的溶液沿着内壁倒入夹套量筒至 50mL 标线，不使在表面形成泡沫。也可用灌装分液漏斗的曲颈漏斗来灌装。

第一次测定时，将部分试液灌入分液漏斗至 150mm 刻度处，并将计量管的下端浸入保持（50±0.5）℃的盛有试液的小烧杯中，用连接到分液漏斗顶部的适当抽气器吸引液体。这是避免在旋塞孔形成气泡的最可靠方法。将小烧杯放在分液漏斗下面，直到测定开始。

为了完成灌装，用 500mL 刻度量筒量取 500mL 保持在（50±0.5）℃的试液倒入分液漏斗，缓慢进行此操作。为了避免生成泡沫，可用一专用曲颈漏斗，使曲颈的末端贴在分液漏斗的内壁上来倾倒试液。为了随后的测定，将分液漏斗放空至旋塞上面 10～20mm 的高度。仍将分液漏斗放在盛满（50±0.5）℃的试验溶液的烧杯中，再用试验溶液灌装分液漏斗至 150mm 刻度处，然后，如上所述，再次倒入 500mL 保持在（50±0.5）℃的试验溶液。

（5）测定　使溶液不断地流下，直到水平面降至 150mm 刻度处，记录流出时间。流出时间与观测的流出时间算术平均值之差大于 5% 的所有测量应予忽略，异常的长时间表明在计量管或旋塞中有空气泡存在。在液流停止后 30s、3min 和 5min，分别测量泡沫体积（仅仅泡沫）。

如果泡沫的上面中心处有低洼，按中心和边缘之间的算术平均值记录读数。

进行重复测量，每次都要配制新鲜溶液，取得至少 3 次误差在允许范围的结果。

5.1.1.4　检验结果

以所形成的泡沫在液流停止后 30s、3min 和 5min 的体积（mL）来表示结果，必要时可绘制相应的曲线。以重复测定结果的算术平均值作为最后结果。重复测定结果之间的差值不超过 15mL。

5.1.2　表面活性剂表面张力及界面张力的测定

表面张力是反映表面活性剂表面活性大小的一个重要物理化学性能指标。

溶液的表面张力对测定条件非常敏感，即使微小的变动也容易影响表面张力的测定。为了测得可靠的表面张力，测定前必须注意以下几点：首先，必须在液面不振动的干净环境中操作。例如，水面易与尘埃、油气接触而污染，瞬间约可变化 10mN/m。其次，要正确控制温度，测定体系尽可能密闭。这样，因蒸发引起的液面浓缩和温度不稳可被抑制到最小范围。水的表面张力（γ_{H_2O}）与温度（t）有如下关系：

$$\gamma_{H_2O}=75.680-0.138t-0.356\times10^{-3}t^2+0.47\times10^{-6}t^3$$

所以希望温度变化控制在 ±0.1℃ 以内。再者，应该注意水的精制纯化，除去所含的痕量表面活性杂质等，以达到表面研究所必要的试剂纯度。此外，表面活性剂溶液的表面张力达到平衡的时间可从数分钟到数小时，因此必须根据实验的目的选择合适的方法。最好在一段时间内多次测量，以得到表面张力对时间的曲线，由曲线的平坦位置，确定表面达平衡的时间。

测定表面张力的方法很多，有用平板、U形环或圆环拉起液膜法，毛细管法，最大气泡压力法，滴体积法，悬滴法等。GB/T 22237—2008《表面活性剂　表面张力的测定》介绍了圆环或平板拉起膜法测定表面张力的方法，在此仅介绍圆环拉起液膜法。

5.1.2.1　方法原理

测量与液体垂直接触且被完全润湿的平板的表面张力 F（静态法）或者测量将一个水平悬挂的镫形物或者环状物拉出液体表面所需的表面张力 F（类静态法），表面张力通过相应的公式计算得到。

在静态法中，要保证平板处于固定状态以便获得一个平衡值。类静态法在测量过程中需要移动镫形物或者环状物，因此在测量过程中通过非常微小和缓慢地移动镫形物或者环状物将偏离平衡的程度减至最小。

5.1.2.2　仪器设备

表面张力仪

（1）表面张力计　由水平平台、测力计和仪表组成。

① 水平平台：用微调螺丝可使其垂直上下移动；装有千分尺能估计0.1mm的垂直位移。

② 测力计：能连续测量作用于测量单元上的力，并具有至少0.1mN/m的准确度。

③ 仪表：用于指示或记录测力计测量值。

装置应防震避风。整个仪器要用天平罩保护起来，这有利于减小温度变化和尘埃污染。

（2）铂铱环　铂铱丝直径0.3mm。环的周长通常为40～60mm，用一铂丝镫形环固定在悬杆上（见图5-5）。

（3）测量杯　玻璃制品，内径至少8cm。对于纯液体的测定，理想的测量杯是矩形平行六面体小皿，边长至少8cm；这种形状有利于用洁净的玻璃棒或聚四氟乙烯板刮净液体表面。

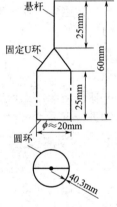

图5-5　铂铱环

5.1.2.3　主要试剂

蒸馏水：二级水，注意防止污染。

5.1.2.4　检验步骤

（1）表面活性剂溶液的配制　取一定量的表面活性剂样品，配成试样溶液，溶液的温度要保持一定，温度变化应在0.5℃之内。配制表面活性剂溶液时应注意：

① 测定用的水不允许和软木塞尤其是橡胶塞接触，以防污染水质。

② 在临界浓度点进行测定时，如在克拉夫特点、环氧乙烷缩合物的浊点等，误差较大，所以最好在高于克拉夫特温度或低于环氧乙烷缩合物的浊点温度下进行测定。

③ 因溶液表面张力随时间而变化，表面活性剂的性质、纯度、浓度和吸附倾向，在这些变化中都起着特殊的作用，很难建议一个标准时效周期，所以需要在一段时间内进行几次测量，作出表面张力对时间的函数曲线，求出其水平部分的位置，即可得到溶液达到平衡状态的时效，能将表面张力值作为时间的函数记录下来的自动化仪器非常适合于这种测量。

④ 溶液表面对于大气尘埃或附近溶剂的蒸气污染非常敏感，所以不要在进行测定的房间里处理挥发性物质。

⑤ 建议用移液管从大量液体的中心吸取待测液体的试验份，因为表面可能易受不溶性粒子或尘埃的污染。

（2）清洗仪器　如果污垢（如聚硅氧烷）不能被铬酸-硫酸、磷酸或过硫酸钾-硫酸溶液除去，则可用甲苯、四氯乙烯或氢氧化钾-甲醇溶液预洗测量杯。如果不存在这种污垢，或者这种污垢已被清洗，则用热的铬酸-硫酸洗液洗涤测量杯，然后用浓磷酸 83%～92% 洗涤，最后用重蒸馏水冲洗至中性。测量前，用待测液冲洗几次。要避免触摸测量元件和测量杯内表面。

（3）校正仪器　可用两种方法进行校正。

① 用一系列已知质量的游码，放在圆环上，调节测力计使其平衡，记录下刻度盘读数。绘制游码质量-刻度盘读数曲线图，该曲线在测力计测量范围内为直线，求出直线的斜率。该法操作时间较长，但是非常精确。仪器读出值表面张力 γ 按式（5-1）计算，单位为 mN/m。

$$\gamma = \frac{m \times g}{b} \tag{5-1}$$

式中　m——游码的质量，g；

　　　b——圆环的周长，$b = 4\pi r$，m；

　　　r——圆环的半径，m；

　　　g——重力加速度，m/s^2。

② 用已知准确表面张力的纯物质。调好张力，按测量步骤进行操作，直至观察到读数与校正液体的已知值相符。这种方法快速。与空气接触的水的表面张力见表 5-1。一些纯有机液体与空气的表面张力值列于表 5-2。

表 5-1　与空气接触的水的表面张力

温度/℃	表面张力/(mN/m)	温度/℃	表面张力/(mN/m)	温度/℃	表面张力/(mN/m)	温度/℃	表面张力/(mN/m)
−10	77.10	15	73.48	24	72.12	50	67.90
−5	76.40	16	73.34	25	71.96	60	66.17
0	75.62	17	73.20	26	71.82	70	64.41
5	74.90	18	73.05	27	71.64	80	62.60
10	74.20	19	72.89	28	71.47	90	60.74
11	74.07	20	72.75	29	71.31	100	58.84
12	73.92	21	72.60	30	71.15		
13	73.78	22	72.44	35	70.35		
14	73.64	23	72.28	40	69.55		

表 5-2　纯有机液体与空气的表面张力（20℃）

液体	表面张力/(mN/m)	密度(20℃)/(g/m³)	沸点/℃
甘油	63.4	1.260	290
二碘甲烷	50.76	3.325	180
喹啉	45.0	1.095	237

续表

液体	表面张力/(mN/m)	密度(20℃)/(g/m³)	沸点/℃
苯甲醛	40.04	1.050	179
溴代苯	36.5	1.499	155
乙酰乙酸乙酯	32.51	1.025	180
邻二甲苯	30.10	0.880	144
正辛醇	27.53	0.825	195
正丁醇	24.6	0.810	117
异丙醇	21.7	0.785	82.3

（4）测量

① 张力计水平调节：在平台上放一水准仪，调节仪器底板上的调节螺丝，直至平台成水平。

② 测定：将盛有待测液的测量杯放在平台上，并处于圆环的下方。检查圆环的周边是否水平。

升高平台使圆环刚一接触液面即被拉入液体。继续升高平台至测力计再一次处于平衡。因圆环浸入液体时，扰乱了表面层的排列，需要等几分钟后再测定。

缓慢降低平台直至测力计稍微失去平衡。然后，调节施加于测力计的力以及平台的位置，随着环的周边处于液体自由表面上，测力计恢复平衡。

用微调螺杆降低平台，同时调节施加于测力计的力，使测力计始终保持平衡，直至连接圆环和液体表面的"膜"破碎，仔细观察测量施加在"膜"碎裂瞬间时的力。

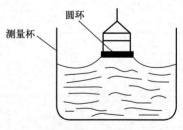

表面张力的测定操作视频

5.1.2.5 结果计算

试液的表面张力 γ 按式(5-2)计算，单位为 mN/m。

$$\gamma = fF/(4\pi r) \tag{5-2}$$

式中　F——当连接圆环与液体表面的"膜"破裂瞬间，或"膜"较低的弯月面脱离的瞬间施加于张力计的力，$F = k \times g \times$ 刻度盘读数（k 为校正曲线斜率，单位为 g/刻度），mN；

　　　r——圆环的半径，m；

　　　f——校正因子。

因在"膜"破裂前的瞬间，或"膜"的弯月面底部脱离前的瞬间，圆环的内部和外部弯月面之间不是完全对称的（见图 5-6），应考虑作用在圆环上表面张力的方向。f 值取决于圆环的半径，铂铱丝的粗细，待测液体的密度以及"膜"破裂前的瞬间或"膜"在自由表面上升高的液体的体积。

图 5-6　用圆环测定

5.2　表面活性剂的类型鉴别

表面活性剂品种繁多，对未知的表面活性剂首先需要快速、简便、有效地确定其离子型，即确定阴离子、阳离子、非离子及两性表面活性剂，是非常必要的。下面我们介绍几种表面活性剂离子类型的鉴别方法。

5.2.1　泡沫特征试验

这个试验可以初步鉴定表面活性剂的类型，可以和其他试验联合应用。具体操作步骤如下。

在一支沸腾管中，用几毫升水摇动少量醇萃取物，如果生成泡沫，表示存在表面活性剂。加 2～3 滴稀盐酸溶液，摇动，如果泡沫被抑制，表示存在脂肪酸皂；如果泡沫保持，表示存在除脂肪酸皂外的表面活性剂。继续加热至沸，并沸腾几分钟，如果泡沫消失，并形成脂肪层，表示存在易水解阴离子洗涤剂（烷基硫酸盐或烷基醚硫酸盐）；如果泡沫保持，表示存在不易水解的阴离子洗涤剂［烷基（芳基）磺酸盐］、阳离子或非离子表面活性剂，或其混合物。

5.2.2　亚甲基蓝-氯仿试验

亚甲基蓝是水溶性染料，阴离子表面活性剂与亚甲基蓝可形成溶于氯仿的蓝色配合物，从而使蓝色配合物从水相转移到氯仿相。利用该性质可定性定量分析阴离子表面活性剂。

5.2.2.1　溶液的配制

（1）亚甲基蓝溶液　将 6.8g 浓硫酸缓慢地注入约 50mL 水中，待冷却后加亚甲基蓝 0.03g 和无水硫酸钠 50g，溶解后加水稀释至 1L。

（2）试样溶液　$\rho_B = 0.5\text{g/L}$。

5.2.2.2　检验步骤

移取 5mL 试样溶液于带玻璃塞的试管中，加入 10mL 亚甲基蓝溶液和 5mL 氯仿，塞上塞子充分振荡后静置分层，观察两层颜色。如氯仿层呈蓝色，表示有阴离子表面活性剂存在。

因为试剂是酸性的，如果存在肥皂的话，则已经分解成脂肪酸，所以肥皂不能被检出。

如果水层的颜色较深，则表明存在阳离子表面活性剂，因为试剂是酸性的，两性表面活性剂通常呈（微弱的）阳性结果。

如果水层呈乳状，或两层基本呈同一颜色则表明有非离子表面活性剂存在。如果不能确定，可用 2mL 水代替试样溶液进行对照试验。

本试验的改良方法是在 5mL 试样溶液中加入 10mL 亚甲基蓝溶液和 5mL 氯仿，将混合物振荡 2～3min，然后使其分层，观察两层颜色，若氯仿层呈蓝色的话，则表明存在阴离子表面活性剂。继续加入试样溶液，则氯仿层产生更深的蓝色。

5.2.3　混合指示剂颜色反应

5.2.3.1　溶液配制

混合指示剂溶液参照 QB/T 2739—2005《洗涤用品常用试验方法　滴定分析（容量分析）用试验溶液的制备》中所述方法配制。

5.2.3.2　检验步骤

将少量试样溶于水中，分成两份，把一份的 pH 值调节到 1，另一份的 pH 值调节到

11，然后各加 5mL 混合指示剂溶液和 5mL 氯仿，振荡后静置分层，观察氯仿层的颜色。氯仿层都显粉红色时，表示存在阴离子表面活性剂。非离子表面活性剂和磺基甜菜碱显阴性（无色）。甲基牛磺酸烷基酯、肥皂和肌氨酸盐在碱性条件下显粉红色，在酸性条件下显阴性。烷基甜菜碱在碱性条件下显蓝色，在酸性条件下显阴性。季铵盐阳离子表面活性剂都显蓝色。氧化胺、氧膦酸季铵盐和叔胺及其卤化物在酸性条件下显蓝色，在碱性条件下显阴性。

5.2.4 磺基琥珀酸酯试验

在约 1g 试样的醇萃取物中加入过量的 $\rho_{KOH}=30g/L$ 氢氧化钾-乙醇溶液，并加热沸腾 5min。过滤沉淀，用乙醇洗涤并干燥。将部分沉淀与等量的间苯二酚混合，加 2 滴浓硫酸，在小火焰上加热至混合物变黑，立即冷却并溶于水中，加入稀氢氧化钠溶液使呈碱性。若产生强的绿色荧光，则表示存在磺基琥珀酸酯。

5.2.5 溴酚蓝试验

5.2.5.1 溶液配制

溴酚蓝溶液：将 $c_{乙酸钠}=0.2mol/L$ 的乙酸钠溶液 75mL、$c_{乙酸}=0.2mol/L$ 的乙酸 95mL 和 $\rho_{溴酚蓝}=1g/L$ 的溴酚蓝-乙醇溶液 20mL 混合，调节 pH 值至 3.6～3.9。

5.2.5.2 操作步骤

调节 10g/L 试样溶液的 pH 值为 7，加 2～5 滴试样溶液于 10mL 溴酚蓝试剂溶液中，若呈现深蓝色，则表示存在阳离子表面活性剂。两性长链氨基酸和烷基甜菜碱呈现轻微蓝色和紫色荧光。非离子表面活性剂呈阴性，而且在与阳离子表面活性剂共存时并不产生干扰。低级胺亦呈阴性。

5.2.6 浊点试验

浊点法适用于聚氧乙烯类表面活性剂的粗略鉴定。浊点测定法未必敏锐，也就是说，在其他物质共存时会受到影响，当存在少量阴离子表面活性剂时会使浊点上升或受抑制。无机盐共存时会使浊点下降。

制备 10g/L 试样溶液，将试样溶液加入试管内，边搅拌边加热，管内插入 0～100℃ 温度计一支。如果呈现混浊，逐渐冷却到溶液刚变透明时，记下此温度即为浊点。若试样呈阳性，则可推定含有中等 EO 数的聚氧乙烯型非离子表面活性剂。如加热至沸腾仍无混浊出现，可加入氯化钠溶液（$\rho=100g/L$），若再加热后出现白色混浊，则表面活性剂是具有高厄特沃什数（EO）数的聚氧乙烯型非离子表面活性剂。

如果试样不溶于水，且常温下就出现白浊，那么在试样的醇溶液中再加入水，要是仍出现白浊，则可推测为低 EO 数的聚氧乙烯型非离子表面活性剂。

5.2.7 硫氰酸钴盐试验

硫氰酸钴铵试剂溶液：将 174g 硫氰酸铵与 28g 硝酸钴共溶于 1L 水中。

滴加硫氰酸钴铵试剂溶液于 5mL $\rho=10g/L$ 的试样溶液中，放置，观察溶液颜色，若呈现蓝色的话，则表示存在聚氧乙烯型非离子表面活性剂。呈现红色至紫色为阴性。阳离子表面活性剂呈同样的阳性反应。

5.2.8　氧肟酸试验

5.2.8.1　溶液配制

①　盐酸羟胺溶液：在 15mL 水中溶解 7g 盐酸羟胺，并加入 78g 2-甲基-2,4-戊二醇。

②　盐酸醇溶液：将 44mL 2-甲基-2,4-戊二醇和 4mL $c_{HCl}=12mol/L$ 盐酸混合。

③　氢氧化钾醇溶液：在 20mL 水中溶解 3.3g 氢氧化钾，并加入 45g 2-甲基-2,4-戊二醇。

④　氯化亚铁溶液：$\rho_{FeCl_2}=100g/L$。

5.2.8.2　检验步骤

在 0.1g 无水试样中加入 1mL 盐酸羟胺溶液，加热使溶解或分散，冷却后，加入氢氧化钾醇溶液或盐酸醇溶液，直至刚果红试纸呈酸性。将其温和地煮沸 3min 后冷却，加入 2 滴氯化亚铁溶液，呈紫色或者深红色表示存在脂肪酰烷醇胺非离子表面活性剂。应注意脂肪酰烷醇胺硫酸盐也呈现同样反应。

5.3　表面活性剂定量分析

5.3.1　阴离子表面活性剂定量分析

阴离子表面活性剂定量分析常用的方法有直接两相滴定法和亚甲基蓝光度法等，在此仅介绍直接两相滴定法。

本方法参照 GB/T 5173—2018，适用于分析烷基苯磺酸盐、烷基磺酸盐、烷基硫酸盐、烷基羟基硫酸盐、烷基酚硫酸盐、脂肪醇甲氧基及乙氧基硫酸盐、二烷基琥珀酸酯磺酸盐和 α-烯基磺酸钠，以及每个分子含一个亲水基的其他阴离子活性物的固体或液体产品。不适用于有阳离子表面活性剂存在的产品。

5.3.1.1　方法原理

在水和三氯甲烷的两相介质中，在酸性混合指示液存在下，用阳离子表面活性剂氯化苄苏镓滴定，测定阴离子活性物的含量。

阴离子活性物和阳离子染料生成盐，此盐溶解于三氯甲烷中，使三氯甲烷层呈粉红色。滴定过程中水溶液中所有阴离子活性物与氯化苄苏镓反应完，氯化苄苏镓取代阴离子活性物-阳离子染料盐内的阳离子染料（溴化底米镓），因溴化底米镓转入水层，三氯甲烷层红色褪去，稍过量的氯化苄苏镓与阴离子染料（酸性蓝-1）生成盐，溶解于三氯甲烷层中，使其呈蓝色。

5.3.1.2　仪器设备

①　具塞玻璃量筒：100mL。

②　滴定管：50mL。

③　容量瓶：500mL。

④　移液管：25mL。

⑤　烧杯：100mL。

5.3.1.3　主要试剂

① 三氯甲烷。

② 硫酸标准溶液：$c_{H_2SO_4} = 0.5 mol/L$。

③ 氢氧化钠标准溶液：$c_{NaOH} = 0.5 mol/L$。

④ 氯化苄苏镓标准溶液：$c_{C_{17}H_{42}ClNO_2} = 0.004 mol/L$。

⑤ 酚酞：$10 g/L$ 乙醇溶液。

⑥ 酸性混合指示液。

酸性混合指示剂
溶液配制方法

5.3.1.4　检验步骤

① 称取含有约 2.0mmol 阴离子活性物的实验室样品至 100mL 烧杯，称准至 1mg。表 5-3 是按分子量 360 计算的取样量，可作参考。

表 5-3　按分子量 360 计算的取样量

样品中活性物含量/%	取样量/g	样品中活性物含量/%	取样量/g
15	10.0	60	1.2
30	2.5	80	0.9
45	1.6	100	0.7

② 测定。将试验份溶于水，加入 3 滴酚酞溶液，并按需要用氢氧化钠溶液或硫酸溶液中和到对酚酞呈中性。定量转移至 500mL 的容量瓶中，用水稀释到刻度，混匀。

用移液管准确移取 25mL 试样溶液至具塞量筒中，加 10mL 水，15mL 三氯甲烷和 10mL 酸性混合指示剂溶液，按氯化苄苏镓溶液滴定步骤滴定。开始时每次加入约 2mL 滴定剂，塞上塞子，充分振摇，静置分层，下层呈粉红色，继续滴定并振摇，当接近滴定终点时，由于振荡而形成的乳状液易破乳，然后逐滴滴定，充分振摇。当三氯甲烷的粉红色完全褪去变成淡灰蓝色时，即为滴定终点。

5.3.1.5　结果的表示

阴离子活性物含量 X_1 以质量分数（%）表示，按式(5-3)计算：

$$X_1 = \frac{cV_3 M_r V_1}{1000 V_2 m_0} \tag{5-3}$$

阴离子活性物含量 X_2 以 mmol/g 表示，按式(5-4)计算：

$$X_2 = \frac{V_1 V_3 c}{V_2 m_0} \tag{5-4}$$

式中　m_0——试样质量，g；

M_r——阴离子活性物的平均摩尔质量，g/mol；

c——氯化苄苏镓标准溶液的浓度，mol/L；

V_1——样品溶液定容体积，mL；

V_2——滴定移取试样溶液体积，mL；

V_3——滴定时所耗用的氯化苄苏镓溶液体积，mL。

以两次平行测定结果的算术平均值表示至小数点后一位作为测定结果。

对同一样品，用相同的试验方法在同一个实验室中通过同一个操作者作用同一台仪器在较短的时间间隔内测定，两次相继测定结果之差应不超过平均值的 1.5%。用相同的试验方

094

法在不同的实验室，不同操作者使用不同仪器得到的，两个独立的测定结果的相对差值不超过平均值的 3%。

5.3.2　阳离子表面活性剂定量分析

阳离子表面活性剂的定量分析按照 GB/T 5174—2018《表面活性剂 洗涤剂 阳离子活性物含量的测定 直接两相滴定法》测定。该法适用于分析的阳离子活性物有：单、双、三脂肪烷基叔胺季铵盐、硫酸甲酯季铵盐；长链酰胺乙基及烷基的咪唑啉盐或 3-甲基咪唑啉盐；氧化胺及烷基吡啶鎓盐。该法适用于固体活性物或活性物水溶液，若其含量以质量分数表示，则阳离子活性物的分子量已知，或预先测定。

5.3.2.1　方法原理

在有阳离子染料和阴离子染料混合指示剂存在的两相（水-氯仿）体系中，用一阴离子表面活性剂标准溶液滴定样品中的阳离子活性物。样品中的阳离子表面活性剂最初与阴离子染料反应生成盐而溶于三氯甲烷层，使呈蓝色。滴定中，阴离子表面活性剂取代阴离子染料，在终点时与阳离子染料生成盐，使三氯甲烷层呈浅灰-粉红色。

5.3.2.2　仪器设备

① 具塞玻璃量筒：100mL。
② 滴定管：50mL。
③ 单刻度容量瓶：500mL。
④ 移液管：25mL。
⑤ 烧杯：100mL。

5.3.2.3　主要试剂

① 三氯甲烷。
② 异丙醇。
③ 月桂基硫酸钠（又称十二烷基硫酸钠）标准溶液：$c_{C_{12}H_{25}SO_4Na} = 0.004mol/L$。
④ 酸性混合指示液。

5.3.2.4　检验步骤

① 称取含有约 2.0mmol 阳离子活性物的实验室样品至 100mL 烧杯，精确至 1mg。
表 5-4 是按分子量 360 计算的取样量，可作参考。

表 5-4　按分子量 360 计算的取样量

样品中活性物含量/%	取样量/g	样品中活性物含量/%	取样量/g
5	14	50	1.4
10	7	100	0.7
20	3.5		

② 试样溶液的制备。对低分子量（200～500）的样品用水溶解试验份，定容 500mL（试液 A）。

对高分子量（500～700）的样品溶解试验份于 20mL 异丙醇中，必要时加热。加约 50mL水，搅拌溶解。转移至 500mL 单刻度容量瓶，用水稀释至刻度，混合均匀（试液 A）。

对高分子量（＞700）样品，用异丙醇-水溶液（1＋1，体积比）溶解试验份，必要时加热溶解，转移至 500mL 单刻度容量瓶中，用异丙醇-水溶液（1＋1，体积比）稀释至刻度，混合均匀（试液 A）。

③ 测定。用移液管精确移取 25mL 试液 A 至 100mL 具塞量筒中，分别加入 10mL 水、15mL 三氯甲烷和 10mL 酸性混合指示液，混合均匀。

用月桂基硫酸钠标准溶液充满具塞滴定管，开始滴定，每次滴定后加塞，充分摇动。当接近滴定终点时，摇动而形成的乳浊液较易破乳，继续逐滴滴定并充分振荡摇动，直至蓝色褪去，三氯甲烷层为淡灰-粉红色时，即达终点。记录滴定所消耗月桂基硫酸钠标准溶液的体积。

表面活性剂定量
分析操作视频

5.3.2.5 结果的表示

阳离子活性物含量 X 以质量分数表示，按式(5-5) 计算：

$$X = \frac{cV_3 M_r V_1}{1000 V_2 m}$$

(5-5)

式中 m——试样质量，g；

    M_r——阳离子活性物的平均摩尔质量，g/mol；

    c——月桂基硫酸钠标准溶液的浓度，mol/L；

    V_1——样品溶液定容体积，mL；

    V_2——滴定移取试样溶液体积，mL；

    V_3——滴定时所耗用的月桂基硫酸钠标准溶液体积，mL。

以两次平行测定结果的算术平均值表示至小数点后一位作为测定结果。

在重复性条件下获得的两次独立测试结果的绝对差值不大于这两个测定值的算术平均值的 1.5%，以大于 1.5% 的情况不超过 5% 为前提。

在再现性条件下获得的两次独立测试结果的绝对差值不大于这两个测定值的算术平均值的 3%，以大于 3% 的情况不超过 5% 为前提。

5.3.3 非离子表面活性剂的定量分析

非离子表面活性剂的定量分析常用的方法有硫氰酸钴分光光度法、泡沫体积法、Weibull 法等，在此仅介绍硫氰酸钴分光光度法。

该法适用于聚乙氧基化烷基酚、聚乙氧基化脂肪醇、聚乙氧基化脂肪酸酯、山梨糖醇脂肪酸酯含量的测定。

5.3.3.1 方法原理

非离子表面活性剂与硫氰酸钴所形成的配合物在波长 322nm 处有最大吸收峰，用苯萃取，然后用分光光度法定量非离子表面活性剂。

5.3.3.2 仪器设备

① 紫外分光光度计：具有 10mm 石英比色池，波长 322nm。

② 离心机：转速 1000～4000r/min。

5.3.3.3 主要试剂

① 硫氰酸钴铵溶液：将 620g 硫氰酸铵（NH_4CNS）和 280g 硝酸钴 $[Co(NO_3)_2 \cdot$

$6H_2O$〕溶于少许水中，再稀释至 1L，然后用 30mL 苯萃取两次后备用。

② 非离子表面活性剂标准溶液：称取 1g 非离子表面活性剂（100%）（正月桂基聚氧乙烯醚）（EO 数为 7），称准至 1mg，用水溶解，转移至 1L 容量瓶中，稀释至刻度，该溶液中非离子表面活性剂浓度为 1g/L。移取 10.0mL 上述溶液于 1L 容量瓶中，用水稀释到刻度，混匀，所得稀释液非离子表面活性剂浓度为 0.01g/L。

③ 苯、氯化钠。

5.3.3.4　检验步骤

（1）标准曲线的绘制　取一系列含有 0～4000μg 非离子表面活性剂的标准溶液作为试验溶液于 250mL 分液漏斗中。加水至总量 100mL，然后按规定程序进行萃取和测定吸光度，绘制非离子表面活性剂含量（mg/L）与吸光度标准曲线。

（2）试样中非离子表面活性剂含量的测定　准确移取适量体积的试样溶液于 250mL 分液漏斗中，加水至总量 100mL（应含非离子表面活性剂 0～3000μg），再加入 15mL 硫氰酸钴铵溶液和 35.5g 氯化钠，充分振荡 1min，然后准确加入 25mL 苯，再振荡 1min，静止 15min，弃掉水层，将苯放入试管，离心脱水 10min（转速 2000 r/min），然后移入 10mm 石英比色池中，用空白试验的苯萃取液做参比，用紫外分光光度计于波长 322nm 测定试样苯萃取液的吸光度。

将测得的试样吸光度与标准曲线比较，得到相应非离子表面活性剂的量，以 mg/L 表示。

5.3.4　两性表面活性剂的定量分析

两性表面活性剂的定量分析有磷钨酸法、铁氰化钾法、高氯酸铁法、碘化铋络盐螯合滴定法、电位滴定法等，在此仅介绍磷钨酸法。

5.3.4.1　方法原理

在酸性条件下甜菜碱类两性活性剂和苯并红紫 4B 配合成盐。这种络盐溶在过量的两性表面活性剂中，即使酸性，在苯并红紫 4B 的变色范围也不呈酸性色。两性表面活性剂在等电点以下的 pH 溶液中呈阳离子性，所以同样能与磷钨酸定量反应，并生成络盐沉淀，而使色素不显酸性色。

用磷钨酸滴定含苯并红紫 4B 的两性活性剂盐酸酸性溶液时，首先和未与色素结合的两性活性剂配合成盐，继而两性表面活性剂-苯并红紫 4B 的配合物被磷钨酸分解，在酸性溶液中游离出色素，等电点时呈酸性色。

5.3.4.2　仪器设备

① 移液管：10mL。
② 容量瓶：500mL，1000mL。
③ 滴定管：25mL。

5.3.4.3　主要试剂

① 盐酸溶液：浓度为 0.1mol/L 和 1mol/L 的溶液。
② 硝基苯。
③ 苯并红紫 4B 指示剂：0.1g 苯并红紫 4B 溶于 100mL 水中。
④ 磷钨酸标准溶液：$c=0.02$mol/L。

5.3.4.4 检验步骤

用移液管吸取 10mL 含 0.2%～2% 有效成分的两性活性剂溶液，加 3 滴指示剂，用 0.1mol/L 盐酸调 pH 值为 2～3。加 5～6 滴硝基苯作滴定助剂，摇匀，用磷钨酸标准溶液滴定至浅蓝色为终点。由此滴定值求出两性活性剂的浓度。

对未知分子量的样品，重新移取 10mL 同一试样，加 1mL $c=1mol/L$ 盐酸及 0.5g 氯化钠，待氯化钠溶解后，加入滴定量 1.5 倍的磷钨酸标准溶液，使生成络盐沉淀。用干燥称重的 G4 漏斗过滤，用 50mL 水洗净容器和沉淀后，于 60℃ 真空干燥至恒重，称得最终沉淀量。

5.3.4.5 结果计算

两性离子活性剂的质量分数 w 及未知两性离子摩尔质量 M'_B 按式(5-6)、式(5-7) 计算。

$$w = VcM'_B/m \tag{5-6}$$

$$M'_B = [m_P - (V \times c \times 959.3)]/(V \times c) \tag{5-7}$$

式中　V——滴定用的磷钨酸溶液量，mL；

　　　c——磷钨酸溶液浓度，mmol/L；

　　　m_P——络盐沉淀质量，mg；

　　　M'_B—— 两性表面活性剂分子量；

　　　m——10mL 样品溶液中样品质量，mg；

　　959.3——磷钨酸的摩尔质量，g/mol。

实训 9 月桂醇硫酸
酯钠盐溶液表面
张力的测定

实训 10 四类表面
活性剂的定性判别

 练习题

1. 什么是表面活性剂？结构有什么特点？有哪些特性？
2. 表面活性剂分为哪几类？各类的用途有哪些？
3. 阴离子和非离子表面活性剂的溶解度随温度变化规律如何？怎样测定浊点？
4. 什么叫表（界）面张力？拉起液膜法和滴体积法测定表（界）面张力的原理是什么？
5. 什么是发泡力？泡沫是如何形成的？怎样用改进的 Ross-Miles 法测定发泡力？
6. 如何利用泡沫特征初步鉴别表面活性剂的类型？
7. 亚甲基蓝法定性分析阴离子和阳离子表面活性剂的原理是什么？
8. 怎样用分光光度法定量测定阴离子表面活性剂？

第 **6** 章
合成洗涤剂的检验

学习目标

知识目标

(1) 了解合成洗涤剂的类型、功能和对产品质量的影响。

(2) 熟悉合成洗涤剂理化检验项目。

(3) 掌握合成洗涤剂理化检验项目的常规检验方法。

能力目标

(1) 能进行合成洗涤剂检验样品的制备。

(2) 能进行相关溶液的配制。

(3) 能根据合成洗涤剂的种类和检验项目选择合适的分析方法。

(4) 能按照标准方法对合成洗涤剂相关项目进行检验,给出正确结果。

素质目标

(1) 通过理论知识学习培养扎实的科学素养与人文素养。

(2) 通过具体操作训练培养劳动精神、工匠精神。

(3) 通过分组讨论和实训培养沟通能力和团队精神。

案例导入

如果你是一名洗涤剂生产企业的检验人员,公司生产了一批洗洁精,你如何判定该批洗洁精是否合格?

课前思考题

(1) 洗涤剂的主要有效成分是什么?

(2) 洗涤剂的泡沫与去污力成正比关系吗?

合成洗涤剂按用途可分为民用和工业用两大类。根据合成洗涤剂产品配方组成及洗涤对象之不同,又可分为重垢型洗涤剂和轻垢型洗涤剂两种。从产品的外观形状又可分为粉状、粒状、膏状、块状、液体洗涤剂等不同形态的制品。目前我国生产的主要品种是空心粒状洗涤剂（合成洗衣粉）和液体洗涤剂。本章主要介绍合成洗衣粉和液体洗涤剂的主要质量指标的分析检验方法。

6.1 合成洗衣粉的检验

洗衣粉是广大消费者常用的一种洗涤剂，它属于弱碱性产品，适合于洗涤棉、麻和化纤织物，随着国家环保意识的增强，洗衣粉按品种、性能和规格又分为含磷（HL类）和无磷（WL类）两类，同时每类又分为普通型（A型）和浓缩型（B型），命名代号如下。

① HL类：含磷酸盐洗衣粉，分为HL-A型和HL-B型。

② WL类：无磷酸盐洗衣粉，总磷酸盐（以P_2O_5计）不大于1.1%，分为WL-A型和WL-B型。

各类型洗衣粉的理化性能和使用性能应符合GB/T 13171.1—2022《洗衣粉 第1部分：技术要求》所述有关规定，具体见表6-1、表6-2。

表6-1 各种类型洗衣粉物理化学指标

序号	项目	HL-A	HL-B	WL-A	WL-B Ⅰ型	WL-B Ⅱ型
1	外观	不结团的粉状或粒状				
2	表观密度/(g/cm³)	≥0.30	≥0.60	≥0.30	≥0.60	
3	总活性物含量/% 其中：非离子表面活性剂含量/%			≥11 —	≥13 ≥6.5	≥18 —
4	总五氧化二磷含量/%	≥8.0		≤0.5		
5	pH值(25℃)①	≤10.5	≤11.0	≤11.0		
6	去污力	≥标准洗衣粉去污力		≥标准洗衣粉去污力		
7	游离碱（以NaOH计）含量/%	≤8.0	≤10.5	≤10.5	≤12.0	
8	表面张力(0.2%溶液,25℃)/(mN/m)	≤38	≤38			

① 含磷洗衣粉试样测试浓度为0.1%。无磷A型试样测试浓度为0.1%，无磷B型试样测试浓度为0.05%。

表6-2 各类型洗衣粉使用性能指标

项目		指标 含磷洗衣粉	指标 无磷洗衣粉
循环洗涤性能①	相对标准洗衣粉沉积灰分比值	≤2.0	≤3.0
	洗后织物外观损伤	相当或优于标准洗衣粉	

① 试验溶液浓度：标准粉和HL-A型、WL-A试样为0.2%；HL-B型、WL-B试样为0.1%。

6.1.1 粉状洗涤剂表观密度的检验

表观密度是在标准条件下，占据1mL体积的粉体的质量，单位为g/mL。由于洗衣粉是空心颗粒，颗粒之间存在着一定的空隙，所以洗衣粉设立表观密度。

本方法参照GB/T 13173—2021《表面活性剂 洗涤剂试验方法》，采用的

含磷洗衣粉对
环境的危害

测定方法是给定体积称量法。本方法适用于自由流动的粉状，当使用合适的漏斗时，也可用于有结块趋势的粉状或粒状物料。

对带有团块的粉体，只有当团块易于松散，且又不致使粉体的颗粒破碎的情况下，本方法才适用。

6.1.1.1 方法原理

在规定的条件下，将试样由一个规定形状的漏斗漏下，装满一个已知容积的受器后，测定此粉体的质量，来计算出粉体的表观密度。

表观密度
测定仪

6.1.1.2 仪器设备

测定粉体或颗粒的表观密度的装置见图 6-1。

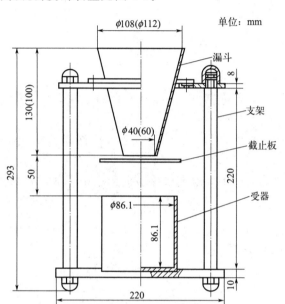

图 6-1　测定粉体或颗粒的表观密度的装置

① 漏斗：可用不锈钢、塑料、木或其他合适的材料制成。和流动粉体接触的所有表面应该光滑，且不允许由于粉体的流动而产生静电。

测定自由流动粉体时，漏斗下口的内径采用 40mm，上口内径采用 108mm，高度采用130mm；而测定有结块趋势的粉体时，下口内径采用 60mm，上口内径采用 112mm，高度采用 100mm。

② 受器：容量为 500mL，由做漏斗的类似材料做成。将受器容积校准至（500±0.5）mL。

③ 支架：使漏斗和受器对应定位。漏斗可借助漏斗法兰及支架顶板孔，用定位销或螺钉固定。

④ 截止板：110mm×70mm。

⑤ 直尺：长度为 150mm。

⑥ 玻璃板：100mm×100mm×7mm。

6.1.1.3 检验步骤

（1）受器的校准　把空的干净受器称准至 0.1g，置于一个水平面上，用刚煮沸过的

20℃蒸馏水充满受器，并轻轻敲打器壁以除去在倒水的过程中聚集起来的任何气泡。将已称量的玻璃板水平地放到受器边缘上，慢慢移送玻璃板使之通过水面。当将要通过时，再加入1~2mL蒸馏水到受器中去，移动玻璃板使之完全覆盖受器，小心用滤纸擦干露在受器外面的玻璃板下面及受器外面的水，然后称量，精确到0.1g。

容器的容积（V）以毫升计，按式（6-1）计算：

$$V=[m_2-(m_0+m_1)]/\rho_水 \tag{6-1}$$

式中　m_0——空受器的质量，g；

$\quad\quad m_1$——玻璃板的质量，g；

$\quad\quad m_2$——充满水并盖有玻璃板的受器质量，g；

$\quad\quad \rho_水$——20℃水的密度，1g/mL。

（2）试样制备　轻轻摇晃盛放实验室样品的容器，以使任何团块松散，注意勿使粉体的颗粒破碎。按GB/T 13173—2021《表面活性剂 洗涤剂试验方法》中的规定进行缩分样品，使之均匀。

（3）测定

① 将漏斗放到支架上，称量过的受器放在底板的定位槽内。用截止板遮住漏斗的下口，握住此板并使之轻轻地紧贴着漏斗。

② 把试样倒入漏斗，直至其上缘，然后迅速地移去截止板，让漏斗中的试样流入受器并溢出。

③ 用直尺沿着受器的上口小心地把粉体表面刮平呈平面，并用干布擦净受器外壁。称量受器及其内容物，精确至0.1g。用不同的试验份样至少进行两次测定。

6.1.1.4　结果计算

粉体的表观密度（ρ）按式（6-2）计算，单位为g/mL。

$$\rho=(m_3-m_0)/V \tag{6-2}$$

式中　m_0——空受器的质量，g；

$\quad\quad m_3$——受器及其内容物的总质量，g；

$\quad\quad V$——受器的容积，mL。

在重复性条件下获得的两次独立测定结果的相对差值不大于5%，以大于5%的情况不超过5%为前提。

6.1.2　粉状洗涤剂中总活性物含量的测定

活性物是合成洗涤剂中起去污作用的主要成分，在配方中一般占15%~30%。以往多以其含量多少来衡量洗涤剂的优劣，近几年来国内外厂家纷纷采用多种活性物进行复配。由于它们之间的协同效应，使洗涤剂在活性物含量较低的情况下也具有良好的去污力。本测定方法参照标准GB/T 13173—2021《表面活性剂 洗涤剂试验方法》。适用于测定粉（粒）状、液体和膏状洗涤剂中的总活性物含量，还适用于测定表面活性剂中的总活性物含量。

6.1.2.1　方法原理

用乙醇萃取试样，过滤分离后，定量乙醇溶解物及乙醇溶解物中的氯化钠，产品中总活性物含量用乙醇溶解物含量减去乙醇溶解物中的氯化钠含量算得。

6.1.2.2　仪器设备

① 吸滤瓶：250mL、500mL或1000mL。

② 古氏坩埚：25～30mL。铺石棉滤层，先在坩埚底与多孔瓷板之间铺一层快速定性滤纸圆片，然后倒满经在水中浸泡 24h，浮选分出的较粗的酸洗石棉稀淤浆，沉降后抽滤干，如此再铺两层较细酸洗石棉，于（105±2）℃烘箱内干燥后备用。

③ 沸水浴。

④ 烘箱：能控制温度于（105±2）℃。

⑤ 干燥器：内盛变色硅胶或其他干燥剂。

⑥ 量筒：25mL、100mL。

⑦ 烧杯：150mL、300mL。

⑧ 三角瓶：250mL。

⑨ 玻璃坩埚：孔径 16～30μm，约 30mL。

6.1.2.3　主要试剂

① 95％乙醇：煮沸后冷却，用碱中和至对酚酞呈中性。

② 无水乙醇：煮沸后冷却。

③ 硝酸银标准溶液：$c_{AgNO_3} = 0.1mol/L$。

④ 铬酸钾溶液：$\rho_{KCrO_4} = 50g/L$。

⑤ 酚酞-乙醇溶液：$\rho_{酚酞} = 10g/L$。

⑥ 硝酸溶液：$c_{HNO_3} = 0.5mol/L$。

⑦ 氢氧化钠溶液：$c_{NaOH} = 0.5mol/L$。

6.1.2.4　检验步骤

（1）乙醇溶解物含量的测定　精确称取适量试样（粉、粒状样品约 2g，液、膏体样品约 5g），准确至 0.001g，置于 150mL 烧杯中，加入 5mL 蒸馏水，用玻璃棒不断搅拌，以分散固体颗粒和破碎团块，直到没有明显的颗粒状物。加入 5mL 无水乙醇，继续用玻璃棒搅拌，使样品溶解呈糊状，然后边搅拌边缓缓加入 90mL 无水乙醇，继续搅拌一会儿以促进溶解。静置片刻至溶液澄清，用倾泻法通过古氏坩埚进行过滤（用吸滤瓶吸滤）。将清液尽量排干，不溶物尽可能留在烧杯中，再以同样方法，每次用 95％的热乙醇 25mL 重复萃取、过滤，操作 4 次。

将吸滤瓶中的乙醇萃取液小心地转移至已称量的 300mL 烧杯中，用 95％的热乙醇冲洗吸滤瓶 3 次，滤液和洗涤液合于 300mL 烧杯中（此为乙醇萃取液）。

将盛有乙醇萃取液的烧杯置于沸腾水浴中，使乙醇蒸发至尽，再将烧杯外壁擦干，置于（105±2）℃烘箱内干燥 1h，移入干燥器中，冷却 30min 并称量（m_1）。

（2）乙醇溶解物中氯化钠含量的测定　将已称量的烧杯中的乙醇萃取物分别用 100mL 蒸馏水、20mL 95％乙醇溶解洗涤至 250mL 三角烧瓶中，加入酚酞指示液 3 滴，如呈红色，则以 0.5mol/L 硝酸溶液中和至红色刚好褪去；如不呈红色，则以 0.5mol/L 氢氧化钠溶液中和至微红色，再以 0.5mol/L 硝酸溶液回滴至微红色刚好褪去。然后加入 1mL 铬酸钾指示液，用 0.1mol/L 的硝酸银标准溶液滴定至溶液由黄色变为橙色为止。

6.1.2.5　结果计算

① 乙醇溶解物中氯化钠的质量 m_2 按式(6-3) 计算：

$$m_2 = c \times V \times 58.5/1000 \qquad (6\text{-}3)$$

式中　c——硝酸银标准滴定液的实际浓度，mol/L；

V——硝酸银标准滴定溶液的体积，mL；

58.5——氯化钠的摩尔质量，g/mol。

② 样品中总活性物含量 X_1，以质量分数计，按式(6-4)计算：

$$X_1 = \frac{m_1 - m_2}{m} \times 100\%\qquad(6\text{-}4)$$

式中　m_1——乙醇溶解物的质量，g；

　　　m_2——乙醇溶解物中氯化钠的质量，g；

　　　m——试样的质量，g。

在重复性条件下获得的两次独立测定结果的相对差值不大于 0.3%，以大于 0.3% 的情况不超过 5% 为前提。

6.1.3　粉状洗涤剂的 pH 值测定

洗衣粉的 pH 值一般为 9.5～10.5，若 pH>11，碱性太强，易损害织物的纤维；若 pH<9.5，碱性太弱，使它渗入织物纤维间的能力减弱，从而影响洗涤效能。

称取 0.1g（称准至 0.001g）试样置于 200mL 烧杯中，加已煮沸并冷却的蒸馏水，搅拌使试样溶解，定容至 100mL。用 pH 计测定洗衣粉的 pH 值，具体测定方法见本书第 2 章 2.8 节内容。

6.1.4　粉状洗涤剂游离碱含量的检验

洗涤剂的碱度有两种：活性碱度（或游离碱度）和总碱度。活性碱度（或游离碱度）是由于氢氧化钠（或氢氧化钾）所产生的碱度；总碱度包括碳酸盐、碳酸氢盐、氢氧化钠或游离有机碱（如三乙醇胺）等所产生的碱度。

6.1.4.1　方法原理

用 HCl 标准溶液滴定洗涤剂的澄清溶液至某一设定的 pH 值，根据标准溶液的浓度和用量，可算出其游离碱含量。

6.1.4.2　主要仪器和试剂

① 烧杯：250mL。

② 滴定管：25mL。

③ 盐酸标准溶液：$c_{HCl} = 0.05$mol/L。

④ 甲基橙指示剂。

⑤ pH 计。

6.1.4.3　检验步骤

称取约 4g 试样（称准至 0.001g）置于 250mL 烧杯中，加入 125mL 煮沸并冷却至室温的水，在电磁搅拌器上搅拌 10min，使之溶解，再转移至 1000mL 容量瓶中，加水定容。移取 50mL 于 100mL 烧杯中，在电磁搅拌下，用 $c_{HCl} = 0.05$mol/L 的盐酸标准溶液滴定，并用 pH 计跟踪测定溶液的 pH 值，当 pH 值为 9.0 且稳定 10s 不变时，即为滴定终点。

6.1.4.4　检验结果

洗衣粉中游离碱的含量 w_{NaOH}，以质量分数（%）计，按式(6-5)计算。

$$w_{NaOH} = c \times V \times 40 \times 20 / (1000 \times m)\qquad(6\text{-}5)$$

式中　c——HCl 标准溶液的实际浓度，mol/L；

V——HCl 标准溶液的用量，mL；

m——试样的质量，g；

40——NaOH 的摩尔质量，g/mol；

20——稀释倍数。

6.1.5 粉状洗涤剂发泡力的测定

发泡力是指洗涤剂溶液产生泡沫的能力。虽然泡沫的多少与去污能力无固定的关系，但泡沫的形成有助于携污作用。所以，发泡力也作为洗衣粉的一项性能指标，它与水的硬度、洗涤剂溶液的浓度及温度都有关。本方法参照 GB/T 13173—2021《表面活性剂 洗涤剂试验方法》，适用于洗衣粉、洗衣膏等洗涤产品。

6.1.5.1 方法原理

将洗涤剂样品用一定硬度的水配制成一定浓度的试验溶液。在一定温度条件下，将 200mL 试液从 90cm 高度流到刻度量筒底部 50mL 相同试液的表面后，测量得到的泡沫高度作为该样品的发泡力。

6.1.5.2 仪器设备

① 罗氏泡沫仪：由滴液管、刻度量管组成。

罗氏泡沫仪
（2151 型）

a. 滴液管：见图 6-2。由壁厚均匀耐化学腐蚀的玻璃管制成，管外径 (45 ± 1.5)mm，两端为半球形封头，焊接梗管。上梗管外径 8mm，带有直孔标准锥形玻璃旋塞，塞孔直径 2mm。下梗管外径 (7 ± 0.5)mm，从球部接点起，包括其端点焊接的注流孔管长度为 (60 ± 2)mm；注流孔管内径 (2.9 ± 0.02)mm，外径与下梗管一致，是从精密孔管切下一段，研磨使两端面与轴线垂直，并使长度为 (10 ± 0.05)mm，然后用喷灯狭窄火焰牢固地焊接至下梗管端，校准滴液管使其 20℃时的容积为 (200 ± 0.2)mL，校准标记应在上梗管旋塞体下至少 15mm，且环绕梗管一整周。

b. 刻度量管：见图 6-3。由壁厚均匀耐化学腐蚀的玻璃管制成，管内径 (50 ± 0.8)mm，

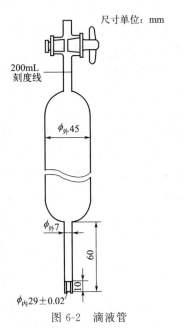

图 6-2 滴液管

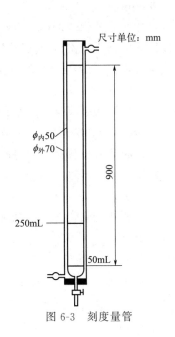

图 6-3 刻度量管

下端收缩成半球形，并焊接一梗管直径为 12mm 的直孔标准锥形旋塞，塞孔直径 6mm。量管上刻 3 个环线刻度：第 1 个刻度应在 50mL（关闭旋塞测量的容积）处，但应不在收缩的曲线部位；第 2 个刻度应在 250mL 处；第 3 个刻度在距离 50mL 刻度上面（90±0.5）cm 处。在此 90cm 内，以 250mL 刻度为零点向上下刻 1mm 标尺。刻度量管安装在一壁厚均匀的水夹套玻璃管内，水夹套管的外径不小于 70mm，带有进水管和出水管。水夹套管与刻度量管在顶和底可用橡胶塞连接或焊接，但底部的密封应尽量接近旋塞。

c. 将组装好的刻度量管和夹套管牢固地安装于合适的支架上，使刻度量管呈垂直状态。将夹套管的进水管、出水管用橡胶管连接至超级恒温器的出水管和回水管。用可调式活动夹或用与滴液管及刻度量管管口相配的木质或塑料塞座将滴液管固定在刻度量管管口，使滴液管梗管下端与刻度量管上部 90cm 刻度齐平并严格地对准刻度量管的中心（即滴液管流出的溶液正好落到刻度量管的中心）。

② 超级恒温水浴箱：可控制水温（40±0.5）℃。

③ 秒表。

④ 温度计：量程 0～100℃。

⑤ 容量瓶：1000mL。

6.1.5.3 主要试剂

① 氯化钙（$CaCl_2$）。

② 硫酸镁（$MgSO_4 \cdot 7H_2O$）。

6.1.5.4 检验步骤

（1）150mg/kg 硬水的配制　称取 0.0999g 氯化钙，0.1480g 硫酸镁，用蒸馏水溶解于 1000mL 容量瓶中，并稀释至刻度，摇匀。

（2）试验溶液的配制　称取洗涤剂样品 2.5g，用 150mg/kg 硬水溶解，转移至 1000mL 容量瓶中，并稀释到刻度，摇匀。再将溶液置于（40±0.5）℃恒温水浴中陈化，从加水溶样开始总时间为 30min。

（3）测定　在试液陈化时，启动水泵使循环水通过刻度管夹套，并使水温稳定在（40±0.5）℃。刻度管内壁预先用铬酸-硫酸洗液浸泡过夜，用蒸馏水冲洗至无酸。试验时先用蒸馏水冲洗刻度量管内壁，然后用试液冲洗刻度量管内壁，冲洗应完全，但在内壁不应留有泡沫。

自刻度量管底部注入试液至 50mL 刻度线以上，关闭刻度量管旋塞，静止 5min，调节旋塞，使液面恰好在 50mL 刻度处。将滴液管用抽吸法注满 200mL 试液，按要求安放到刻度量管上口，打开滴液管的旋塞，使溶液流下，当滴液管中的溶液流完时，立即开启秒表并读取起始泡沫高度（取泡沫边缘与顶点的平均高度），在 5min 末再读取第二次读数。用新的试液重复以上试验 2～3 次，每次试验前必须用试液将管壁洗净。

以上规定的水硬度、试液浓度、测定温度可按产品标准的要求予以改变，但应在试验报告中说明。

6.1.5.5 结果表示

洗涤剂的发泡力用起始或 5min 的泡沫高度表示，单位为毫米（mm），取至少三次误差在允许范围的结果平均值作为最后结果。多次试验结果之间的误差应不超过 5mm。

泡沫测定
操作视频

6.1.6 粉状洗涤剂去污力的测定

去污力是洗涤剂最重要的质量指标,它反映洗涤剂对污垢的洗涤效果,故为消费者所特别关注。由于去污力不但与洗涤剂中活性物的种类、含量有关,而且也与选用的各种助剂及整个配方结构有关,所以,去污力的高低,是洗涤剂产品质量的综合反映。本方法参照 GB/T 13174—2021《衣料用洗涤剂去污力及循环洗涤性能的测定》,规定了用人工污布进行去污试验来评价洗涤剂去污力的方法。

6.1.6.1 测定原理

在去污试验机内于规定温度和洗涤时间下,用一定硬度的水配制成确定浓度的洗涤剂溶液,对各类污渍试片进行洗涤,并用白度计在选定波长下测定试片洗涤前后的白度值。以试片白度差评价洗涤剂的去污作用。

6.1.6.2 仪器设备

① 立式去污试验机:转速范围 30~200 r/min,温度误差±0.5℃。

② 去污用浴缸:ϕ120mm,高 170mm。

③ 去污用搅拌叶轮:三叶状波轮,ϕ80mm。

④ 白度计:符合 JJG 512 的规定。

⑤ 大搪瓷盘:长 46cm,宽 36cm。

6.1.6.3 主要试剂和材料

① 氯化钙（$CaCl_2$）。

② 氯化镁（$MgCl_2 \cdot 6H_2O$）。

③ 污布:JB 系列。用前裁成 6cm×6cm 的大小（JB-00 裁成 8cm×8cm 大小,并进行锁边后用于循环洗涤试验）,称为试片。其中 JB-00 用于评价洗涤剂抗污渍再沉积能力,其余种类污布用于去污力的评价,分别为 JB-01（炭黑油污布）、JB-02（蛋白污布）、JB-03（皮脂污布）、JB-04（食用油污布）、JB-05（淀粉类污布）。污布可由相关单位统一制作提供。

④ 标准洗衣粉。

⑤ 参比蛋白酶。

⑥ 95%乙醇。

⑦ 阿拉伯树胶粉。

⑧ 炭黑。

⑨ 蓖麻油。

⑩ 液体石蜡。

⑪ 羊毛脂。

⑫ 磷脂。

⑬ 硫酸镁。

⑭ 氢氧化钠。

⑮ 中性皂基。

6.1.6.4 检验步骤

（1）白布处理 将漂白布沿经纬线裁成 27cm×44cm 的长方形布块,共裁 24 块。用

7000mL $\rho=8g/L$ 氢氧化钠溶液煮沸 1h 后，倾去溶液，用自来水漂洗几次，直至洗液对 pH 试纸呈中性，再用蒸馏水漂洗几次，然后用 7000mL $\rho=1.3g/L$ 中性皂基溶液煮沸 0.5h，再用清水漂洗（漂洗至肥皂全部洗清为止），最后用蒸馏水漂洗几次，将此布烫平备用。

（2）炭黑污液制备　炭黑污液是阿拉伯树胶与炭黑在乙醇中的悬浮液，制备方法如下：称取 3.2g 阿拉伯树胶于 50mL 烧杯中，加 15mL 蒸馏水，加热溶解。然后称 2.3g 炭黑于瓷研钵中，加入 10mL 95%乙醇润湿。再加 25mL 水，稍混匀后，即开始研磨，共研 30min。研磨完毕，将溶解好的阿拉伯树胶移入研钵中，研磨 2min，然后用少量蒸馏水将烧杯中剩余物洗入研钵中，一并转入 400mL 烧杯中，再用蒸馏水将研钵中的炭黑全部洗入 400mL 烧杯中，总溶液量约 150mL，在室温下搅拌 0.5h（搅拌器转速约 1200 r/min）。搅拌完毕用蒸馏水稀释到 750mL，再加 95%乙醇 750mL，共 1500mL，摇匀，即制成炭黑污液。

（3）油污液制备　油污液即为染布用的污液，是采用蓖麻油、液体石蜡和羊毛脂的等质量比混合物。用磷脂作为乳化剂，磷脂与混合油质量之比为 2∶1。乳化好坏直接影响污液的质量，也直接影响染布的深浅，将磷脂与混合油加入炭黑污液中，搅拌制成染布所需的油污液。制备方法如下：

称取 10g 磷脂置于 100mL 烧杯中，加入 25mL 体积分数为 50%的乙醇，在水浴中加热溶解，待全部溶化后，加入 5g 混合油，用玻璃棒混匀备用；另取所制备的炭黑污液 500mL（用前摇匀）置于 1000mL 搪瓷杯中，将搅拌桨叶装在搪瓷杯正中，使桨叶下缘离杯底 10mm，搪瓷杯外用水浴加热保温，开启搅拌器，控制转速 1200 r/min，待搪瓷杯中的炭黑污液升温到 55℃，开始慢慢滴入溶解好的磷脂与混合油，加完后再用 25mL 体积分数为 50%的乙醇洗下烧杯中剩余物。滴加磷脂与混合油时间共 10min，然后再继续搅拌 30min（温度保持 55℃）。此油污液即可供染布用。

（4）油污布的染制　将上述油污液冷却到 46℃，用两层纱布滤去上层泡沫。倒入略微倾斜的搪瓷盘中，轻轻吹去少量泡沫，即开始染布。染布时将白布短边浸入油污液中很快拖过，垂直拉起静止 1min，将布掉个头，用图钉钉在木条上晾干。将搪瓷盘中油污液倒入搪瓷杯中，置于阴暗处供第二次染污用。待经第一次染污的布干后，将搪瓷杯中的油污液加热到 46℃，再倒入搪瓷盘中进行第二次染污，操作同第一次，但布面要翻转和调向。500mL 污液最多只能染 3 块布片（每片 27cm×44cm）。若需要平行开 4 车染 4 块布时，可将炭黑污液增加到 600mL，相应增加混合油量至 6g，磷脂至 12g，搅拌时间增加到 40min。

（5）白度的测量　处理好的白布折叠成 8 层，以用白度实物标准（GSBA 67001）校准过的白度计逐层测量白度（每层测量均保持 8 层叠合），取平均值作为白布的白度。将每块染好的污布裁成 24 个直径为 6cm 的圆布片，将染污圆布片组成平均黑度相近的 6 组，每组应有试片至少 4 片，同时作好编号记录，用于一个样品的去污试验。

将试片按同一类别相叠，用白度计在 457nm 下逐一读取洗涤前后的白度值。洗前白度以试片正反两面各取两个点（每一面的两点应中心对称），测量白度值，以四次测量的平均值为该试片的洗前白度 F_1；洗后白度则在试片的正反两面各取两个点（每一面的两点应中心对称），测量白度值，以四次测量的平均值为该试片的洗后白度 F_2。

（6）硬水的配制　采用硬度为 250mg/L 的硬水配制洗涤液，其钙与镁离子比为 6∶4，配制方法如下：称取 16.70g 氯化钙，20.37g 氯化镁，配制成 10.0L 水溶液，此溶液为

2500mg/kg 的硬水。使用时取 1.0L 冲至 10.0L 即为 250mg/kg 硬水。

（7）洗涤试验 洗涤试验在立式去污机内进行，每个试样至少要用 4 只去污浴缸作平行试验（瓶中放有直径 14mm 橡胶弹子 20 粒）。

试验时先向去污浴缸内分别倒入 300mL 配好的试样与标样洗涤剂溶液（用 250mg/L 硬水配制的浓度为 0.2% 的溶液），在预热槽中预热到 43℃，各放入一片测定过白度的染污圆布片。再将去污瓶装入转轴托架中，在 45℃ 下转动 1h，取出布片用自来水冲洗。按次序排放在搪瓷盘中，晾干后，测定白度。

为了将试样与标准洗衣粉作去污力比较，需将标准洗衣粉与试样相同条件或按产品标准规定分别配成洗涤液，各用 4 片染污圆布片作同机去污试验，取得各自平均去污值 R，计算去污力比值。

6.1.6.5 检验结果

① 去污值（R）按式(6-6)计算，结果保留到小数点后 1 位。

$$R=(F_2-F_1)/(F_0-F_1) \tag{6-6}$$

式中 F_0——未染污白布光谱反射率，%；

F_1——染污试片洗前光谱反射率，%；

F_2——染污试片洗后光谱反射率，%。

② 相对标准洗衣粉的去污比值（P）按式(6-7)计算，结果保留到小数点后 1 位。

$$P=R/R_0 \tag{6-7}$$

式中 R_0——标准洗衣粉的去污值，%；

R——试样的去污值，%。

6.2 液体洗涤剂的检验

液体洗涤剂是合成洗涤剂中的一个大类，合成洗涤剂中产量最大的是洗衣粉，发展最快的是液体洗涤剂。由于液体洗涤剂在品种、性能、生产工艺等方面较固体洗涤剂有很多优点，因此国内外生产企业竞相开发。

液体洗涤剂是以水或其他有机溶剂作为基料的洗涤用品，它具有表面活性剂溶液的特性。一般将具有洗涤作用的液体产品称为液体洗涤剂。按照用途或功能分为餐具液体洗涤剂、织物液体洗涤剂、洗发香波和皮肤清洁剂以及硬表面清洗剂。

餐具液体洗涤剂和衣料用液体洗涤剂的检验指标参照 GB/T 9985—2022《手洗餐具用洗涤剂》和 QB/T 1224—2012《衣料用液体洗涤剂》，具体见表 6-3、表 6-4。

表 6-3 手洗餐具用洗涤剂的理化指标

项 目		指 标
外观		液体状、膏状产品：不分层，无明显悬浮物或沉淀的均匀体（加入均匀悬浮颗粒组分的产品除外） 固体产品：产品色泽均匀，无明显机械杂质和污迹
气味		无异味[①]
稳定性[②]	耐热：(40±2)℃，24h	恢复至室温后观察，不分层，无沉淀，无异味和变色现象，透明产品不混浊
	耐寒：(−5±2)℃，24h	恢复至室温后观察，不分层，无沉淀，无变色现象，透明产品不混浊

项目	指标
总有效物含量/%	≥15
pH(25℃,1%溶液)	4.0~10.5
去污力	≥标准餐具洗涤剂

① 异味指除了产品所用原料的气味以外,所产生的腐败或腐臭气味。

② 仅液体、膏状产品需检测稳定性,产品恢复至室温后与试验前无明显变化。

表 6-4　衣料用液体洗涤剂的理化指标

项目	指标		
总活性物含量/%	普通型≥15		浓缩型≥25
pH(25℃,0.1%溶液)	≤10.5		
	A 级	B 级	C 级
规定污布的去污力①	三种污布的去污力≥标准洗衣液去污力	二种污布的去污力≥标准洗衣液去污力	一种污布的去污力≥标准洗衣液去污力

① 试验溶液浓度:去污力测试中洗衣液和丝毛洗涤液的浓缩型产品试验浓度为 0.1%,其余产品种类和标准洗衣液的试验浓度均为 0.2%。

规定的污布:JB-01、JB-02、JB-03。

6.2.1　液体洗涤剂的稳定性试验

6.2.1.1　低温稳定性试验

将液体洗涤剂倒入洁净的 60mL 无色透明玻璃磨口试剂瓶或塑料瓶中,加塞。置于 −10~−3℃冰箱中,24h 取出,恢复到 15~25℃,观察外观,应不分层,无沉淀。

6.2.1.2　高温稳定性试验

将液体洗涤剂倒入洁净的 60mL 无色透明玻璃磨口试剂瓶中,加塞。置于 (40±2)℃恒温培养箱中,24h 取出,立即观察外观,应不分层,无沉淀。

6.2.2　液体洗涤剂的 pH 值的检验

液体洗涤剂的 pH 值用 pH 计进行测定,以样品的 1%水溶液于 25℃进行测定,具体测定方法见本书第 2 章 2.8 节内容。

6.2.3　液体洗涤剂的发泡力的测定

用 c=2.5mmol/L 的 Ca^{2+} 硬度的水配制样品的 0.25%溶液,用罗氏泡沫仪按表面活性剂发泡力的测定方法测定。

6.2.4　液体洗涤剂总活性物含量的测定

在一般情况下,餐具洗涤剂产品的总活性物含量按 GB/T 13173—2021 中的方法——"乙醇萃取法"测定。当餐具洗涤剂产品配方中含有不完全溶于乙醇的表面活性剂组分时,则按"三氯甲烷萃取法"测定。若产品配方中含有尿素,乙醇萃取法的总活性物含量应将尿素扣除；三氯甲烷萃取法则应对定量后的萃取物进行尿素测定并给予扣除。

6.2.4.1　乙醇萃取法

与粉状洗涤剂活性物含量测定方法一致。

6.2.4.2　三氯甲烷萃取法

（1）方法原理　三氯甲烷能溶解洗涤剂中所有表面活性剂而不溶解无机盐。样品经干燥脱水后，用三氯甲烷反复萃取，收集萃取物，驱除三氯甲烷，烘干、称量。但是如果餐具洗涤剂中含有尿素也能被部分溶解，因此必须用定量的溶解物测定尿素含量并予以扣除方为真正的总活性物含量。样品在偏酸性条件下，所含尿素被尿素酶分解为铵盐，用酸滴定，由此计算尿素含量。

（2）仪器设备

① 索氏抽提器：250mL。

② 烧杯：100mL。

③ 量筒：50mL。

④ 抽滤瓶：500mL。

⑤ 玻璃过滤漏斗：G4 40mL。

⑥ 玻璃三角漏斗：ϕ5cm。

⑦ 碘量瓶：250mL。

⑧ 具塞滴定管：10mL。

（3）主要试剂

① 三氯甲烷。

② 丙酮。

③ 甲苯。

④ 尿素酶：0.5g 以下可将 0.25g 尿素于 40～45℃在 1h 内完全分解。

⑤ 盐酸标准溶液：$c_{HCl}=0.1mol/L$。

⑥ 甲基橙水溶液：$\rho_{甲基橙}=1g/L$。

（4）检验

① 步骤。餐具洗涤剂中总活性物含量的测定：称取均匀样品 2g（称准至 0.001g）于 100mL 烧杯中，置（105±2）℃烘箱中，2h 后取出，冷却至室温，加入 50mL 三氯甲烷置 50℃水浴上加热使之完全溶解，将烧杯取下冷却至室温，静置沉降，倾倒上层清液至玻璃过滤漏斗进行抽滤，滤液收集于 500mL 抽滤瓶中，尽可能将不溶物留在烧杯中，再以 40～50℃的三氯甲烷重复洗涤抽滤三次，每次用 20mL 三氯甲烷。

小心将三氯甲烷溶液由抽滤瓶通过三角漏斗转入已恒重的底瓶中，用少量温热的三氯甲烷将溶解物转移完全，将底瓶接好索氏抽提器在水浴锅上回收溶剂，待底瓶内容物蒸干时，加 3mL 丙酮，待丙酮完全蒸发后，将底瓶放入（105±2）℃烘箱内烘 2h 取出，放在干燥器内冷却 30min，称量。重复操作至恒重（两次相继称重之差小于 3mg）。

② 餐具洗涤剂中尿素含量的测定。称取均匀样品 0.5g（称准至 0.001g）于碘量瓶中，加入 50mL 蒸馏水溶解，加入 1 滴甲基橙指示剂，用盐酸中和至橙色（不计量），加入 0.2g 粉碎较细的尿素酶，立即加塞，用 1～2 滴甲苯封口，并用塑料纸、橡皮筋包好（以防产生的压力冲启瓶盖），置 50℃水浴中不时摇晃，30min 后取出冷却。最后用 $c_{HCl}=0.1mol/L$

的盐酸标准溶液滴定至如同中和时出现的橙色。同时做一空白试验。

(5) 结果计算

① 试样中活性物质量分数 w_1 按式(6-8) 计算：

$$w_1 = m_1/m \tag{6-8}$$

式中　m_1——三氯甲烷溶解物，g；

　　　m——试验份的质量，g。

活性物的平行测定结果之差应不超过 0.3%。以两次平行测定结果的算术平均值为测定结果。

② 试样中尿素质量分数 w_2 按式(6-9) 计算：

$$w_2 = (V_1 - V_0) \times c \times 3/m \tag{6-9}$$

式中　V_1——样品消耗的 0.1mol/L 盐酸标准溶液体积，mL；

　　　V_0——空白试验消耗的 0.1mol/L 盐酸标准溶液体积，mL；

　　　c——盐酸标准溶液的浓度，mol/L；

　　　m——试验份质量，g。

尿素含量的平行测定结果之差应不超过 0.1%，以两次平行测定结果的算术平均值为测定结果。

③ 试样中总活性物质量分数按式(6-10) 计算：

$$w = w_1 - w_2 \tag{6-10}$$

安全措施：三氯甲烷挥发性强且有毒，故操作过程应在通风柜中进行。

6.2.5　餐具液体洗涤剂去污力测定

餐具洗涤剂去污力的测定方法有去油率法和泡沫位法，在此仅介绍去油率法。

6.2.5.1　方法概要

使标准人工污垢均匀附着于载玻片上，用规定浓度的餐具洗涤剂溶液在规定条件下洗涤后，测定污垢的去除百分率。本方法适用于各种配方的餐具洗涤剂。

6.2.5.2　仪器设备

① 架盘天平：感量 0.2g。

② 分析天平：感量 0.1mg。

③ 电磁加热搅拌器。

④ 镊子。

⑤ 高型烧杯：100mL。

⑥ RHLQ-Ⅱ 型立式去污测定机及相应全套设备。

⑦ 温度计：0~100℃，0~200℃。

⑧ 显微镜用载玻片：2mm×76mm×26mm。

⑨ 搪瓷盘：300mm×400mm。

6.2.5.3　主要试剂

① 盐酸水溶液：体积比为 1:6。

② 氢氧化钠水溶液：$\rho_{NaOH} = 50g/L$。

③ 硬水：称取 16.7g 氯化钙和 24.7g 硫酸镁配制 10L，约为 2500mg/L 硬水。使用时取

1L 冲至 10L 即为 250mg/L 硬水。

④ 单硬脂酸甘油酯。

⑤ 牛油。

⑥ 猪油。

⑦ 精制植物油。

⑧ 乙氧基化烷基硫酸钠（$C_{12\sim15}$）70 型。

⑨ 烷基苯磺酸钠。

⑩ 无水氯化钙。

⑪ 无水乙醇。

⑫ 尿素。

⑬ 硫酸镁。

6.2.5.4　检验步骤

（1）人工污垢的制备　混合油配方：以牛油、猪油、植物油质量比为 0.5∶0.5∶1 配制，并加入其总质量 5% 的单硬脂酸甘油酯，此即为人工污垢（置冰箱冷藏室中保质期 6 个月）。

将人工污垢置电炉上加热至 180℃，搅拌保持此温度 10min，将烧杯移至电磁搅拌器搅拌，自然冷却至所需温度备用。涂污温度推荐参考：当室温为 20℃ 时，需油温 80℃；室温为 25℃ 时，需油温 45℃；当室温低于 17℃ 或高于 27℃ 时，试验不宜进行，需要在空调间进行。必要时应使用附冷冻装置的立式去污机。

（2）污片的制备　在载玻片上沿画出 10mm 线，以示涂污限制在此线以下；在载玻片下沿画出 5mm 线，以示擦拭多余油污限制在此线以下。

新购载玻片需要在洗涤剂溶液中煮沸 15min 后，清水洗涤至不挂水珠再置酸性洗液中浸泡 1h 后，用清水漂洗及蒸馏水冲洗，置干燥箱干燥后备用。

（3）标准餐具洗涤剂的配制　称取烷基苯磺酸钠 14 份，乙氧基化烷基硫酸钠 1 份，无水乙醇 5 份，尿素 5 份，加水至 100 份，混匀，用盐酸或氢氧化钠调节 pH 至 7~8，备用。

（4）涂污　将洁净的载玻片以四片为一组置称量架上，用分析天平精确称重（准确至 1mg）为 m_0，将称重后的载玻片逐一夹于晾片架上，夹子应夹在载玻片上沿线以上，将晾片架置搪瓷盘内准备涂污。

待油污保持在确定的温度时，逐一将载玻片连同夹子从晾片架上取下，手持夹子将载玻片浸入油污中至 10mm 上沿线以下 1~2s，缓缓取出，待油污下滴速度变慢后，挂回原来晾片架上依次制备污片。油污凝固后，将污片取下用滤纸或脱脂棉将污片下沿 5mm 内底边及两侧多余的油污擦掉，再用镊子夹沾有石油醚的脱脂棉擦拭干净。室温下晾置 4h 后，在称量架上用分析天平精确称量为 m_1。此时每组污片上污量应保证 (0.5±0.05)g。

（5）试验程序　将已知涂污量的载玻片插入对应的洗涤架内准备洗涤。

将去污机接通电源，洗涤温度设置为 30℃，回转速度设置为 160r/min，洗涤时间设置为 3min。

称取 5.00g 待测试样于 2500mL 硬水中，摇匀后，分别量取 800mL 试液于立式去污机的三个洗涤桶中，待试液温度升至 30℃ 时，迅速将已知重量的污片连同洗涤架对应地放入洗涤桶内，当最后一只洗涤架放入洗涤桶后开始计浸泡时间，同时迅速将搅拌器装好，浸泡

1min 时，启动去污机，开始洗涤，3min 时，机器自动停机，迅速将搅拌器取下，取出洗涤架，将洗后污片逐一夹挂在原来的晾片架上，挂晾 3h 后将污片置相应称量架称量为 m_2。

6.2.5.5 结果表示

（1）去油率 w　按式（6-11）计算。

$$w = (m_1 - m_2)/(m_1 - m_0) \tag{6-11}$$

式中　m_0——涂污前载玻片质量，g；

m_1——涂污后载玻片质量，g；

m_2——洗涤后污片的质量，g。

（2）去污力判断　若被测餐具洗涤剂的去油率不小于标准餐具洗涤剂的去油率，则该餐具洗涤剂的去污力判为合格，否则为不合格。

三组结果的相对平均偏差要≤5%。

6.2.5.6 注意事项

① 每批试验应为标准餐具洗涤剂准备三组污片，为每一个待测试样各准备三组污片。

② 由于涂污条件不同会对去油率测定结果带来影响，故同一批涂污的载玻片无论能够设置多少待测试样，必须带三组测定标准餐具洗涤剂加以对照。

6.2.6 液体洗涤剂重金属的测定

液体洗涤剂中铅、砷等物质含量的测定与香精中铅、砷的测定方法一致，详细测定原理和测定步骤参见第 4 章中有关内容。

6.2.7 液体洗涤剂中荧光增白剂限量的测定

6.2.7.1 方法原理

无荧光滤纸在蒸馏水、规定浓度的试样溶液和荧光增白剂溶液中浸渍、漂洗、晾干后，在紫外线照射下，比较、确认有无荧光。

6.2.7.2 仪器设备

① 紫外分析仪器或紫外灯：波长 365nm，带有反射护光罩，灯管至照射面距离为 100mm。

② 恒温水浴锅。

③ 暗室或暗箱。

④ 定量滤纸：中速，裁成 25mm×55mm 矩形片。

⑤ 晾干盘：用塑料板制成，分若干小格，适合放置矩形滤纸片。

6.2.7.3 主要试剂

① 33 号荧光增白剂规格：二苯乙烯三嗪型。外观：呈微黄色均匀粉末；荧光强度：100±5；含水量：不大于 5%；色调：青光。

② 荧光增白剂标准溶液：质量浓度为 0.1mg/L。精确称取 33 号荧光增白剂 0.01g（精确至 0.001g），用蒸馏水加热充分溶解后，完全移入 500mL 棕色容量瓶中定容，混匀，放暗处，即为 20mg/L 荧光增白剂溶液。

移取质量浓度为 20mg/L 荧光增白剂溶液 25.0mL 于 500mL 棕色容量瓶中，用水定容混匀，即得质量浓度为 1mg/L 的荧光增白剂溶液。

移取质量浓度为 1mg/L 的荧光增白剂溶液 10.0mL 于 100mL 容量瓶中，用水定容混匀，即得质量浓度为 0.1mg/L 的荧光增白剂标准使用液。

6.2.7.4 检验步骤

称取餐具洗涤剂样品 2.0g 于 150mL 烧杯中，用蒸馏水溶解并稀释至 100mL 制成质量分数为 2%的试液。分别移取蒸馏水和质量浓度为 0.1mg/L 的荧光增白剂使用液各 100mL，置于另外两个洁净的 150mL 烧杯内，将烧杯同时置于 40℃恒温水浴中，待溶液温度升到 40℃时，在每个烧杯内放入两张滤纸片（预先用铅笔在纸角上编号）。保持 40℃，浸渍 30min，然后将滤纸片用洁净的玻璃棒挑起（注意不要将滤纸片弄破），在烧杯边缘上沥干约 1min 后，分别放入 100mL 40℃的蒸馏水中漂洗 5min，如此重复漂洗一次后，用玻璃棒取出滤纸，按顺序摆放在洁净的晾干盘中，避光晾干。次日在暗室或暗箱中用紫外分析仪或紫外灯在 365nm 下观测，比较样品试液、空白液及 0.1mg/L 荧光增白剂标准使用溶液浸渍过的滤纸片。

6.2.7.5 结果评判

如果试样溶液浸渍过的滤纸较标准使用溶液浸渍过的滤纸荧光弱，则视为该餐具洗涤剂中的荧光增白剂未检出，判为合格；否则为不合格。

6.2.8 液体洗涤剂甲醇含量的测定

6.2.8.1 仪器设备

① 气相色谱仪。

a. 柱管：内径 3～4mm，长 2～3m 的不锈钢柱或玻璃柱。

b. 固定相：180～315μm 的高分子多孔微球，如 PoraPak Q、GDX103 等。

c. 检测器：火焰离子化检测器。

d. 记录仪：满量程 10mV 以下，记录纸有效幅宽 150mm 以上，记录笔速度满量程 2s 以内，记录纸速度 10mm/min 以上。

e. 载气：氮气。

② 进样品用微型注射器：容量为 10μL。

③ 皂膜流量计。

④ 容量瓶：100mL、1L。

⑤ 移液管：2mL、10mL。

⑥ 烧杯：50mL。

6.2.8.2 主要试剂

① 异丙醇。

② 无水乙醇。

③ 甲醇标准溶液：称取无水甲醇 10.0g（精确至 0.001g）于 50mL 烧杯中，加水 20～30mL，转移至 1000mL 容量瓶中，用水稀释到刻度，混匀。

用移液管取上述溶液 10.0mL 于 100mL 容量瓶中，加水稀释至刻度混匀。再用移液管取此稀释液 10.0mL 于 50mL 烧杯中，用移液管准确加入 2.0mL 异丙醇，充分搅匀后，将此溶液储备于一具塞容器中，作为本试验的标准溶液。

④ 试验溶液：称取餐具洗涤剂 10.0g，用移液管准确加入 2.0mL 异丙醇，充分搅匀后，

6.2.8.3 检验步骤

(1) 色谱仪设定　注射口温度：150℃；柱温：110～130℃；检测器温度：150℃；载气流速：约 40mL/min。

(2) 色谱仪性能调整　注射 1～2μL 标准溶液于色谱仪中，并记录其图谱。

适当调整柱温及载气流速，并注意改变色谱仪记录衰减，使甲醇及异丙醇的色谱峰能充分分开（见图 6-4），异丙醇峰高在记录纸幅宽的 50%～90% 之间，半宽在 10mm 以上。

(3) 标准溶液的分析　按色谱仪设定的条件注射标准溶液，记录色谱图。分析中要记录衰减的切换（一般甲醇出峰的记录衰减为异丙醇出峰时记录衰减的 1/32）。

(4) 试验溶液的分析　分析方法及条件与标准溶液完全相同。

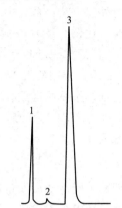

图 6-4　液体餐具洗涤剂甲醇含量测定的气相色谱图例
1—甲醇；2—乙醇；3—异丙醇
（在 6min 处衰减由 1 变为 32）

6.2.8.4 结果评判

分析完毕后，测量甲醇及异丙醇的峰面积，并将二者换算至相同衰减。将试验溶液得到的甲醇与异丙醇峰面积比，与标准溶液所得到的比值进行比较，如样品之比值小于或等于后者，则认为合格。

6.2.8.5 注意事项

① 本方法只适用于不含异丙醇的液体餐具洗涤剂，对其他餐具洗涤剂应根据本方法的原理进行必要的变更。

② 不含异丙醇的粉状餐具洗涤剂可用一定量的水溶解后，参照此法进行测定，但要记录稀释倍数。

③ 含异丙醇的液体餐具洗涤剂应选用其他参照物进行测定。

6.2.9　液体洗涤剂甲醛含量的测定

本方法规定了餐具洗涤剂中甲醛含量的测定。如果有甲醛给予体存在则不适用。

6.2.9.1 方法原理

甲醛与乙酰丙酮在乙酸铵存在下反应生成黄色的配合物，反应式如下。用分光光度计在波长 410nm 处测定该配合物吸光度。

$$HCH + NH_3 + 2CH_3-\overset{O}{\overset{\|}{C}}-CH_2-\overset{O}{\overset{\|}{C}}-CH_3 \longrightarrow CH_3-\overset{O}{\overset{\|}{C}}-CH_2-C\overset{\overset{H_2}{C}}{\underset{HC}{\|}}\underset{\underset{N}{\underset{\|}{H}}}{\overset{C}{C}}H-CH_2\overset{O}{\overset{\|}{C}}-CH_3 + 3H_2O$$

6.2.9.2 仪器设备

① 水浴：可控制在 （60±1）℃。

② 分光光度计：波长范围 360～800nm，配有光径长度为 10mm 的比色池。

③ 容量瓶：50mL，100mL，250mL，500mL，1000mL。

6.2.9.3　主要试剂

① 盐酸溶液：$c_{HCl}=1.0mol/L$。

② 氢氧化钠溶液：$c_{NaOH}=1.0mol/L$。

③ 硫代硫酸钠标准溶液：$c_{Na_2S_2O_3}=0.1000mol/L$。

④ 碘标准溶液：$c_{1/2I_2}=0.1000mol/L$。

⑤ 冰乙酸、甲醛、乙酸铵、异丙醇、乙酰丙酮。

⑥ 淀粉指示液：$\rho_{淀粉}=10g/L$。

⑦ 乙酰丙酮试剂的配制：溶解 75g 无水乙醇铵于约 200mL 水中，加入 1.0mL 乙酰丙酮和 1.5mL 冰乙酸，用水稀释至 500mL，混匀。注：此试剂必须现用现配。

⑧ 参比试剂：按乙酰丙酮试剂的配制制备，但不加乙酰丙酮。

⑨ 甲醛贮存溶液：称取质量分数为 37%～40% 的甲醛约 5g（称准至 0.001g），定量转移至 1 000mL 容量瓶中，用水定容并混匀，此溶液在冰箱中可保存两个月。

贮备液中所含甲醛（HCHO）准确浓度按下法标定：移取 10.00mL 上述溶液至 250mL 碘量瓶中，加入 25.00mL 碘标准溶液，加 10mL 氢氧化钠溶液，加塞混匀于暗处放置 15min，加入 11mL 盐酸溶液于暗处放置 15min，然后用硫代硫酸钠标准溶液滴定过量碘，溶液呈草黄色时，加入 1mL 淀粉指示剂，继续用硫代硫酸钠标准溶液滴定至溶液蓝色刚好褪去。记录消耗硫代硫酸钠的体积。

注：1mL 的 0.1000mol/L 碘标准溶液相当于 1.5mg 的甲醛。

⑩ 甲醛工作溶液：移取 20.00mL 的甲醛贮存溶液至 100mL 容量瓶中，用水定容，混匀。移取此溶液 5.00mL 至 250mL 容量瓶中，用水定容，混匀。

1.00mL 此溶液约含 8μg 甲醛，含量用表达式 $(25-V)\times0.6$ 表示，单位为 μg/mL。V 为消耗硫代硫酸钠标准溶液的体积，单位为 mL。

若硫代硫酸钠和碘的标准溶液浓度不恰好为 0.1000mol/L，则表达式为：

$$(25.00\times c_1-V\times c_2)\times0.6/0.1000 \tag{6-12}$$

式中　c_1——碘标准溶液浓度，mol/L；

c_2——硫代硫酸钠标准溶液浓度，mol/L。

6.2.9.4　检验步骤

（1）标准曲线　分别移取 0.10mL、0.50mL、1.00mL、2.00mL、5.00mL、10.00mL、15.00mL、20.00mL、25.00mL 甲醛工作溶液至 50mL 容量瓶中，在每只容量瓶中补水至 25mL，再分别加入 15.0mL 乙酰丙酮试剂，混匀。

在另一 50mL 容量瓶中加入 25mL 水，加入 15.0mL 乙酰丙酮试剂，混匀，制备一空白溶液。

将容量瓶置（60±1）℃ 水浴中反应 10min 后，取出冷却至室温，用异丙醇定容，混匀。用分光光度计，配 10mm 比色池，以空白溶液作仪器调零，于波长 410nm 处测定此系列溶液的吸光度。以吸光度为纵坐标，溶液中甲醛质量（μg）为横坐标绘制标准曲线。

（2）称样量　称取适量样品（称准至 0.001g）于 100mL 容量瓶中，可按表 6-5 称样。

表 6-5　试验份质量

甲醛含量/(mg/g)	试验份质量/g	甲醛含量/(mg/g)	试验份质量/g
1.0	1.0	0.25	5.0
0.50	2.5	0.10	10.0

（3）测定　在称有试样的 100mL 容量瓶中加水至刻度，混匀。移取此溶液 10.00mL 至 50mL 容量瓶中，加入 15.0mL 乙酰丙酮试剂，混匀。

对于有颜色的试样，为了消除颜色干扰，应使用如下制备的参比溶液（无颜色试样则不必）。

移取另一份此溶液 10.00mL 到另一容量瓶中，加入 15.0mL 参比试剂，混匀。

同时按标准曲线所述制备一空白溶液，以此进行仪器调零，如步骤（1）测定吸光度（有参比液的试样，应求出净吸光度）。从标准曲线查得相应的甲醛的质量（μg）。

6.2.9.5　结果计算

餐具洗涤剂中游离甲醛质量分数 w 按式(6-13) 计算，单位为 mg/g。

$$w=c\times5/m \tag{6-13}$$

式中　c——从标准曲线查得的甲醛质量，μg；

m——试样的质量，g。

同一试样平行测定之差不得超过平均值的 2.5%。

实训 11 洗衣粉水分　　　实训 12 洗洁精泡沫
与挥发分的测定　　　　的测定

 练习题

1. 什么是洗涤剂中总活性物含量？测定原理是什么？
2. 怎样评价洗衣粉和餐具洗涤剂的去污力？
3. 《手洗餐具用洗涤剂》国家标准中哪些是强制性指标？
4. 洗衣粉的 pH 值与游离碱度测定是否一致？

第 **7** 章
洗衣皂与香皂的检验

学习目标

知识目标

(1) 了解洗衣皂与香皂的类型、功能和对产品质量的影响。

(2) 熟悉洗衣皂与香皂理化检验项目。

(3) 掌握洗衣皂与香皂理化检验项目的常规检验方法。

能力目标

(1) 能进行洗衣皂与香皂检验样品的制备。

(2) 能进行相关溶液的配制。

(3) 能根据洗衣皂与香皂的种类和检验项目选择合适的检验方法。

(4) 能按照标准方法对洗衣皂与香皂相关项目进行检验，给出正确结果。

素质目标

(1) 通过理论知识学习培养扎实的科学素养与人文素养。

(2) 通过具体操作训练培养劳动精神、工匠精神。

(3) 通过分组讨论和实训培养沟通能力和团队精神。

案例导入

如果你是一名香皂生产企业的检验人员，公司生产了一批香皂，你如何判定该批香皂是否合格？

课前思考题

(1) 洗衣皂与香皂的主要有效成分是什么？

(2) 脂肪酸皂中的碳链越长，起泡性能越差吗？

洗涤剂用品发展最早始于肥皂，皮肤清洁剂使用量最大的也是各种肥皂和香皂。随着人们生活水平的不断提高，对肥皂的功能要求也越来越高，普通的仅具有清洁功能的肥皂已迅速向护肤、保湿、杀菌等功能化香皂方向发展。

传统的洗衣皂和香皂主要以脂肪酸盐为主成分，现在的洗衣皂和香皂除了以脂肪酸盐为主成分外，有的还以氨基酸类表面活性剂为主成分，有的做成透明状，有的则是不透明的。

7.1 质量指标及检验规则

7.1.1 洗衣皂的质量标准及检验规则

洗衣皂是指洗涤衣物的肥皂，是块状硬皂，主要成分是脂肪酸的钠盐，同时含有助洗剂、填充料等。洗衣皂按干钠皂含量分为Ⅰ型（干钠皂含量≥54%，标记为"QB/T 2486 Ⅰ型"）和Ⅱ型（43%≤干钠皂含量<54%，标记为"QB/T 2486 Ⅱ型"）两类。

7.1.1.1 洗衣皂的感官指标

① 包装外观：包装整洁、端正、不歪斜；包装物商标、图案、字迹应清楚。

② 皂体外观：图案、字迹清晰，皂形端正，色泽均匀，无明显杂质和污迹。

③ 气味：无油脂酸败气味等不良的异味。

包装外观和皂体的外观凭感官目测检验，气味的检验凭嗅觉进行鉴别。

7.1.1.2 洗衣皂的理化指标

根据 QB/T 2486—2008《洗衣皂》，洗衣皂的理化指标以包装上标明的净含量计，应符合表 7-1 的规定。

表 7-1　洗衣皂的理化指标

项目名称	指标	
	Ⅰ型	Ⅱ型
干钠皂含量/%	≥54	43～54
氯化物含量(以 NaCl 计)/%	≤1.0	
游离苛性碱含量(以 NaOH 计)/%	≤0.3	
乙醇不溶物/%	≤15	—
发泡力(5min)/mL	≥400	≥300
总五氧化二磷[1]/%	≤1.1	
透明度[2][(6.50±0.15)mm 切片]/%	≥25	

① 仅对标注无磷产品要求。

② 仅对标准 QB/T 2486—2008 规定的透明型产品。

7.1.1.3 干钠皂

（1）仲裁法　按 QB/T 2623.3—2003 测定，干钠皂的报告结果（%）以算术平均值表示至整数个位，按式(7-1)进行折算。

$$报告结果(\%)=\frac{测得结果×测得皂的实际净含量}{包装上标注的净含量} \tag{7-1}$$

（2）简化法　按 QB/T 2485—2023 测定。干钠皂的报告结果（%）以算术平均值表示至整数个位，按式(7-1)折算。

7.1.2 香皂的质量标准及检验规则

与洗衣皂一样，香皂也是块状硬皂。除脂肪酸钠盐外，根据其应用功能的不同，香皂中还添加有各种添加剂，如：香精、抗氧化剂、杀菌剂、除臭剂、富脂剂、着色剂、荧光增白剂等等。香皂按成分分为皂基型（以Ⅰ型表示）和复合型（以Ⅱ型表示）两类，皂基型指仅含脂肪酸钠和助剂的香皂；复合型是指含脂肪酸钠和（或）其他表面活性剂、功能性添加剂、助剂的产品。

7.1.2.1　香皂的感官指标

① 包装外观：包装整洁、端正、不歪斜；包装物商标、图案、字迹应清楚。

② 皂体外观：图案、字迹清晰，皂形端正，色泽均匀，光滑细腻、无明显杂质和污迹；特殊外观要求产品除外（如带彩纹、带彩色粒子等）。

③ 气味：有稳定的香气，无油脂酸败气味或不良的异味。

包装外观和皂体的外观凭感官目测检验，气味的检验凭嗅觉进行鉴别。

7.1.2.2　香皂的理化指标

根据 QB/T 2485—2023《香皂》，各类香皂的理化指标以包装上的净含量计，应符合表7-2 规定。

表 7-2　香皂的理化指标

项目名称	指标	
	皂基型（Ⅰ）	复合型（Ⅱ）
干钠皂含量/%	≥83	—
总有效物含量/%	—	≥53
水分和挥发物/%	≤15	≤30
总游离碱含量（以 NaOH 计）/%	≤0.10	≤0.30
游离苛性碱含量（以 NaOH 计）/%	≤0.10	
氯化物含量（以 NaCl 计）/%	≤1.0	
总五氧化二磷[①]/%	≤0.5	
透明度[②][（6.50±0.15）mm 切片]/%	≥25	

① 仅对标注无磷产品要求。

② 仅对标准 QB/T 2485—2023 规定的透明型产品。

7.1.2.3　干钠皂

干钠皂的报告结果（%）应以包装上标注的净含量进行折算，折算方法与洗衣皂一致，如果带色皂的颜色会干扰酚酞指示液的终点，可采用百里香酚蓝指示液指示终点。测定时，可加入 $c_{1/2H_2SO_4}$＝4mol/L 硫酸水溶液 30mL 对样品进行酸化。必要时，保证酸化溶液温度不低于 70℃。

7.1.3　特种香皂的质量标准

特种香皂：指添加了抗菌剂、抑菌剂成分，具有清洁及抗菌、抑菌功能的香皂。

广谱抑菌香皂：能完全抑制金黄色葡萄球菌（ATCC 6538）、大肠杆菌（8099 或 ATCC 25922）、白色念珠菌（ATCC 10231）生长的特种香皂。

普通抑菌香皂：能完全抑制金黄色葡萄球菌（ATCC 6538）生长的特种香皂。

特种香皂卫生指标应符合 GB 19877.3—2005《特种香皂》规定，感官及理化指标应符合 QB/T 2485—2023《香皂》的规定。其卫生指标如表 7-3。

表 7-3　特种香皂的卫生指标

项　目	指　标	
	普通型	广谱型
抑菌试验（0.1％溶液，37℃，48h）	对金黄色葡萄球菌（ATCC 6538）无生长	对金黄色葡萄球菌（ATCC 6538）、大肠杆菌（8099 或 ATCC 25922）、白色念珠菌（ATCC 10231）均无生长

7.2　洗衣皂和香皂的理化指标分析

7.2.1　游离苛性碱含量的测定

　　一般游离苛性碱对钠皂而言是指氢氧化钠，对于钾皂而言是指氢氧化钾。游离苛性碱的测量方法有乙醇法、氯化钡法等。但因洗衣皂和香皂中一般含有未皂化的中性脂肪，在溶解洗衣皂和香皂样品时，中性脂肪就或多或少被存在的碱所皂化。因此，目前尚无一种较完善的方法测定洗衣皂和香皂中游离的苛性碱。在此，仅介绍我国轻工行业标准方法——无水乙醇法，参照 QB/T 2623.1—2020《肥皂试验方法　肥皂中游离苛性碱含量的测定》。

7.2.1.1　测定原理

　　将试样皂溶于中性乙醇中，然后用盐酸-乙醇标准溶液滴定游离苛性碱。

7.2.1.2　主要试剂

　　① 无水乙醇。

　　② 氢氧化钾-乙醇溶液：$c_{KOH}＝0.1mol/L$。

　　③ 酚酞指示液：10g/L，1g 酚酞溶于 100mL 95％乙醇中。

　　④ 盐酸-乙醇标准溶液：$c_{HCl}＝0.1mol/L$。量取浓盐酸 9mL，注入 1000mL 95％的乙醇中，摇匀。

　　标定：称取于 270～300℃灼烧至恒重的无水碳酸钠 0.2g（精确至 0.0001g），溶于 50mL 水中，加溴甲酚绿-甲基红混合指示剂 10 滴，用配制好的盐酸-乙醇标准溶液滴定，使溶液由绿色变为酒红色，煮沸 2min，冷却后继续滴定至溶液再呈酒红色为终点。同时作空白试验。

　　盐酸-乙醇标准溶液浓度 c_{HCl} 按式（7-2）计算：

$$c_{HCl}＝\frac{m}{(V_1-V_2)\times 0.05299} \tag{7-2}$$

式中　V_1——盐酸-乙醇标准溶液的用量，mL；

　　　　V_2——空白试验盐酸-乙醇标准溶液用量，mL；

　　0.05299——与 1.00mL $c_{HCl}＝1.000mol/L$ 盐酸-乙醇标准溶液相当的，以克表示的无水碳酸钠的质量，g/mmol；

　　　　m——无水碳酸钠质量，g。

7.2.1.3　主要仪器

　　① 锥形烧瓶：250mL，配备有回流冷凝器。

　　② 封闭电炉：配有温度调节器。

③ 回流冷凝器，6 个球。

7.2.1.4 测定步骤

（1）试样的制备和保存　将供试验用的洗衣皂或香皂样品，通过每块的中间互相垂直切三刀分成八份，取斜对角的两份切成薄片，捣碎，充分混合，装入洁净、干燥、密封的容器内备用。

称取制备好的试样约 5g（精确至 0.001g），于锥形烧瓶（A 瓶）中。

（2）测定　在一空锥形烧瓶（B 瓶）中，加入无水乙醇 150mL，连接回流冷凝器。加热至微沸，并保持 5min，驱赶二氧化碳。移去冷凝器，使其冷却至 70℃。加入酚酞指示剂 2 滴，用氢氧化钾-乙醇溶液滴定至溶液呈淡粉红色。

将上述处理好的乙醇溶液倾入盛有洗衣皂或香皂试样的锥形烧瓶（A 瓶）中，连接回流冷凝器。缓缓煮沸至洗衣皂或香皂完全溶解后，使其冷却至 70℃。用盐酸-乙醇标准溶液滴定至溶液呈微淡红色，维持 30s 不褪色即为终点。

7.2.1.5 结果计算

洗衣皂或香皂中游离苛性碱的含量，用氢氧化钠的质量分数 w（％）表示，按式（7-3）计算。

$$w = \frac{0.040 \times V \times c}{m} \times 100 \qquad (7-3)$$

式中　V——耗用盐酸-乙醇标准溶液的体积，mL；

　　　c——盐酸-乙醇标准溶液的浓度，mol/L；

　　　m——洗衣皂或香皂样品的质量，g；

　0.040——氢氧化钠的摩尔质量，g/mmol。

7.2.1.6 注意事项

① 本方法仅适用于普通脂肪酸钠皂（NaOH 计），不适用于钾皂，也不适用于复合皂。

② 在重复性条件下，获得的两次独立测定结果的绝对差值不大于 0.04％，以大于 0.04％的情况不超过 5％为前提。

7.2.2 总游离碱含量的测定

总游离碱是指游离苛性碱和游离碳酸盐类碱的总和。其结果一般对钠皂用氢氧化钠的质量分数表示，对钾皂用氢氧化钾的质量分数表示。

7.2.2.1 测定原理

溶解洗衣皂或香皂于乙醇溶液中，用已知过量的酸溶液中和游离碱，然后用氢氧化钾-乙醇溶液回滴过量的酸。

7.2.2.2 主要试剂

① 95％乙醇：新煮沸后冷却，用碱中和至对酚酞呈现淡粉色。

② 硫酸标准滴定溶液：$c_{1/2H_2SO_4} = 0.3$mol/L。

③ 氢氧化钾-乙醇标准滴定溶液：$c_{KOH} = 0.1$mol/L。

④ 酚酞指示液：$\rho_{酚酞} = 10$g/L。

⑤ 百里酚蓝指示液：$\rho_{百里酚蓝} = 1$g/L。

7.2.2.3 主要仪器

① 锥形烧瓶：250mL，具有锥形磨口。

② 回流冷凝器：水冷式，下部带有锥形磨砂接头。

③ 微量滴定管：10mL。

7.2.2.4 测定步骤

称取制备好的试样约 5g（精确至 0.001g）置于锥形烧瓶中，加入体积分数为 95％的乙醇 100mL，连接回流冷凝器，徐徐加热至洗衣皂或香皂完全溶解。然后，精确加入硫酸标准滴定溶液 10.0mL（对有些游离碱含量高的皂样，硫酸标准滴定溶液用量可适当增加），并微沸至少 10min。稍冷后，趁热加入酚酞指示液 2 滴，用氢氧化钾-乙醇标准滴定溶液滴定至呈现淡粉色，维持 30s 不褪色即为滴定终点。

7.2.2.5 结果计算

对于钠皂，总游离碱用氢氧化钠的质量分数 w_{NaOH} 按式（7-4）计算。

$$w_{NaOH} = \frac{0.040 \times (V_0 c_0 - V_1 c_1)}{m} \times 100 \qquad (7-4)$$

对于钾皂，总游离碱用氢氧化钾的质量分数 w_{KOH} 按式（7-5）计算。

$$w_{KOH} = \frac{0.056 \times (V_0 c_0 - V_1 c_1)}{m} \times 100 \qquad (7-5)$$

式中　V_0——测定中加入的硫酸标准溶液的体积，mL；

c_0——硫酸标准溶液的浓度，mol/L；

V_1——耗用氢氧化钾-乙醇标准滴定溶液的体积，mL；

c_1——氢氧化钾-乙醇标准滴定溶液的浓度，mol/L；

m——洗衣皂或香皂样品的质量，g；

0.040——氢氧化钠的摩尔质量，g/mmol；

0.056——氢氧化钾的摩尔质量，g/mmol。

7.2.2.6 注意事项

① 本方法适用于普通性质的香皂、洗衣皂，不适用于复合皂，也不适用于含有按规定程序会被硫酸分解的添加剂（碱性硅酸盐等）的肥皂。

② 如是带色皂，色皂的颜色会干扰酚酞指示的终点，可用百里酚蓝指示剂。

③ 在重复性条件下，获得的两次独立测定结果的绝对差值不大于 0.05％，以大于 0.05％的情况不超过 5％为前提。

7.2.3 总碱量、总脂肪物含量的测定

总碱量是指在规定条件下，可滴定出的所有存在于洗衣皂或香皂中的各种硅酸盐、碱金属的碳酸盐、氢氧化物，以及与脂肪酸和树脂酸相结合成皂的碱量的总和。

总脂肪物是指在规定条件下，用无机酸分解洗衣皂和香皂所得的水不溶物。总脂肪物除脂肪酸外，还包括洗衣皂和香皂中不皂化物、甘油酯和一些树脂酸。

干钠皂是指总脂肪物的钠盐表示形式。

7.2.3.1 测定原理

用已知体积的标准无机酸分解皂，用石油醚萃取分离析出的脂肪物，用氢氧化钠标准溶

液滴定水溶液中过量的酸，测定总碱量。蒸出萃取液中的石油醚后，将残余物溶于乙醇中，再用氢氧化钾标准滴定溶液中和脂肪酸。蒸出乙醇，称量所形成的皂来测定总脂肪物含量。

7.2.3.2　主要试剂

① 丙酮。

② 石油醚：沸程 30～60℃，无残余物。

③ 95％乙醇：新煮沸冷却后，用碱中和至对酚酞呈中性。

④ 硫酸标准滴定溶液：$c_{1/2H_2SO_4}=1mol/L$；或盐酸标准滴定溶液：$c_{HCl}=1mol/L$。

⑤ 氢氧化钠标准滴定溶液：$c_{NaOH}=1mol/L$。

⑥ 甲基橙指示液：$\rho_{甲基橙}=1g/L$。

⑦ 酚酞指示液：$\rho_{酚酞}=10g/L$。

⑧ 百里酚蓝指示液：$\rho_{百里酚蓝}=1g/L$。

7.2.3.3　主要仪器

① 分液漏斗：500mL 或 250mL。

② 萃取量筒：配有磨口玻璃塞，$\phi 39mm$，高 350mm，250mL。

③ 水浴：可控制温度。

④ 烘箱：可控制在（103±2）℃。

⑤ 索氏抽提器。

⑥ 烧杯：高型，100mL。

7.2.3.4　测定步骤

（1）萃取分离　称取已制备好的洗衣皂试样 5g 或香皂 4.2g（精确至 0.001g），溶解于 80mL 热水中。用玻璃棒搅拌使试样完全溶解后，趁热移入分液漏斗（或萃取量筒）中，用少量热水洗涤烧杯，洗涤水加到分液漏斗中。加入几滴甲基橙溶液，然后一边摇动分液漏斗或萃取量筒，一边从滴定管准确加入一定体积的硫酸（或盐酸）标准滴定溶液，使过量约 5mL。冷却分液漏斗或萃取量筒中物料至 30～40℃，加入石油醚 50mL，盖好塞子，握紧塞子慢慢地倒转分液漏斗或萃取量筒，逐渐打开分液漏斗的旋塞以泄放压力，然后关住轻轻摇动，再泄压。重复摇动直到水层透明，静置、分层。

在使用分液漏斗时：

将下面的水层放入第二只分液漏斗中，用石油醚 30mL 萃取。重复上述操作 3 次。将水层收集在锥形瓶中，将三次石油醚萃取液合并到第一只分液漏斗中。

在使用萃取量筒时：

利用虹吸作用将石油醚层尽可能完全地抽至分液漏斗中。用石油醚 50mL 重复萃取两次，将三次石油醚萃取液合并于分液漏斗中。将水层尽可能完全地转移到锥形瓶中，用少量水洗涤萃取量筒，洗涤水加到锥形瓶中。

加 25mL 水摇动洗涤石油醚萃取液多次，直至洗涤液对甲基橙溶液呈中性，一般洗涤 3 次即可。

将石油醚萃取液、洗涤液定量地收集到已盛有水层液的锥形瓶中。

（2）总碱量的测定　用甲基橙溶液作指示剂，用氢氧化钠标准滴定溶液滴定酸水层和洗涤水的混合液。

（3）总脂肪物含量的测定　将水洗过的石油醚溶液仔细地转移入已烘干恒重的平底烧瓶

中，必要时用干滤纸过滤，用少量的石油醚洗涤分液漏斗2～3次，将洗涤液过滤到烧瓶中，注意防止过滤操作时石油醚的挥发，用石油醚彻底洗净滤纸。将洗涤液收集到烧瓶中。

在水浴上，用索氏抽提器几乎抽提掉全部石油醚。将残余物溶解在10mL乙醇中，加酚酞溶液2滴，用氢氧化钾-乙醇标准滴定溶液滴定至稳定的淡粉红色为终点。记下所耗用的体积，如带色皂的颜色会干扰酚酞指示剂的终点，可采用百里酚蓝指示剂。

在水浴上蒸出乙醇，当乙醇快蒸干时，转动烧瓶使钾皂在瓶壁上形成一薄层。

转动烧瓶，加入丙酮约5mL，在水浴上缓缓转动蒸出丙酮，再重复操作1～2次，直至烧瓶口处已无明显的湿痕出现为止，使钾皂预干燥。然后，在（103±2）℃烘箱中加热至恒重，第一次加热4h，以后每次1h。于干燥器内冷却后，称量，直至连续两次称量质量差不大于0.003g。

7.2.3.5 结果计算

（1）总碱量计算　对于钠皂，总碱量以氢氧化钠的质量分数 w_{NaOH} 按式(7-6)计算。

$$w_{NaOH}=\frac{0.040\times(V_0c_0-V_1c_1)}{m}\times100 \tag{7-6}$$

对于钾皂，总碱量以氢氧化钾的质量分数 w_{KOH} 按式(7-7)计算。

$$w_{KOH}=\frac{0.056\times(V_0c_0-V_1c_1)}{m}\times100 \tag{7-7}$$

式中　V_0——在测定中加入的酸（硫酸或盐酸）标准溶液的体积，mL；

c_0——所用酸标准溶液的浓度，mol/L；

V_1——耗用氢氧化钠标准滴定溶液的体积，mL；

c_1——氢氧化钠标准滴定溶液的浓度，mol/L；

m——肥皂试样的质量，g；

0.040——氢氧化钠的摩尔质量，g/mmol；

0.056——氢氧化钾的摩尔质量，g/mmol。

（2）总脂肪物含量计算　肥皂中总脂肪物含量以质量分数 w_1 表示，按式(7-8)计算。

$$w_1=[m_1-(V\times c\times0.038)]\times\frac{100}{m_0} \tag{7-8}$$

肥皂中干钠皂含量以质量分数 w_2 表示，按式(7-9)计算。

$$w_2=[m_1-(V\times c\times0.016)]\times\frac{100}{m_0} \tag{7-9}$$

式中　m_0——肥皂试样的质量，g；

m_1——干钠皂的质量，g；

V——中和时耗用的氢氧化钾-乙醇标准滴定溶液的体积，mL；

c——氢氧化钾-乙醇标准滴定溶液的浓度，mol/L；

0.038——钾、氢原子摩尔质量之差（即0.001～0.039），g/mmol；

0.016——钾、钠原子摩尔质量之差（即0.023～0.039），g/mmol。

7.2.3.6 注意事项

① 本方法适用于以脂肪酸盐为活性成分的皂，不适用于带色皂和复合皂。

② 用水洗涤石油醚萃取液时，每次洗涤后至少静置5min，等两液层间有明显分界面才能放出水层。最后一次洗涤水放出后，将分液漏斗急剧转动，但不倒转，使内容物发生旋

动，以除去壁上附着的水滴。

③ 用氢氧化钾-乙醇标准滴定溶液滴定脂肪酸时，带色皂的颜色会干扰酚酞指示剂的终点，可采用百里酚蓝指示剂。

④ 在重复性条件下，获得的两次独立测定结果的绝对差值不大于 0.2%，以大于 0.2% 的情况不超过 5% 为前提。

7.2.4　水分和挥发物含量的测定

含水多的洗衣皂和香皂，容易发生收缩变形，硬度偏低，洗涤时不耐擦。因此，水分和挥发物是洗衣皂和香皂的重要理化指标。

洗衣皂和香皂中水分和挥发物的测定方法很多，有干燥减重法、红外线法、共沸蒸馏法、卡尔·费歇尔法等。轻工行业标准方法采用干燥减重法，具体测定原理和测定步骤见本书第 2 章内容。

7.2.5　乙醇不溶物含量的测定

乙醇不溶物是指加入洗衣皂和香皂中的难溶于 95% 乙醇的添加物或外来物，以及在配方中所有的物质，例如难溶于 95% 乙醇的碳酸盐和氯化物。外来物质可能是无机物（如：碳酸盐、硼酸盐、过硼酸盐、氯化物、硫酸盐、硅酸盐、磷酸盐、氧化铁等）或有机物（如：淀粉、糊精、酪朊、蔗糖、纤维素衍生物、藻朊酸盐等）。

7.2.5.1　测定原理

先将洗衣皂或香皂溶于乙醇中，过滤和称量不溶解残留物。

7.2.5.2　主要试剂和仪器

① 95% 乙醇。
② 锥形瓶：具塞磨口锥形瓶，250mL。
③ 回形冷凝器：水冷式，底部具有锥形磨砂玻璃接头与锥形瓶适配。
④ 烘箱：可控制在 (103±2)℃。
⑤ 定量滤纸：快速。
⑥ 水浴。

7.2.5.3　测定步骤

称取制备好的试样约 5g（精确至 0.01g）于锥形瓶中，加入 95% 乙醇 150mL，连接回流冷凝器。加热至微沸，旋动锥形瓶，尽量避免物料粘附于瓶底。

将用于过滤乙醇不溶物的滤纸置于 (103±2)℃ 的烘箱中烘干，烘 1h。在干燥器中冷却至室温，称量（精确至 0.001g）。再把它放置于另一锥形瓶上部的漏斗中。

当试样完全溶解后，将上层清液倾析到滤纸上，用预先加热近沸的乙醇洗涤锥形瓶中的不溶物。再借助少量热乙醇将不溶物转移到滤纸上。用热乙醇洗涤滤纸和残留物。直至滤纸上无明显的蜡状物。

过滤操作时最好把锥形瓶连同漏斗放在水浴上，以保持滤液微沸。也可以使用单独的保温漏斗。同时用表面皿盖住漏斗，以避免洗液的冷却，且使乙醇蒸气冷凝至表面皿上再回滴至滤纸上，起到对滤纸的洗涤作用。先在空气中晾干滤纸，再放入 (103±2)℃ 的烘箱中。烘干 1h 后，取出滤纸放在干燥器中，冷却至室温后称量。重复操作，直至两次相继称量间的质量差小于0.001g。记录最后质量。

7.2.5.4 结果计算

肥皂中乙醇不溶物含量以质量分数 w 表示，按式（7-10）计算：

$$w = m/m_0 \tag{7-10}$$

式中 m——残留物的质量，g；

m_0——试样的质量，g。

7.2.5.5 注意事项

① 最终洗涤液在蒸发至干后应无可见的残留物显现。

② 也可用石棉坩埚真空抽滤，但石棉滤层要铺置合适，不允许穿滤。

③ 某些皂，特别是含硅酸盐的皂，不溶物不能从锥形瓶底完全脱离，此时可用热乙醇充分洗涤残留物，将滤纸与锥形瓶一同置于（103±2）℃的烘箱中干燥至恒重，但锥形瓶预先要恒重。

④ 在重复性条件下，获得的两次独立测定结果的绝对差值不大于5%，以大于5%的情况不超过5%为前提。

7.2.6 氯化物含量的测定

在皂化过程中常以氯化钠作盐析剂，在使用的碱中也常含有一定量的氯化钠。因此，洗衣皂和香皂中总不可避免地含有一定量的氯化物。但氯化物含量的多少对洗衣皂和香皂的组织结构影响很大，如果氯化物含量过高，会使组织粗松，开裂度增大。

洗衣皂和香皂中氯化物含量测定方法有滴定法和电位滴定法。本章仅介绍我国轻工行业标准方法——滴定法。

7.2.6.1 测定原理

用酸分解试样皂后，加入过量的 $AgNO_3$ 溶液，使氯化物全部生成 $AgCl$ 沉淀。过滤分离脂肪酸及 $AgCl$。用硫氰酸铵滴定剩余的 Ag^+，稍过量的硫氰酸铵与 Fe^{3+} 作用生成红色配合物指示终点。根据硫氰酸铵溶液的消耗量，可求出肥皂中氯化物的含量。

有关反应式如下：

$$Ag^+ + Cl^- \longrightarrow AgCl \downarrow$$
$$Ag^+ + SCN^- \longrightarrow AgSCN$$
$$Fe^{3+} + SCN^- \longrightarrow Fe(SCN)_3（深红色）$$

7.2.6.2 主要试剂

① 硝酸：如硝酸变黄，应煮沸至无色。

② 硫酸铁（Ⅲ）铵指示液：$\rho_{NH_4Fe(SO_4)_2} = 80g/L$。

③ 硫氰酸铵标准滴定溶液：$c_{NH_4SCN} = 0.1mol/L$。

④ 硝酸银标准滴定溶液：$c_{AgNO_3} = 0.1mol/L$。

7.2.6.3 主要仪器

① 单刻度容量瓶：250mL。

② 沸水浴。

③ 快速定性滤纸。

④ 烧杯：高型，100mL。

⑤ 移液管：100mL。

⑥ 定性滤纸：快速。

7.2.6.4　测定步骤

称取制备好的试样约 5g（精确至 0.01g）于烧杯中，用 50mL 热水溶解试样。

将此溶液定量地转移至单刻度容量瓶中，加入硝酸 5mL 及硝酸银标准滴定溶液 25.0mL。置容量瓶于沸水浴中，直至脂肪酸完全分离且生成的氯化银已大量聚集。用自来水冷却单刻度容量瓶及内容物至室温，并以水稀释至刻度，摇动混匀。

通过干燥折叠滤纸过滤，弃去最初的 10mL，然后收集滤液至少 110mL。用移液管移取滤液 100.0mL 至锥形瓶中，加入硫酸铁（Ⅲ）铵指示液 2～3mL。在剧烈摇动下，用硫氰酸铵标准滴定溶液滴定至呈现红棕色，30s 不变即为终点。

7.2.6.5　结果计算

对钠皂而言，氯化物含量用氯化钠的质量分数 w_{NaCl} 表示，按式(7-11) 计算。

$$w_{NaCl} = 0.0585 \times (25 \times c_1 - 2 \times V \times c_2) \times \frac{100}{m} \tag{7-11}$$

对钾皂而言，氯化物含量用氯化钾的质量分数 w_{KCl} 表示，按式(7-12) 计算。

$$w_{KCl} = 0.0746 \times (25 \times c_1 - 2 \times V \times c_2) \times \frac{100}{m} \tag{7-12}$$

式中　c_1——硝酸银标准滴定溶液浓度，mol/L；

c_2——硫氰酸铵标准滴定溶液浓度，mol/L；

V——耗用硫氰酸铵标准滴定溶液体积，mL；

m——试样的质量，g；

0.0585——氯化钠的摩尔质量，g/mmol；

0.0746——氯化钾的摩尔质量，g/mmol。

7.2.6.6　注意事项

① 本方法适用于洗衣皂或香皂中氯化物含量（以 NaCl 或 KCl 质量分数计）等于或大于 0.1% 的产品。

② 在重复性条件下，获得的两次独立测定结果的绝对差值不大于 0.05%，以大于 0.05% 的情况不超过 5% 为前提。

7.2.7　发泡力的测定

测定发泡力的标准方法是罗氏泡沫仪法。

称取制备好的洗衣皂或香皂样品 2.5g，用 15mg/L 硬水溶解，转移至 1000mL 容量瓶中，并稀释到刻度，摇匀，再将溶液置（40±0.5）℃恒温水浴中陈化，从加水溶解开始总时间为 30min。然后，用罗氏泡沫仪器测定。具体测定原理和测定步骤与第 6 章所述测定方法一致。

7.2.8　特种香皂的抑菌试验

7.2.8.1　试样制备

先用分度值不低于 0.1g 的天平称量每块质量，测得其平均实际净含量，然后通过每块的中间互相垂直切三刀分成八份，取斜对角的两份切成薄片或捣碎，充分混合，装入洁净、干燥和密封的容器内备用。

7.2.8.2 卫生指标的测定

（1）细菌培养　在胰蛋白酶分解的大豆酪蛋白琼脂斜面培养基（或类似的培养基）上培养菌株，保存在 6~10℃ 的冰箱中，转接培养体间隔时间不得超过 14 天。为做细菌生长抑制试验，在装有胰蛋白酶分解的大豆酪蛋白肉汁培养基的试管中，保持 37℃，进行 3 次 24h 菌株继代培养，使用最后一次的继代培养株做抑制试验。

（2）培养皿的准备　取一层每毫升含 0.001g 特种香皂的胰蛋白胨葡萄糖琼脂液于试验培养皿中，另取一层每毫升含 0.001g 非特种香皂的胰蛋白胨葡萄糖琼脂液于对照培养皿中，加热溶液不超过 50℃，将培养皿在 37℃ 下保持 48h，弃去被杂菌污染的培养皿。

（3）抑制试验　在 2 个消毒的试验培养皿和 2 个消毒的对照培养皿中接种 0.1mL 菌株，与特种香皂的试验对照，每一菌株分别试验，在 37℃ 下保持 48h，试验培养皿中不应有细菌生长，而对照培养皿中细菌的生长表明了培养的存活力。

7.2.9 透明皂透明度的测定

7.2.9.1 方法原理

在指定的条件下，测定试样带白板衬的内在光反射因数和带黑背衬的光反射因数之差与带白板衬的内在光反射因数的百分比。

7.2.9.2 仪器和设备

（1）标准白板　标准白板的制备选用 GSB A67001《氧化镁白度实物标准》或 GSB A67006《硫酸钡白度实物标准》，经国家计量标准测试部门给定数据的标准粉末，在有效期内用压样器按 GB/T 9086 规定的步骤压成标准白板，用于校准仪器。

（2）工作白板　为了测定方便，可用表面平整、无刻痕、无裂纹的白色陶瓷作为日常测定白度的工作白板，工作白板应每月用标准白板自行标定。工作白板应置于干燥器中在避光处保存，如有污染，须用绒布或脱脂棉蘸无水乙醇擦净。然后置于干燥箱中在 105~110℃ 烘 30min，取出，置于干燥器中冷至室温，用标准白板标定，或按白度计操作说明书上的规定进行处理。

（3）对白度计的要求　能够测定样品透明度的白度计。仪器的光学几何条件为漫射/垂直或垂直/漫射；仪器的光源为 D_{65} 光源；仪器的读数精确要求达到小数点后一位；仪器的稳定性，在开机预热后，每隔 30min 读数漂移不大于 0.5；仪器的准确度应符合白度计检定规程分级标准中二级或二级以上的要求。

注：DN-B 型白度仪适用。

7.2.9.3 测试步骤

（1）试验皂片的制备　将试样切成厚度为 (6.50±0.15)mm 的切片，并嵌入压模具中，准备测定。

冬季监测透明度出现异常时，可将皂样放置恢复室温（≥18℃）24h 后或放置 25℃ 恒温箱内 2h 后进行测试和判定。

（2）测定　按仪器使用说明书开启、预热和调整仪器。测定、记录每个试验皂片的 R_0、R_∞ 值。

注：若仪器配有微机的打印器，则可直接打印 R_0、R_∞ 及 T 值。

7.2.9.4 结果与计算

透明皂的透明度 T（％）按式(7-13) 进行计算。

$$T(\%) = (1 - R_0/R_\infty) \times 100 \qquad (7-13)$$

式中 T——试样透明度，％；

R_0——试样底衬黑背衬时光反射因数的数值；

R_∞——试样底衬白板衬时内在光反射因数的数值。

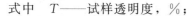

白度计使用
说明

7.2.9.5 精密度

在重复性条件下获得的两次独立测定结果的绝对差值不大于 2％，以大于 2％的情况不超过 5％为前提。

实训 13 透明皂
透明度的测定

实训 14 肥皂氯化物
含量的测定

练习题

1. 香皂和洗衣皂的质量标准有何区别？

2. 香皂和洗衣皂中的氯化物主要来源是什么？如何测定？

3. 什么是总碱量、总脂肪物、干钠皂、干钾皂？游离碱量、总游离碱量、总碱量有什么区别？

4. 称取香皂样品 4.205g，经水溶解后再加酸溶液，反应后用石油醚萃取；萃取液用索氏抽提器除掉石油醚，残余物溶解于 10mL 中性乙醇中，加 2 滴酚酞，用 $c_{KOH} = 0.7020mol/L$ 的 KOH-乙醇标准溶液滴定，消耗 16.50mL；然后蒸干乙醇，使钾皂预干燥后送入烘箱中烘干至恒重，称得其质量为 3.759g。根据以上条件求香皂中总脂肪物的含量，并以干钠皂表示含量。

第 **8** 章
化妆品的检验

学习目标

知识目标

（1）了解化妆品的类型、功能和对产品质量的影响。

（2）熟悉化妆品理化检验项目。

（3）掌握化妆品理化检验项目的常规检验方法。

能力目标

（1）能进行化妆品检验样品的制备。

（2）能进行相关溶液的配制。

（3）能根据化妆品的种类和检验项目选择合适的分析方法。

（4）能按照标准方法对化妆品相关项目进行检验，给出正确结果。

素质目标

（1）通过理论知识学习培养扎实的科学素养与人文素养。

（2）通过具体操作训练培养劳动精神、工匠精神。

（3）通过分组讨论和实训培养沟通能力和团队精神。

（4）通过对化妆品新法规的学习培养遵规守法的法律素养。

案例导入

如果你是一名化妆品生产企业的检验人员，公司生产了一批化妆品，你如何判定该批化妆品是否合格？

课前思考题

（1）化妆品有哪些剂型？

（2）化妆品对微生物有要求吗？哪些生产环节会带来微生物污染？

化妆品是指以涂抹、喷洒或其他类似方法，施于人体表面（表皮、毛发、指甲、口唇等），起到清洁、保养、美化或消除不良气味，并对使用部位具有缓和作用的物质。一般来讲，化妆品可分为护肤化妆品、美容化妆品、发用化妆品和专用化妆品等。

作为一种特殊的商品，化妆品的消费与一般的商品不同，它具有强烈的品牌效应，消费者更注重化妆品生产企业的形象、更注重化妆品产品的质量。具体来讲，化妆品的质量特征离不开产品的安全性（确保长期使用的安全）、稳定性（确保长期的稳定）、有效性（有助于保持皮肤正常的生理功能和容光焕发的效果）和使用性（使用舒适、使人乐于使用），甚至还包括消费者的偏爱性。其中最重要的安全性和稳定性必须通过微生物学和生物化学的理论及方法来保证。

8.1　化妆品检验规则及化妆品安全通用要求

8.1.1　化妆品的检验规则

化妆品检验规则里规定了化妆品检验的术语、检验分类、组批检验规则和抽样方案、抽样方法和判定规则，适用于各类化妆品的交收检验和型式检验。引用了 GB/T 2828.1《计数抽样检验程序　第 1 部分：按接收质量限（AQL）检索的逐批检验抽样计划》、GB/T 8051《计数序贯抽样检验方案》和 QB/T 1685《化妆品产品包装外观要求》。

8.1.1.1　基本术语

（1）定型检验　新化妆品在上市前对其感官、理化性能、卫生指标以及可靠性、毒理学等方面的检验。

注：检验的目的主要是考核试制阶段中试制样品是否已达到产品标准或技术条件的全部内容。定型检验报告可以作为提请鉴定定型的条件之一。

（2）常规检验　针对每批化妆品检验对其感官、理化性能指标（耐热和耐寒除外）、净含量、包装外观要求和卫生指标中的菌落总数、霉菌和酵母菌总数进行检验的项目。

（3）非常规检验　针对每批化妆品检验对其理化性能中的耐热性能和耐寒性能以及除菌落总数、霉菌和酵母菌总数以外的其他卫生指标进行检验的项目。

（4）适当处理　指不破坏销售包装，从整批化妆品中剔除个别不符合包装外观要求的挑拣过程。

（5）单位产品　指单件化妆品，以瓶、支、袋、盒为计件单位。

8.1.1.2　检验分类

（1）定型检验　产品设计完成后进行一次性检验。如果产品的性能和安全可靠时可不再检验。

（2）出厂检验　化妆品出厂前应由生产企业的检验人员按化妆品产品标准的要求逐批进行检验，检验合格方可出厂。

出厂检验项目为常规检验项目。

经过风险评估，并在一定周期内开展适当频次的检验、试验、验证、确认等活动，若积累的相关数据能够证明其适用性，出厂检验时可豁免部分常规检验项目（菌落总数、霉菌和酵母菌总数除外）。

（3）型式检验　每年同一配方的产品不得少于一次的型式检验。有下列情形之一时，也应进行型式检验。

① 当原料、工艺、配方有重大改变时。

② 化妆品首次投产或停产 6 个月以上恢复生产时。

③ 生产场所改变时。

④ 主管部门提出进行型式检验要求时。

型式检验的项目包括常规检验项目和非常规检验项目。

8.1.1.3 抽样

工艺条件、品种、生产日期相同的产品为一批。收货方也可按一次交货产品为一批。

(1) 抽样方案 包装外观检验项目的抽样按 GB/T 2828.1—2012 中的二次抽样方案抽样。其中不合格（缺陷）分类、检查水平、合格质量水平（AQL）见表 8-1 的规定。

表 8-1 检验水平

不合格（缺陷）分类	检查水平	合格质量水平（AQL）
B 类（重）不合格	一般检验水平Ⅱ	2.5
C 类（轻）不合格	一般检验水平Ⅱ	10.0

喷液不畅等破坏性试验的项目用 GB/T 2828.1—2012，特殊检验水平 S-3，不合格品百分数的接收质量限（AQL）为 2.5 的一次抽样方案。

包装外观检验项目的内容见表 8-2。

表 8-2 外观检验项目

检验项目	B 类不合格	C 类不合格
瓶	冷爆、破碎、泄漏、滑牙松脱、（毛口）毛刺	除 B 类不合格外的外观缺陷
盖	破碎、裂纹、爆裂、漏放内盖	
袋	封口开口、漏液、穿孔	
盒	毛口、开启松紧不宜、镜面和内容物与盒粘结脱落、严重瘪听	
软管	封口开口、漏液、滑牙、破碎	
喷雾罐	喷头不畅、凸听	
锭管	松紧不当、旋出推出不灵活	
化妆笔	笔杆开胶①、漆膜开裂①、笔套配合不当	标志不清晰、表面不光洁
外盒	错装、漏装	除 B 类不合格外的外观缺陷
商标、说明书、盒头（贴）、合格证	字迹模糊、漏贴、倒贴、错贴	

① 该项目为破坏性试验。

(2) 抽样方法 感官、理化性能指标、净含量、卫生指标检验的样本应是从批中随机抽取足够用于各项指标检验和留样的单位产品，并贴好写明生产日期和保质期或生产批号和限期使用日期、取样日期、取样人的标签。

包装外观要求检验的样本要以能代表批质量的方法抽取单位产品。当检验批由若干层组成时，应以分层方法抽取单位产品。允许将检验后完好无损的单位产品放回原批中。

型式检验时，非常规检验项目可从任一批产品中随机抽取 2～4 单位产品，按产品标准规定的方法检验。

在进行型式检验时，常规检验项目以出厂检验结果为准，对留样进行型式检验，不再重复抽取样本。

8.1.1.4　判定和复检规则

① 感官、理化性能指标、净含量、卫生指标的检验结果按产品标准判定合格与否。如果检验结果有指标出现不合格项时，允许交收双方共同按标准 GB/T 37625—2019 的规定再次抽样，并对该指标进行复检（微生物指标除外）。如果复检结果仍不合格，则判该批产品不合格。

② 包装外观要求的检验结果按 GB/T 2828.1 的判定方法判定合格与否。当出现 B 类不合格的批产品时，允许生产企业经适当处理该批产品后再次提交检验。再次提交检验按加严检验二次抽样方案进行抽样检验。当出现 C′ 类不合格批产品时，允许生产企业经适当处理该批产品后再次提交检验。再次提交检验按加严检验二次抽样方案进行抽样检验或由交收双方协商处理。

③ 如果交收双方因检验结果不同，不能达成一致意见时，可申请按产品标准和 GB/T 37625—2019 进行仲裁检验，仲裁检验的结果为最后判定依据。

8.1.1.5　转移规则

① 除非另有规定，在检查开始时应使用正常检查。

② 从正常检查到加严检查。当正常检查时，若在连续 5 批中有 2 批经初次检查（不包括再次提交检查批）不合格，则从下一批转到加严检查。

③ 从加严检查到正常检查。当进行加严检查时，若连续 5 批经初次检查（不包括再次提交检查批）合格，则从下一批检查转入正常检查。

8.1.1.6　检查的暂停和恢复

加严检查开始后，若不合格批数（不包括再次提交检查批）累计到 5 批，则暂时停止产品交收检查。

检查后，若生产方确实采取了措施，使提交检查批达到或超过标准要求，则经主管部门同意后，可恢复检查。一般从加严检查开始。

8.1.1.7　质量（容量）允差

（1）质量允差　随机取样 10 瓶，用分析天平分别称得质量 m_1、m_2、m_3、$\cdots$、m_{10}，则总质量为：

$$m_总 = m_1 + m_2 + m_3 + \cdots + m_{10} \tag{8-1}$$

然后将以上样品全部倒出，洗净、烘干，分析天平分别称得空瓶质量 m'_1、m'_2、m'_3、$\cdots$、m'_{10}，则空瓶总质量为：

$$m_空 = m'_1 + m'_2 + m'_3 + \cdots + m'_{10} \tag{8-2}$$

则样品的平均质量（g）为

$$m = (m_总 - m_空)/10 \tag{8-3}$$

检查 m 是否在允差范围内。

（2）容量允差　随机取样 10 瓶，用量筒分别加入 V_1、V_2、V_3、$\cdots$、V_{10} mL 蒸馏水至瓶满为止，则得装满 10 瓶样品所需蒸馏水体积为：

$$V = V_1 + V_2 + V_3 + \cdots + V_{10} \tag{8-4}$$

然后将以上样品全部倒出，洗净、阴干，用量筒分别加入 V'_1、V'_2、V'_3、$\cdots$、V'_{10} mL 的

蒸馏水，则得装满 10 瓶空样品瓶所需蒸馏水体积为：

$$V'=V'_1+V'_2+V'_3+\cdots+V'_{10} \tag{8-5}$$

则样品的平均容量（mL）为：

$$V_x=(V'-V)/10 \tag{8-6}$$

检查 V_x 是否在允差范围内。

质量（容量）不合格批和 B 类不合格批，允许生产厂经适当处理后再次提交检查。再次提交按加严抽样方案进行检查。

C 类不合格批，生产方经适当处理后再次提交检查，按加严抽样方案进行检查或由供需双方协商处理。

8.1.2 化妆品安全通用要求

8.1.2.1 一般要求

① 化妆品应经安全性风险评估，确保在正常、合理的及可预见的使用条件下，不得对人体健康产生危害。

② 化妆品生产应符合化妆品生产规范的要求。化妆品的生产过程应科学合理，保证产品安全。

③ 化妆品上市前应进行必要的检验，检验方法包括相关理化检验方法、微生物检验方法、毒理学试验方法和人体安全试验方法等。

④ 化妆品应符合产品质量安全有关要求，经检验合格后方可出厂。

8.1.2.2 配方要求

① 化妆品配方不得使用《化妆品安全技术规范》（2015 版）所列的化妆品禁用组分。若技术上无法避免禁用物质作为杂质带入化妆品时，国家有限量规定的应符合其规定；未规定限量的，应进行安全性风险评估，确保在正常、合理及可预见的使用条件下不得对人体健康产生危害。

② 化妆品配方中的原料如属于《化妆品安全技术规范》（2015 版）的化妆品限用组分中所列的物质，使用要求应符合规定。

③ 化妆品配方中所用防腐剂、防晒剂、着色剂、染发剂，必须是对应的《化妆品安全技术规范》（2015 版）中所列的物质，使用要求应符合规定。

8.1.2.3 微生物学指标要求

化妆品中微生物指标应符合表 8-3 中规定的限值。

表 8-3 化妆品中微生物指标限值

微生物指标	限值	备注
菌落总数/（CFU/g 或 CFU/mL）	≤500	眼部化妆品、口唇化妆品和儿童化妆品
	≤1000	其他化妆品
霉菌和酵母菌总数/（CFU/g 或 CFU/mL）	≤100	
耐热大肠菌群/g（或 mL）	不得检出	
金黄色葡萄球菌/g（或 mL）	不得检出	
铜绿假单胞菌/g（或 mL）	不得检出	

8.1.2.4　有害物质限值要求

化妆品中有害物质不得超过表 8-4 中规定的限值。

表 8-4　化妆品中有害物质限值

有害物质	限值/(mg/kg)	备注
汞	1	含有机汞防腐剂的眼部化妆品除外
铅	10	
砷	2	
镉	5	
甲醇	2000	
二噁烷	30	
石棉	不得检出	

8.1.2.5　包装材料要求

直接接触化妆品的包装材料应当安全，不得与化妆品发生化学反应，不得迁移或释放对人体产生危害的有毒有害物质。

8.1.2.6　标签要求

① 凡化妆品中所用原料按照《化妆品安全技术规范》需在标签上标印使用条件和注意事项的，应按相应要求标注。

② 其他要求应符合国家有关法律法规和规章标准要求。

8.1.2.7　儿童用化妆品要求

① 儿童用化妆品在原料、配方、生产过程、标签、使用方式和质量安全控制等方面除满足正常的化妆品安全性要求外，还应满足相关特定的要求，以保证产品的安全性。

② 儿童用化妆品应在标签中明确适用对象。

8.1.2.8　原料要求

① 化妆品原料应经安全性风险评估，确保在正常、合理及可预见的使用条件下，不对人体健康产生危害。

② 化妆品原料质量安全要求应符合国家相应规定，并与生产工艺和检测技术所达到的水平相适应。

③ 原料技术要求内容包括化妆品原料名称、登记号（CAS 号和/或 EINECS 号、INCI 名称、拉丁学名等）、使用目的、适用范围、规格、检测方法、可能存在的安全性风险物质及其控制措施等内容。

④ 化妆品原料的包装、储运、使用等过程，均不得对化妆品原料造成污染。

直接接触化妆品原料的包装材料应当安全，不得与原料发生化学反应，不得迁移或释放对人体产生危害的有毒有害物质。

对有温度、相对湿度或其他特殊要求的化妆品原料应按规定条件储存。

⑤ 化妆品原料应能通过标签追溯到原料的基本信息（包括但不限于原料标准中文名称、INCI 名称、CAS 号和/或 EINECS 号）、生产商名称、纯度或含量、生产批号或生产日期、保质期等中文标识。

属于危险化学品的化妆品原料，其标识应符合国家有关部门的规定。

⑥ 动植物来源的化妆品原料应明确其来源、使用部位等信息。

动物脏器组织及血液制品或提取物的化妆品原料，应明确其来源、质量规格，不得使用未在原产国获准使用的此类原料。

⑦ 使用化妆品新原料应符合国家有关规定。

近年来，为了保护消费者利益和规范市场，我国不仅针对化妆品产业的原料、产品和流通等方面出台了系列法规和监管措施，还加强了对进口产品的监管，对不符合法规的产品予以销毁。

进口化妆品
无有效许可
批件案例

8.2 化妆品理化检验方法

8.2.1 化妆品稳定性的测定

8.2.1.1 耐热试验

耐热试验是膏霜、乳液和液状化妆品重要的稳定性试验项目，如发乳、唇膏、润肤乳液、护发素、染发乳液、洗发膏、浴液、洗面奶、发用摩丝、雪花膏、香脂等产品均需进行耐热试验。

因为各类化妆品的外观形态各不相同，所以各类产品的耐热要求和试验操作方法略有不同。但试验的基本原理相近，即：先将电热恒温培养箱调节到（40±1）℃，然后取两份样品，将其中一份置于电热恒温培养箱内保持24h后，取出，恢复室温后与另一份样品进行比较，观察其是否有变稀、变色、分层及硬度变化等现象，以判断产品的耐热性能。

耐热测定
操作视频

8.2.1.2 耐寒试验

同耐热试验一样，耐寒试验也是膏霜、乳液和液状产品的重要稳定性试验项目。

同样，因为各类化妆品的外观形态各不相同，所以各类产品的耐寒要求和试验操作方法略有不同。但试验的基本原理相近，即：先将电冰箱调节到（−5～−15）℃±1℃，然后取两份样品，将其中一份置于电冰箱内保持24h后，取出，恢复室温后与另一份样品进行比较，观察其是否有变稀、变色、分层及硬度变化等现象，以判断产品的耐寒性能。

耐寒测定
操作视频

8.2.1.3 离心试验

离心试验是检验乳液类化妆品货架寿命的试验，是加速分离试验的必要检验法，如洗面奶、润肤乳液、染发乳液等均须作离心试验。其方法是：将样品置于离心机中，以2000～4000r/min的转速试验30min后，观察产品的分离、分层状况。

离心机

8.2.1.4 色泽稳定性试验

色泽稳定性试验是检验有颜色化妆品色泽是否稳定的试验。由于各类化妆品的组成、性状等各不相同，所以其检验方法也各不相同。如发乳的色泽稳定性试验采用紫外线照射法，香水、花露水的色泽稳定性试验采用干燥箱加热法。

色泽是化妆品的一项重要性能指标，色泽的稳定性则是化妆品的主要质量问题之一。色泽稳定度测定的方法主要是目测法。

离心结果
观察视频

（1）基本原理　比较试样加热一定温度后颜色的变化。

（2）测定步骤　取试样两份分别倾入两支 $\phi2cm\times13cm$ 的试管中，试样高度约为管长的 2/3，塞上软木塞，把其中一支放入预先调节到 (48 ± 1)℃ 的恒温箱内，1h 后打开塞子，然后又照旧塞好，继续放入恒温箱内，经 24h 取出和另一份试样进行比较，颜色应无变化。

（3）结果表示　在规定温度时，试样仍维持原有色泽不变，则该试样检验结果为色泽稳定，不变色。

8.2.2　pH 值的测定

人体皮肤的 pH 值一般都在 4.5～6.5，偏酸性，这是由于皮肤表面分泌有皮肤和汗液，其中含有乳酸、游离氨基酸、尿酸和脂肪酸等酸性物质。根据皮肤这一生理特点，制成的膏霜类和乳液类化妆品应有不同的 pH 值，以满足不同的需要。因此，pH 值是化妆品一项重要的性能指标。测定方法如下。

8.2.2.1　样品处理

（1）稀释法　称取试样一份（精确至 0.1g），分数次加入蒸馏水 10 份，并不断搅拌，加热至 40℃，使其完全溶解，冷却至 (25 ± 1)℃ 或室温，待用。

如为含油量较高的产品可加热至 70～80℃，冷却后去掉油块待用；粉状产品可沉淀过滤后待用。

（2）直测法　不适用于粉类、油基类及油包水型乳化体化妆品。将适量包装容器中的样品放入烧杯中待用或将小包装去盖后直接将电极插入其中。

8.2.2.2　测定

按照 pH 计说明书的要求进行 pH 值测定，具体测定原理和测定步骤见本书第 2 章 2.8 内容。

8.2.2.3　精密度

多家实验室对 19 种市售化妆品样品，用稀释法进行 6～22 次平行测定，其相对标准偏差为 0.16％～1.94％。

8.2.3　黏度的测定

流体受外力作用流动时，在其分子间呈现的阻力称为黏度（或称黏性）。黏度是流体的一个重要的物理特性，是乳化类和液洗类化妆品的重要质量指标之一。黏度一般用旋转式黏度计测定，具体测定原理和测定步骤见本书第 2 章 2.10 节内容。

8.2.4　浊度的测定

香水、头水类和化妆水类制品由于静止陈化时间不够，部分不溶解的沉淀物尚未析出完全，或由于香精中不溶物如浸胶和净油的含蜡量度过高，都易使产品变混浊，混浊是这些化妆品的主要质量问题之一。浊度的测定主要用目测法。

黏度测定
操作视频

8.2.4.1　基本原理

目测试样在水浴或其他冷冻剂中的清晰度。

8.2.4.2 主要试剂

冰块或冰水（或其他低于测定温度5℃的适当冷冻剂）。

8.2.4.3 测定步骤

在烧杯中放入冰块或冰水，或其他低于测定温度5℃的适当冷冻剂。

取试样两份，分别倒入两支预先烘干的 ϕ2cm×13cm 玻璃试管中，样品高度为试管长度的1/3。将其中一份用串联温度计的塞子塞紧试管口，使温度计的水银球位于样品中间部分。试管外部套上另一支 ϕ3cm×15cm 的试管，使装有样品的试管位于套管的中间，注意不使两支试管的底部相接触。将试管置于加有冷冻剂的烧杯中冷却，使试样温度逐步下降，观察到达规定温度时的试样是否清晰。观察时用另一份样品作对照。

重复测定一次，两次结果应一致。

8.2.4.4 结果的表示

在规定温度时，试样仍与原样的清晰程度相等，则该试样检验结果为清晰，不混浊。

8.2.4.5 注意事项

① 本方法适用于香水、头水类和化妆水类制品的浊度测定。

② 不同的样品规定的指标温度不同。例：香水5℃、花露水10℃。

8.2.5 相对密度的测定

相对密度是指一定体积的物料质量与同体积水的质量之比。它是液状化妆品的一项重要性能指标。相对密度的测定方法常用密度计法，具体测定原理和测定步骤见本书第2章2.1节内容。

8.2.6 香水、古龙水、花露水中香精的测定

香精能赋予化妆品一定的香气，带给使用者优雅舒适感。几乎所有化妆品都使用香精，所以香精是化妆品的主要基质原料之一。化妆品中香精的测定常用的方法是乙醚萃取法。

8.2.6.1 基本原理

利用香精混溶于乙醚的原理，用乙醚将香精从试样中提取出来，除去醚后称重，以此得到香精的含量。

8.2.6.2 主要试剂

① 乙醚。

② 无水硫酸钠。

③ 氯化钠溶液：饱和氯化钠溶液加入等容量蒸馏水。

8.2.6.3 测定步骤

准确称取 20～50g 待测试样（精确至 0.0002g）于1L的梨形分液漏斗中，再加入300mL 氯化钠溶液。然后加入70mL乙醚，振摇，静置分层，将氯化钠溶液放入另一个1L的梨形分液漏斗中，再加入70mL乙醚，振摇，静置分层，共进行3次萃取。将3次乙醚萃取液一起置于一个1L的梨形分液漏斗中，加入200mL氯化钠溶液，振摇洗涤，静置分层，弃去氯化钠溶液，将乙醚萃取液转移至500mL具塞锥形瓶中，加入5g无水硫酸钠，振摇，

干燥脱水。将溶液过滤至干燥洁净的 300mL 烧杯中,用少量乙醚淋洗锥形瓶,将淋洗液并入烧杯中,将烧杯置于 50℃水浴中蒸发。待溶液蒸发至约 20mL 时,将溶液转移至一预先称重的 50mL 烧杯中,继续蒸发至除去乙醚。将烧杯置于干燥器中,抽真空减压至 6.67×10^3 Pa（50mmHg）,放 1h,称重。

8.2.6.4 结果计算

乙醚萃取物的质量分数 w 按式(8-7) 计算。

$$w=(m_1-m_0)/m \tag{8-7}$$

式中 m_0——烧杯质量,g;

  m_1——烧杯和乙醚萃取物的质量,g;

  m——试样质量,g。

8.2.6.5 注意事项

① 本方法适用于香水、古龙水和花露水等化妆品。

② 平行试验的结果允许误差为 0.5%。

8.3 化妆品产品质量检验

8.3.1 膏霜和乳液类化妆品的质量检验

膏霜和乳液类化妆品包括雪花膏、冷霜、乳液、润肤霜和清洁霜等。这些产品主要是由水和水溶性物质、脂质（油脂和蜡）、乳化剂等三类物质组成的乳化体,乳化体的乳化类型主要是水包油型（O/W）和油包水型（W/O）,也有油包水水包油型（O/W/O）、水包油油包水型（W/O/W）等多重乳化体系。

8.3.1.1 润肤膏霜的质量检验

润肤膏霜有水包油型（O/W 型）和油包水型（W/O 型）两种类型,为适用于人体皮肤的具有一定稠度的乳化型膏霜,润肤膏霜的质量检验参照 QB/T 1857—2013《润肤膏霜》,其感官指标及理化指标见表 8-5。

表 8-5　润肤膏霜感官指标及理化指标

指标名称		指标要求	
		O/W 型	W/O 型
感官指标	香　气	符合规定香型	
	外观	膏体细腻,均匀一致	
理化指标	pH 值	4.0～8.5	—
	耐热	(40±1)℃,24h,恢复室温后膏体无油水分离现象	(40±1)℃,24h,恢复室温后,渗油率≤3%
	耐　寒	(−5～−10)℃,24h,恢复室温后与试验前无明显差异	

以上指标中,pH 值、耐寒、耐热等项目已在本章 8.2 节中进行了介绍,在此仅介绍感官指标、渗油率和乳化体类型检验。

(1)感官指标检验　外观:取试样在室温和非阳光直射下目测观察。香气:凭嗅觉鉴定。

（2）渗油率的检验　预先将恒温箱调节至（40±1）℃，在已称量的培养皿中称取样品约10g（约占培养皿面积1/4），刮平，再精密称量，斜放在烘箱内的15°角架上保持24h后取出，放入干燥器中冷却后再称重。如有油渗出，则将渗油部分小心揩去，留下膏体部分，然后将培养皿连同剩余的膏体部分进行称量。试样的渗油率w，数值以％表示，按式（8-8）计算。

$$w = \frac{m_1 - m_2}{m} \times 100\%$$ （8-8）

式中　m——样品质量，g；

　　　m_1——24h失水后样品和培养皿的质量，g；

　　　m_2——渗油部分揩去后，培养皿和膏体的质量，g。

（3）乳化体类型检验　对膏霜、乳液等乳化状化妆品，必须进行乳化体类型检验。检验方法有：染色法、稀释法、电导法等方法。

① 染色法。利用乳化体外相相似相溶的原理，称取水溶性染料（如胭脂红、亮蓝）1份，加入实验室用水9份，搅拌至均匀，待用；称取1g膏体在表面皿上，连续2次用1mL滴管吸取染料水溶液，缓慢滴在膏体表面，等待2min，使用肉眼观察膏体是否被染色。如试样表面被染料染色，即为水包油型（O/W），反之则为油包水型（W/O）。

② 稀释法。利用乳化体外相相似相溶的原理，取少量产品试样滴入水中，用搅拌棒搅拌观察试样能否在水中稀释分散［如遇到黏度很高的水包油型（O/W）体系比较难在水中分散，可适当提高水的温度或搅拌时间］，如试样能在水中稀释分散即为水包油型（O/W），易与矿物油相混合为油包水型；如易与水相混合为水包油型，反之则为油包水型（W/O）。

③ 电导法。利用水包油型（O/W）产品导电性强于油包水型（W/O）的原理，使用电导仪测定产品电导率。测试前按仪器说明书的要求对仪器进行校正，选择合适的量程（＞10μS/cm），将电极插入试样中，观察是否导电，如有电导率显示的为水包油型（O/W）。反之则为油包水型（W/O）。

乳化体类型
检验操作视频

8.3.1.2　护肤乳液质量检验

护肤乳液是具有流动性的水包油型化妆品。主要用于滋润人体皮肤。根据乳液的色泽、香型、包装形式的不同，可分为多种规格。护肤乳液的质量检验参照GB/T 29665—2013，护肤乳液的感官及理化指标见表8-6。

表8-6　护肤乳液感官指标及理化指标

指标名称		指标要求
感官指标	色　泽	符合企业规定
	香　气	符合企业规定
	结　构	细　腻
理化指标	pH值	4.5～8.5（水包油型，但果酸类产品除外）
	耐　热	40℃,24h,恢复室温后无油水分离现象
	耐　寒	－5～－15℃,24h,恢复室温后无油水分离现象
	离心试验	2000r/min,30min不分层（含不溶性粉质颗粒沉淀物除外）

以上指标中，pH 值、耐寒、耐热等项目已在 8.2 节中进行了介绍，在此仅介绍感官指标检验和离心试验。

（1）感官指标检验

① 色泽：取样品在非阳光直射条件下目测。

② 香气：用辨香纸蘸取试样，用嗅觉进行辨别。

③ 结构：取试样擦于皮肤上，在室内和非阳光直射条件下观察。

（2）离心试验　在离心管中注入试样约 2/3 高度并装实，用软木塞塞好。然后，放入调节至（38±1）℃的电热恒温培养箱内，保温 1h 后，立即移入离心机中，并将离心机调整到 2000r/min，30min 后观察现象。

8.3.1.3　洗面奶、洗面膏质量检验

洗面奶、洗面膏是用于清洁面部皮肤，具有去除表皮污物、油脂等功能的产品。两者皆分为乳化型（Ⅰ型）和非乳化型（Ⅱ型）。洗面奶、洗面膏的质量检验参照 GB/T 29680—2013，洗面奶、洗面膏感官及理化指标见表 8-7。

表 8-7　洗面奶、洗面膏感官指标及理化指标

指标名称		指标要求	
		乳化型（Ⅰ型）	非乳化型（Ⅱ型）
感官指标	色泽	符合规定色泽	
	香气	符合规定香型	
	质感	均匀一致（含颗粒或罐装成特定外观的产品除外）	
理化指标	pH 值（25℃）	4.0～8.5(含 α-羟基酸、β-羟基酸产品可按企业标准执行)	4.0～11.0(含 α-羟基酸、β-羟基酸产品可按企业标准执行)
	耐　热	（40±1）℃，保持 24h，恢复至室温无分层现象	
	耐　寒	（−8±2）℃，保持 24h，恢复至室温无分层、泛粗、变色现象	
	离心试验	2000r/min，30min 无油水分离（颗粒沉淀除外）	—

以上指标中，pH 值、耐热、耐寒、离心试验等项目的测定方法在本章 8.2 节中已经介绍，在此仅介绍感官指标检验。

① 色泽：取试样在室温和非阳光直射下目测观察。

② 香气：用嗅觉进行辨别。

③ 质感：取试样适量，在室温下涂于手背或双臂内侧观察。

8.3.2　液体洗涤类化妆品的质量分析

液体洗涤类化妆品主要包括洗发产品、沐浴液等。对液体洗涤类化妆品的基本要求是必须具有去污能力、起泡能力，并具有一定护理（护发、护肤）能力。

洗发产品是液体洗涤类化妆品的主要代表，以表面活性剂为主要活性成分复配而成，具有清洁人的头皮和头发并保持其美观的作用，主要包括洗发液和洗发膏。参照 GB/T 29679—2013《洗发液、洗发膏》，洗发液、洗发膏的感官及理化指标见表 8-8。

表 8-8　洗发液、洗发膏的感官、理化指标

指标名称		指标要求	
		洗发液	洗发膏
感官指标	外观	无异物	
	色泽	符合规定色泽	
	香气	符合规定香型	
理化指标	pH 值(25℃)	成人产品:4.0～9.0(含 α-羟基酸、β-羟基酸产品可按企业标准执行) 儿童产品:4.0～8.0	4.0～10.0 (含 α-羟基酸、β-羟基酸产品可按企业标准执行)
	有效物含量/%	成人产品≥10.0 儿童产品≥8.0	—
	活性物含量(以 100%月桂醇硫酸酯钠计)/%	—	≥8.0
	泡沫力(40℃)/mm	透明型≥100 非透明型≥50 儿童产品≥40	≥100
	耐热	(40±1)℃,保持 24h,恢复室温后无分层现象	(40±1)℃,保持 24h,恢复室温后无分离析水现象
	耐寒	(−8±2)℃,保持 24h,恢复室温后无分层现象	(−8±2)℃,保持 24h,恢复室温后无分离析水现象

以上指标中，pH 值、耐热、耐寒等项目的测定方法在本章 8.2 节中已经介绍，洗发膏泡沫力和活性物含量的测定参照第 6 章。在此仅介绍感官检验、洗发液的泡沫力和有效物含量的测定。

8.3.2.1　感官检验

① 外观、色泽：取试样在室温和非阳光直射下目测观察。

② 香气：取试样用嗅觉进行辨别。

8.3.2.2　洗发液泡沫力的测定

将超级恒温仪预热至（40±1）℃，使罗氏泡沫仪在（40±1）℃恒温。称取 2.5g 样品，加入 1500mg/kg 硬水 100mL，再加入蒸馏水 900mL。加热至（40±1）℃。搅拌使样品均匀溶解。用 200mL 定量漏斗吸取部分试液沿泡沫仪管壁冲洗一下，然后取试液放入泡沫仪底部对准刻度至 50mL，再用 200mL 定量漏斗吸取试液。固定漏斗中心位置，放下试液。立即记下泡沫高度，取两次误差在允许范围内的结果平均值作为最后结果，结果保留至整数位。在重复性条件下获得的两次独立试验结果之间的绝对值不大于 5mm。

8.3.2.3　有效物含量的测定

表面活性剂是洗发液的主要成分，它的含量决定洗发液的质量。有效物含量的测定方法主要是乙醇溶解法。该方法的原理是利用洗发液中的表面活性剂能溶解于乙醇中，从而与不溶解物分离，但其中氯化物也能随之溶解，因此，应测出乙醇溶液溶解的氯化物，然后由总量减去乙醇不溶物、氯化物和水分及挥发物等成分的含量，余下的量即是有效物的含量。

详细测定原理与测定步骤见本书第 6 章 6.1.2 节内容。

8.3.3　指甲油的质量分析

指甲是由上皮细胞角化后重叠堆积而成的一种半透明状的硬板，供保护手指尖用。指甲油是用来修饰和增加指甲美观的化妆用品，指甲油按产品基质不同，可分为两种：一是有机溶剂型指甲油（Ⅰ型），是以乙酸乙酯、丙酮等有机化合物为液体溶剂制成的指甲油；二是水性型指甲油（Ⅱ型），是以水代替有机溶剂制成的指甲油。参照 QB/T 2287—2011《指甲油》，指甲油的感官及理化指标见表 8-9。

表 8-9　指甲油感官及理化指标

项目		要求	
		（Ⅰ型）	（Ⅱ型）
感官指标	色泽	符合企业规定	
	外观	透明指甲油：清晰、透明；有色指甲油：符合企业规定	
理化指标	牢固度	无脱落	—
	干燥时间/min	≤8	

8.3.3.1　牢固度的检验

（1）主要试剂和仪器
① 乙酸乙酯：化学纯。
② 温度计：分度值 0.5℃。
③ 载玻片：75.5mm×25.5mm×1.2mm。
④ 不锈钢尺。
⑤ 绣花针：9 号。
（2）检验步骤　在室温（20±5）℃，用乙酸乙酯擦洗干净载玻片，等干燥后用笔刷蘸满指甲油试样涂在载玻片上，放置 24h 后，用绣花针划成横和竖交叉的五条线，每条距离间隔 1mm，观察，应无一方格脱落。

8.3.3.2　干燥时间的检验

（1）主要试剂和仪器
① 乙酸乙酯：化学纯。
② 温度计：分度值 0.5℃。
③ 载玻片：75.5mm×25.5mm×1.2mm。
④ 秒表。
（2）检验步骤　室温（20±5）℃，相对湿度≤80% 条件下，用乙酸乙酯擦洗干净载玻片，等干燥后用笔刷蘸满指甲油试样一次性涂刷在载玻片上，立即按动秒表，8min 后用手触摸干燥与否。

8.3.4　染发剂的质量分析

目前市售染发剂大多是由合成染料制得，外观上多为乳状和膏状，染发产品按形态可分为染发膏、染发粉、染发水等；按剂型可分为单剂型和两剂型；按染色原理可分为氧化型染发剂和非氧化型染发剂；根据染料分子能否进入毛发的内部，染发剂又可分为暂时性、半永久性及永久性染发剂。除染料外，在染发剂中还有表面活性剂、溶剂、分散剂、整理剂等。参照 QB/T 1978—2016《染发剂》，染发剂的感官、理化和卫生指标见表 8-10。

表 8-10 染发剂感官、理化、卫生指标

项目		要 求					
		氧化型染发剂					非氧化型染发剂
		染发粉			染发水	染发膏（啫喱）	
		单剂型	两剂型				
			粉-粉型	粉-水型			
外观		符合规定要求					
香气		符合规定香型					
pH 值	染剂	7.0～11.5	4.0～9.0	7.0～11.0	8.0～11.0	7.0～12.0	2.5～9.5
	氧化剂		8.0～12.0	2.0～5.0			
染色能力		能将头发染至明示的颜色					
氧化剂含量/%		—			≤12.0		—
耐热		—				(40±1)℃，保持 6h，恢复至室温后，与试验前相比无明显变化	
耐寒		—				(−8±2)℃，保持 24h，恢复至室温后，与试验前相比无明显变化	

8.3.4.1 染色能力的测定

（1）主要试剂和仪器

① 烧杯：50mL。

② 量筒：10mL。

③ 玻璃平板：20cm×15cm。

④ 取未经染发剂染过的洗净晾干后的人的白发或黑发，或白色的山羊胡须一束，长度为 9～11cm，一端用线扎牢。

（2）检验步骤

① 氧化型染发剂。按产品说明书中的使用方法取适量试样，搅拌均匀，将放置在玻璃平板上的头发用试样涂抹均匀。按产品说明书中规定的方法和时间停留后，用水漂洗干净，晾干后在非阳光直射的明亮处观察。

② 非氧化型染发剂。按产品说明书中的使用方法，将放置在玻璃平板上的头发用试样涂抹均匀达到饱和状态。涂抹时应使试样均匀覆盖所有的发丝，但又不致引起粘连。然后按产品说明书中规定的方法和时间停留后，用水漂洗干净，晾干后在非阳光直射的明亮处观察。如产品说明书中未规定等候时间，应停留 15min 后观察。

8.3.4.2 氧化剂含量的测定

（1）主要试剂和仪器

① 天平：精度 0.1mg。

② 三角烧瓶：150mL。

③ 硫酸：体积分数 1∶1。

④ 高锰酸钾标准溶液：$c_{KMnO_4}=0.1mol/L$。

（2）检验步骤　准确称取试样约 1g 于 150mL 三角烧瓶中，然后加 10mL 蒸馏水和体积分数为 1∶1 的硫酸 10mL，摇匀，用 0.1mol/L 的高锰酸钾溶液滴定至粉红色出现，30s 不褪色为终点。氧化剂含量，数值以％表示，按式（8-9）计算。

$$氧化剂含量(\%)=\frac{V\times c\times 0.01701}{m}\times 100 \tag{8-9}$$

式中　c——高锰酸钾标准溶液的实际浓度，mol/L；

　　　　V——滴定所用高锰酸钾标准溶液的体积，mL；

0.01701——与 1mL 高锰酸钾标准溶液（$c_{1/2KMnO_4}=1.000mol/L$）相当的以克（g）表示的过氧化氢（H_2O_2）的质量，g/mmol；

　　　　m——试样的质量，g。

8.3.5　气雾和喷雾类化妆品的质量分析

气雾和喷雾类化妆品是近年来非常流行的化妆品，传统的产品有发用摩丝和定型发胶，新型的产品有气雾型护肤品、气雾型防晒产品等。传统产品已经有行业标准 QB/T 1644—1998《定型发胶》和 QB/T 1643—1998《发用摩丝》，新型产品目前主要是企业标准，如广州融汇化妆品有限公司发布的企业标准 Q/GZRH 2—2019《气雾型护肤品》。发用摩丝和气雾型护肤品的感官、理化指标见表 8-11 和表 8-12。

表 8-11　发用摩丝的感官、理化指标

项目		指标要求
感官指标	外观	泡沫均匀,手感细腻,富有弹性
	香气	符合规定香型
理化指标	pH 值	3.5～9.0
	喷出率/%	≥95
	泄漏试验	在 50℃恒温水浴中试验不得有泄漏现象
	内压力/MPa	在 25℃恒温水浴中试验应小于 0.8
	耐热	(40±1)℃,保持 4h,恢复室温能正常使用
	耐寒	0～5℃,保持 24h,恢复室温能正常使用

表 8-12　气雾型护肤品的感官、理化指标

项目		指标要求	
		O/W 型	W/O 型
感官指标	外观	符合封样	
	香气	符合规定香型	
理化指标	pH 值	4.0～8.5(α-羟基酸、β-羟基酸类产品除外)	—
	喷出率/%	≥90.0	
	泄漏试验[(50±2)℃,恒温水浴]	合格	
	内压力(25℃)/MPa	在(25±1)℃恒温水浴中,应小于 0.8	
	耐热性能	(40±2)℃,24h 恢复至室温能正常使用	
	耐寒性能	(−5±2)℃,24h 恢复至室温能正常使用	

8.3.5.1 泄漏试验

泄漏试验是检验气压式化妆品是否存在喷射剂外泄的问题。本试验适用于发用摩丝和定型发胶的泄漏试验。

预先将恒温水浴箱调节至（50±2）℃，然后将三瓶试样摇匀，将脱去塑盖的试样直立放入水浴中，5min内每罐冒出气泡不超过5个为合格。

8.3.5.2 内压力试验

（1）仪器和装置

① 压力表：量程0~1.5MPa，精度不低于1.6级，带专用接头。

② 计时器。

③ 恒温水浴：控温精度±1℃。

（2）检验步骤

① 取三罐试样，按试样标示的喷射方法，排除充装操作时滞留在阀门和（或）吸管中的推进剂或空气。

② 将试样拔出阀门促动器，置于25℃的恒温水浴中，使水浸没罐身，恒温时间不少于30min。

③ 戴厚皮手套，摇动试样六次，将压力表进口对准阀杆，产品正立放置，用力压紧，压力表指针稳定后，记下压力表读数，再重复②、③步骤两次，取平均值。依此方法测试第二、第三罐试样，三次测试结果平均值即为该产品的内压。

8.3.5.3 喷出率试验

（1）主要仪器

① 秒表：精度0.2s。

② 恒温水浴：控温精度±1℃，带金属架夹。

（2）检验步骤

① 取三罐试样，按试样标示的喷射方法，排除充装操作时滞留在阀门和（或）吸管中的推进剂或空气。

② 将试样置于25℃的恒温水浴中，使水浸没罐身，恒温30min。

③ 戴厚皮手套，取出试样，擦干。

④ 称量得 m_1（准确至0.01g）。

⑤ 摇动试样六次，正确按下阀门（完全打开）促动器，净容量小于或等于400mL，按下阀门促动器5s；净容量大于400mL，按下阀门促动器10s。然后擦去试样表面沾上的液体，称量得 m_2（准确至0.01g）。喷出速率 X_1 按式(8-10)计算：

$$X_1 = \frac{m_1 - m_2}{t} \tag{8-10}$$

式中 m_1——喷出前试样的质量，g；

m_2——喷出后试样的质量，g；

t——实际喷射时间，s。

再重复②~⑤步骤两次，取平均值。

8.3.5.4 起喷次数试验

本试验适用于检验定型发胶的起喷次数。

取三瓶泵式喷发胶，按动至开始喷出液体止，计算每瓶按动次数。每瓶的起喷次数不得超过 5 次。

8.3.6　化妆品粉块的质量分析

化妆品粉块包括胭脂、眼影和粉饼等，一般是由颜料、粉体、胶黏剂和香料等混合后经压制而成的粉饼状。参照 QB/T 1976—2004《化妆粉块》，其感官、理化指标见表 8-13。

表 8-13　化妆粉块感官、理化指标

指 标 名 称		技 术 要 求
理化指标	涂擦性能	油块面积≤1/4 粉块面积
	跌落试验/份	破损≤1
	pH 值	6.0～9.0
	疏水性	粉质浮在水面保持 30min 不下沉
感官指标	外观	颜料和粉质分布均匀，无明显斑点
	香气	符合规定香型
	块型	表面应完整，无缺角、裂缝等缺陷

8.3.6.1　涂擦性能

（1）主要仪器　恒温培养箱：温控精度±1℃。

（2）操作程序　预先将恒温培养箱调节到（50±1）℃，将试样盒打开，置于恒温培养箱内，24h 后取出，恢复室温后，用所附粉扑或粉刷在块面不断轻擦，随时吹去擦下的粉粒。每擦拭 10 次除去粉扑或粉刷上附着的粉，继续擦拭，共擦拭 100 次，观察块面的油块大小。

8.3.6.2　疏水性

（1）主要仪器

① 筛子：80 目。

② 烧杯：150mL。

（2）操作程序　从粉饼表面将粉轻轻刮下，用筛子筛过，称取 0.1g 过筛物于 100mL 水中，观察 30min，应无下沉物。

8.3.6.3　跌落试验

（1）材料　表面光滑平整的正方形木板，厚度 1.5cm，宽度 30cm。

（2）操作程序　取试样 5 份。依次将粉盒从花盒里取出，打开粉盒，再取出盒内的附件，如刷子等，然后合上粉盒。将粉盒置于 50cm 高度，粉盒底部朝下，水平地自由跌落到正方形木板中央。打开粉盒观察。

（3）结果判定　依次逐份记录粉盒、镜子等的破碎、脱落情况（简装粉盒除外），粉块碎裂情况。当出现破损不大于 1 份时则为合格。

8.3.7　烫发剂的质量分析

烫发剂按其剂型分为水剂型（水溶液型）、乳（膏）剂型和啫喱型，按其是否专业人员操作可分为一般用和专业用，本节介绍的烫发剂是以巯基乙酸及其盐类为还原剂，以过氧化氢或溴酸钠为氧化剂，添加各种辅料配制而成的美发用化学产品。参照 GB/T 29678—2013

《烫发剂》，烫发剂由烫卷剂（烫直剂）和定型剂两部分组成，烫卷剂（烫直剂）和定型剂的感官、理化指标分别见表 8-14 和表 8-15。

表 8-14 烫卷剂（烫直剂）感官、理化指标

指标名称	指标要求			
	受损发质(敏感发质)		其他发质	
	一般用	专业用	一般用	专业用
外观	水剂型(水溶液型):均一无杂质液体(允许微有沉淀) 乳(膏)剂型:乳状或膏状体(允许乳状或膏状体表面轻微析水) 啫喱型:透明或半透明凝胶状			
气味	符合规定气味			
pH	7.0～9.5			
巯基乙酸含量/%	2～8		4～8	4～11

表 8-15 定型剂感官、理化指标

指标名称		指标要求
过氧化氢型	外观	水剂型(水溶液型):均一无杂质液体(允许微有沉淀) 乳(膏)剂型:乳状或膏状体(允许乳状或膏状体表面轻微析水) 啫喱型:透明或半透明凝胶状
	过氧化氢含量/%	1.0～4.0(使用浓度)
	pH	1.5～4.0
溴酸钠型	外观	水剂型(水溶液型):均一无杂质液体(允许微有沉淀) 乳(膏)剂型:乳状或膏状体(允许乳状或膏状体表面轻微析水) 啫喱型:透明或半透明凝胶状
	溴酸钠含量/%	≥6
	pH	4.0～8.0

8.3.7.1 巯基乙酸含量的测定

（1）基本原理 含有巯基乙酸及其盐类的化妆品经预处理后，用碘标准溶液滴定定量，其反应方程式如下：

$$2HSCH_2COOH + I_2 \longrightarrow HOOCH_2C\text{-}S\text{-}CH_2COOH + 2HI$$

（2）主要试剂

① 10%盐酸：优级纯，取盐酸（$\rho = 1.19g/mL$）10mL，加入 90mL 水中，混匀。

② 三氯甲烷：优级纯。

③ 淀粉溶液：$\rho_{淀粉} = 10g/L$，称可溶性淀粉 1g 溶于 100mL 煮沸水中，加水杨酸 0.1g 或氯化锌 0.4g。

④ 碘标准溶液：$c_{1/2I_2} = 0.1mol/L$。

（3）主要仪器

① 酸式滴定管。

② 电磁搅拌器：搅拌棒外层不要包装塑料套。

③ 电子天平：精度 0.0001g。

（4）操作程序　准确称取样品 2g（精确至 0.0001g）于锥形瓶中，加 10％盐酸 20mL 及水 50mL，缓慢加热至沸腾，冷却后加三氯甲烷 5mL，用电磁搅拌器搅拌 5min 作为待测液备用。

用淀粉溶液作为指示剂，用 0.1mol/L 的碘标准溶液滴定待测液，至溶液呈稳定的蓝色即为终点。

（5）结果计算　巯基乙酸及其盐类的含量 X_1（以巯基乙酸计），以％表示，按式(8-11)计算：

$$X_1 = \frac{92.1 \times c_{1/2I_2} \times V}{m \times 1000} \times 100\%$$ 　　　　　(8-11)

式中　m——样品取样量，g；

$c_{1/2I_2}$——碘标准溶液的实际浓度，mol/L；

92.1——巯基乙酸的摩尔质量，g/mol；

V——滴定后碘标准溶液的消耗量，mL。

所得结果表示至整数位。

8.3.7.2　过氧化氢含量的测定

（1）主要试剂

① 5％碘化钾溶液：称取 5g 碘化钾，溶于 100mL 水中。

② 3％钼酸铵溶液：称取 3g 钼酸铵，溶于 100mL 水中。

③ 淀粉指示剂：$\rho_{淀粉} = 10g/L$，称可溶性淀粉 1g 溶于 100mL 煮沸水中，加水杨酸 0.1g 或氯化锌 0.4g。

④ 硫酸溶液：$c_{H_2SO_4} = 2mol/L$，量取 56mL 市售浓硫酸，缓慢加入适量水中，冷却后，稀释至 500mL。

⑤ 硫代硫酸钠标准溶液：$c_{Na_2S_2O_3} = 0.1mol/L$。

（2）主要仪器

① 酸式滴定管。

② 电子天平：精度 0.0001g。

（3）操作程序　准确称取定型剂 10g（精确至 0.0001g）于烧杯中用水溶解，转于 100mL 容量瓶中稀释至刻度，取上述溶液 10mL 放入锥形瓶中，加水 80mL，2mol/L 硫酸 20mL 酸化，再加入 5％碘化钾溶液 20mL，加 3％钼酸铵溶液 3 滴，用 0.1mol/L 硫代硫酸钠标准溶液滴定，近终点时加入淀粉指示剂 2mL，滴至无色为终点。

（4）结果计算　过氧化氢的含量 X_2，以％表示，按式(8-12)计算：

$$X_2 = V \times c \times 0.01701 \times \frac{10}{m} \times 100\%$$ 　　　　　(8-12)

式中　m——样品取样量，g；

c——硫代硫酸钠标准溶液的实际浓度，mol/L；

0.01701——与 1.00mL 硫代硫酸钠标准溶液（$c_{Na_2S_2O_3} = 1.000mol/L$）相当的过氧化氢的质量，g/mmol；

V——硫代硫酸钠标准溶液的用量，mL。

所得结果表示至一位小数。

8.3.7.3 溴酸钠含量的测定

（1）主要试剂

① 碘化钾。

② 硫代硫酸钠标准溶液：$c_{Na_2S_2O_3}=0.1mol/L$。

③ 淀粉指示剂：$\rho_{淀粉}=10g/L$，称可溶性淀粉1g溶于100mL煮沸水中，加水杨酸0.1g或氯化锌0.4g。

④ 稀硫酸溶液：体积分数，1+10。

（2）主要仪器

① 酸式滴定管。

② 电子天平：精度0.0001g。

（3）操作程序　准确称取定型剂10g（精确至0.0001g）于烧杯中用水溶解，转于100mL容量瓶中稀释至刻度，再用移液管吸取10mL于300mL碘量瓶中，加入去离子水40mL，稀硫酸15mL及碘化钾3g，盖好瓶盖后于冷暗处放置5min，加淀粉指示剂3mL，用0.1mol/L硫代硫酸钠标准溶液滴定至无色，并做空白试验。

（4）结果计算　溴酸钠的含量X_3，以%表示，按式(8-13)计算：

$$X_3=c\times(V_A-V_B)\times0.02515\times\frac{10}{m}\times100\%\qquad(8-13)$$

式中　m——样品取样量，g；

c——硫代硫酸钠标准溶液的实际浓度，mol/L；

0.02515——与1.00mL硫代硫酸钠标准溶液（$c_{Na_2S_2O_3}=1.000mol/L$）相当的溴酸钠的质量，g/mmol；

V_A——试样所消耗硫代硫酸钠标准溶液的体积，mL；

V_B——空白所消耗硫代硫酸钠标准溶液的体积，mL。

所得结果表示至整数位。

8.3.8 香水类化妆品的质量分析

香水类化妆品包括香水、古龙水和花露水，其主要作用是散发香气，它们之间只是香精的香型和用量、乙醇的浓度等不同而已，主要成分都是香精、乙醇和水等。参照QB/T 1858—2004《香水、古龙水》和QB/T 1858.1—2006《花露水》，香水、古龙水和花露水的感官指标、理化指标见表8-16。

表8-16 香水、古龙水和花露水的感官指标、理化指标

项　目		要　求	
		香水、古龙水	花露水
感官指标	色泽	符合规定色泽	
	香气	符合规定香气	
	清晰度	水质清晰，不应有明显杂质和黑点	
理化指标	相对密度(20℃/20℃)	规定值±0.02	0.84~0.94
	浊度	5℃时水质清晰，不混浊	10℃时水质清晰，不混浊
	色泽稳定性	(48±1)℃保持24h,维持原有色泽不变	(48±1)℃保持24h,维持原有色泽不变

以上指标中，密度、浊度和色泽稳定性已在本章 8.2 中介绍，在此仅介绍感官检验。

8.3.8.1　色泽

取样于 25mL 比色管内，在室温和非阳光直射下目测。

8.3.8.2　香气

先将等量的试样和规定试样分别放在相同的容器内，用宽 0.5～1.0cm，长 10～15cm 的吸水纸作为评香纸，分别蘸取试样和规定试样 1～2cm（两者应接近），用嗅觉鉴定。

8.3.8.3　清晰度

原瓶在室温和非阳光直射下，观察者距其 30cm 处进行观察。

8.3.9　香粉（蜜粉）、爽身粉和痱子粉的质量分析

香粉（蜜粉）是由粉体基质、着色剂、护肤和香精等原料混合而成，用于人面部的粉状护肤美容品。具有护肤、遮蔽面部瑕疵、芳肌等作用。爽身粉是由粉体基质、吸汗剂和香精等原料配制而成，用于人体肌肤的护肤卫生品。具有吸汗、爽肤、芳肌等作用。痱子粉是由粉体基质、吸汗剂和杀菌剂等原料配制而成，用于人体肌肤的护肤卫生品。具有防痱、祛痱等功能。

在此，介绍适用于以粉体原料为基质，添加其他辅料成分配制而成的香粉、爽身粉和痱子粉检验的技术要求、试验方法，参照 GB/T 29991—2013《香粉（蜜粉）》、QB/T 1859—2013《爽身、祛痱粉》，三种产品的感官指标和理化指标见表 8-17。

表 8-17　香粉、爽身粉、痱子粉的感官指标和理化指标

指标名称		指标要求	
		香粉（蜜粉）	爽身粉、痱子粉
感官指标	粉体	洁净,无明显杂质及黑点	
	色泽	符合规定色泽	
	香气	符合规定香型	
理化指标	pH 值	4.5～9.0	成人用产品 4.5～10.5 儿童用产品 4.5～9.5
	细度(0.125mm)/%	≥97	≥95

8.3.9.1　感官检验

（1）色泽　取试样置于白色衬物上，在室温和非阳光直射下目测观察。
（2）粉体　取试样置于白色衬物上，在室温和非阳光直射下目测观察。
（3）香气　取试样用嗅觉进行鉴别。

8.3.9.2　细度测定

（1）香粉（蜜粉）　称取粉体约 5g（精确至 0.01g），置于 120 目标准筛内，称量粉体、筛子和软毛刷的总质量 m_1，用软毛刷刷落粉体，再次称取未过筛粉体、筛子和软毛刷总质量 m_2。测试结果取两次平行数据的算术平均值。粉体细度 X_1 按式(8-14)计算：

$$X_1 = \frac{m_1 - m_2}{m} \times 100\%$$ 　　　　　　(8-14)

式中　m——试样的质量，g；

　　m_1——粉体、标准筛和软毛刷的质量，g；

　　m_2——未过筛粉体、标准筛和软毛刷的质量，g。

（2）爽身粉、痱子粉　称取粉体约 5g，置于 120 目标准筛内，用软毛刷刷落粉体，称取筛出物质量。测试两次，取平均值。粉体细度的数值 X_2，按式（8-15）计算：

$$X_2 = \frac{m_1}{m} \times 100\% \tag{8-15}$$

式中　m——试样的质量，g；

　　m_1——筛出物质量，g。

8.3.10　特种洗手液的质量分析

GB 19877.1—2005《特种洗手液》遵照国家有关抗菌、抑菌洗涤产品的规定，对具有抗菌、抑菌效果的洗手液提出了相应的质量要求。

特种洗手液的理化性能及微生物指标应符合表 8-18 规定。

表 8-18　特种洗手液的理化及微生物指标

项　目		指　标	
		抗菌型	抑菌型
理化指标	总活性物含量/%	≥9.0	
	pH 值（25℃，1:10 水溶液）	4.0～10.0	
微生物指标	杀菌率①（1:1 溶液，2min）/%	≥90	—
	抑菌率①（1:1 溶液，2min）/%	—	≥50
	菌落总数/(CFU/g)	≤200	≤200
	粪大肠菌群	不得检出	不得检出

　① 指金黄色葡萄球菌（ATCC 6538）和大肠杆菌（8099 或 ATCC 25922）的抗菌率或抑菌率；如产品标明对真菌的作用，还需包括白色念珠菌（ATCC 10231）。产品标识为抗菌产品时，杀菌率应≥90%，产品标识为抑菌产品时，抑菌率应≥50%。

本节主要介绍特种洗手液的杀菌性能、抑菌性能，参照 GB 15979—2002《一次性使用卫生用品卫生标准》执行。

8.3.10.1　样品采集

为使样品具有良好的代表性，应于同一批号三个运输包装中至少随机抽取 20 件最小销售包装样品，其中 5 件留样，5 件做抑菌或杀菌性能测试，10 件做稳定性测试。

8.3.10.2　试验菌与菌液制备

① 细菌：金黄色葡萄球菌（ATCC 6538），大肠杆菌（8099 或 ATCC 25922）。

② 酵母菌：白色念珠菌（ATCC 10231）。

③ 菌液制备：取菌株第 3～14 代的营养琼脂培养基斜面新鲜培养物（18～24h），用 5mL 0.03mol/L 磷酸盐缓冲液（以下简称 PBS）洗下菌苔，使菌悬浮均匀后用上述 PBS 稀释至所需浓度。

8.3.10.3　杀菌性能试验方法

该试验取样部位，根据被试产品生产者的说明而确定。

（1）中和剂鉴定试验　进行杀菌性能测试必须通过以下中和剂鉴定试验。

① 试验分组

a. 染菌样片＋5mL PBS。

b. 染菌样片＋5mL 中和剂。

c. 染菌对照片＋5mL 中和剂。

d. 样片＋5mL 中和剂＋染菌对照片。

e. 染菌对照片＋5mL PBS。

f. 同批次 PBS。

g. 同批次中和剂。

h. 同批次培养基。

② 评价规定

a. 第 1 组无试验菌，或仅有极少数试验菌菌落生长。

b. 第 2 组有较第 1 组为多，但较第 3、4、5 组为少的试验菌落生长，并符合要求。

c. 第 3、4、5 组有相似量试验菌生长，并在 $1\times10^4\sim9\times10^4$ CFU/片之间，其组间菌落数误差率应不超过 15％

d. 第 6～8 组无菌生长。

e. 连续 3 次试验取得合格评价。

（2）杀菌试验　将试验菌 24h 斜面培养物用 PBS 洗下，制成菌悬液（要求的浓度为：用 100μL 滴于对照样片上，回收菌数为 $1\times10^4\sim9\times10^4$ CFU/片）。

取被试样片 2.0cm×3.0cm 和对照样片（与试样同质材料，同等大小，但不含抗菌材料，且经灭菌处理）各 4 片，分成 4 组置于 4 个灭菌平皿内。

取上述菌悬液，分别在每个被试样片和对照样片上滴加 100μL，均匀涂布，开始计时，作用 2、5、10、20min，用无菌镊分别将样片投入含 5mL 相应中和剂的试管内，充分混匀，作适当稀释，然后取其中 2～3 个稀释度，分别吸取 0.5mL，置于两个平皿，用凉至 40～45℃的营养琼脂培养基（细菌）或沙氏琼脂培养基（酵母菌）15mL 作倾注，转动平皿，使其充分均匀，琼脂凝固后翻转平板，（35±2）℃培养 48h（细菌）或 72h（酵母菌），作活菌菌落计数。

试验重复 3 次，按式(8-16)计算杀菌率：

$$X_3=\frac{A-B}{A}\times100\%\qquad\qquad(8\text{-}16)$$

式中　X_3——杀菌率,％；

$\quad\quad A$——对照样品平均菌落数；

$\quad\quad B$——被试样品平均菌落数。

8.3.10.4　溶出性抗（抑）菌产品抑菌性能试验方法

将试验菌 24h 斜面培养物用 PBS 洗下，制成菌悬液（要求的浓度为：用 100μL 滴于对照样片上或 5mL 样液内，回收菌数为 $1\times10^4\sim9\times10^4$ CFU/片或 mL）。取被试样片 2.0cm×3.0cm 或样液（5mL）和对照样片或样液（与试样同质材料，同等大小，但不含抗菌材料，且经灭菌处理）各 4 片（置于灭菌平皿内）或 4 管。

取上述菌悬液，分别在每个被试样片或样液和对照样片或样液上或内滴加 100μL，均匀涂布/混合。开始计时，作用 2、5、10、20min，用无菌镊分别将样片或样液（0.5mL）投入含 5mL PBS 的试管内，充分混匀，作适当稀释，然后取其中 2～3 个稀释度，分别吸取

0.5mL，置于两个平皿，用凉至 40～45℃的营养琼脂培养基（细菌）或沙氏琼脂培养基（酵母菌）15mL 作倾注，转动平皿，使其充分均匀，琼脂凝固后翻转平板，（35±2）℃培养 48h（细菌）或 72h（酵母菌），作活菌菌落计数。

试验重复 3 次，按式(8-17)计算抑菌率 X_4：

$$X_4 = \frac{A-B}{A} \times 100\% \tag{8-17}$$

式中 A——对照样品平均菌落数；

B——被试样品平均菌落数。

8.3.10.5 非溶出性抗（抑）菌产品抑菌性能试验方法

称取被试样片（剪成 1.0cm×1.0cm 大小）0.75g 分装包好。

将 0.75g 重样片放入一个 250mL 的三角烧瓶中，分别加入 70mL PBS 和 5mL 菌悬液，使菌悬液在 PBS 中的浓度为 $1 \times 10^4 \sim 9 \times 10^4$ CFU/mL。

将三角烧瓶固定于振荡摇床上，以 300r/min 振摇 1h。

取 0.5mL 振摇后的样液，或用 PBS 做适当稀释后的样液，以琼脂倾注法接种平皿，进行菌落计数。

同时设对照样片组和不加样片组，对照样片组的对照样片与被试样片同样大小但不含抗菌成分，其他操作程序均与被试样片组相同，不加样片组分别取 5mL 菌悬液和 70mL PBS 加入一个 250mL 三角烧瓶中，混匀，分别于 0 时间和振荡 1h 后，各取 0.5mL 菌悬液与 PBS 的混合液做适当稀释，然后进行菌落计数。

试验重复 3 次，按式(8-18)计算抑菌率：

$$X_5 = \frac{A-B}{A} \times 100\% \tag{8-18}$$

式中 X_5——抑菌率，%；

A——被试样品振荡前平均菌落数；

B——被试样品振荡后平均菌落数。

8.3.11 特种沐浴液

GB 19877.2—2005《特种沐浴剂》是在 QB1994 的基础上，对具有抗菌、抑菌效果的沐浴剂提出了相应的质量要求，此类产品与目前市场上大量流通的普通沐浴剂不同。

特种沐浴剂的感官及理化指标应符合 QB/T 1994—2013《沐浴剂》的要求，卫生指标应符合表 8-19 规定。

表 8-19 特种沐浴剂的卫生指标

项 目	指 标	
	抗菌型	抑菌型
杀菌率[①]（1:1 溶液，2min）/%	≥90	—
抑菌率[①]（1:1 溶液，2min）/%	—	≥50
菌落总数/(CFU/g)	≤200	≤200
粪大肠菌群	不得检出	不得检出

① 指金黄色葡萄球菌（ATCC 6538）和大肠杆菌（8099 或 ATCC 25922）的抗菌率或抑菌率；如产品标明对真菌的作用，还需包括白色念珠菌（ATCC 10231）。产品标识为抗菌产品时，杀菌率应≥90%，产品标识为抑菌产品时，抑菌率应≥50%。

特种沐浴剂的杀菌率、抑菌率的测定方法与特种洗手液一致。

8.3.12　面膜的质量分析

面膜是指涂或敷于人体皮肤表面，经一段时间后揭离、擦洗或保留，起到集中护理或清洁作用的产品。面膜根据产品形态可分为膏（乳）状面膜、啫喱面膜、面贴膜、粉状面膜四类；面贴膜按产品材质可分为纤维贴膜和胶状成形面膜。参照 QB/T 2872—2017《面膜》，面膜的感官、理化指标见表 8-20。

表 8-20　面膜感官、理化指标

项目		要求			
		膏（乳）状面膜	啫喱面膜	面贴膜	粉状面膜
感官指标	外观	均匀膏体或乳液	透明或半透明凝胶状	湿润的纤维贴膜或胶状成形贴膜	均匀粉末
	香气	符合规定香气			
理化指标	pH(25℃)	3.5～8.5			5.0～10.0
	耐热	(40±1)℃保持 24h,恢复至室温后与实验前无明显差异		—	—
	耐寒	−5～−10℃保持 24h,恢复至室温后与实验前无明显差异		—	—

8.3.12.1　pH 测定

（1）膏（乳）状面膜、啫喱面膜、粉状面膜　按 GB/T 13531.1—2008《化妆品通用检验方法　pH 值的测定》中规定的方法测定（稀释法）。

（2）面贴膜

① 纤维贴膜。将贴膜中的水或黏稠液挤出，按 GB/T 13531.1—2008《化妆品通用检验方法　pH 值的测定》中规定的方法测定（稀释法）。

② 胶状成形贴膜。称取剪碎成约 5mm×5mm 试样一份，加入经煮沸并冷却的实验室用水 10 份，于 25℃条件下搅拌 10min，取清液按 GB/T 13531.1—2008《化妆品通用检验方法　pH 值的测定》中规定的方法测定。

8.3.12.2　耐热

（1）非透明包装产品　将试样分别装入 2 支 20mm×120mm 的试管内，高度约 80mm，塞上干净的胶塞，将一支待检的试管置于预先调节至（40±1）℃的恒温培养箱内，24h 后取出，恢复至室温后与另一支试管的试样进行目测比较。

（2）面贴膜和透明包装产品　取 2 袋（瓶）包装完整的试样，把一袋（瓶）试样置于预先调节至（40±1）℃的恒温培养箱内，24h 后取出，恢复至室温后，剪开面贴膜包装袋与另一袋试样进行目测比较，透明包装产品则直接与另一瓶试样进行目测比较。

8.3.13　啫喱的质量分析

啫喱产品包括护肤啫喱和发用啫喱（水），其配方中主要使用高分子聚合物为凝胶剂。啫喱按产品形态分为发用啫喱和发用啫喱水两类。发用啫喱为黏稠状液体或凝胶状，发用啫喱水为水状液体产品；护肤啫喱是以护理人体皮肤为主要目的的产品。参照 QB/T 2873—2007《发用啫喱（水）》、QB/T 2874—2007《护肤啫喱》，发用啫喱和护肤啫喱的感官、理化指标分别列于表 8-21 和表 8-22。

表 8-21　发用啫喱（水）感官、理化指标

项目		要求	
		发用啫喱	发用啫喱水
感官指标	外观	凝胶状或黏稠状	水状均匀液体
	香气	符合规定香气	
理化指标	pH(25℃)	3.5～9.0	
	耐热	(40±1)℃保持 24h,恢复至室温后与试验前外观无明显差异	
	耐寒	−5～−10℃保持 24h,恢复至室温后与试验前外观无明显差异	
	起喷次数(泵式)/次	≤10	≤5

表 8-22　护肤啫喱感官、理化指标

项目		要求
感官指标	外观	透明或半透明凝胶状,无异物（允许添加起护肤或美化作用的粒子）
	香气	符合规定香气
理化指标	pH(25℃)	3.5～8.5
	耐热	(40±1)℃保持 24h,恢复至室温后与试验前外观无明显差异
	耐寒	−5～−10℃保持 24h,恢复至室温后与试验前外观无明显差异

在此仅介绍起喷次数的测定：取 5 瓶泵式样品，瓶身立正摆放或按使用说明操作，分别按动至开始喷出内容物为止，记录每瓶起喷次数。超过规定起喷次数的样品不大于 1 瓶时为合格。

8.4　化妆品中有害物质含量分析

化妆品卫生指标对砷、汞、铅、甲醇、甲醛等有害物质的含量作了明确规定。其中甲醇的测定方法在第 6 章中已经进行了介绍，在此主要介绍砷、汞、铅、甲醛的测定方法。

8.4.1　砷含量的测定

测定砷的方法有氢化物原子荧光光度法和氢化物发生原子吸收法等。在此仅介绍氢化物原子荧光光度法。

8.4.1.1　测定原理

在酸性条件下，五价砷被硫脲-抗坏血酸还原为三价砷，然后与由硼氢化钠与酸作用产生的大量新生态氢反应，生成气态的砷化氢，被载气输入石英管炉中，受热后分解为原子态

砷，在砷空心阴极灯发射光谱激发下，产生原子荧光，在一定浓度范围内，其荧光强度与砷含量成正比，与标准系列比较定量。

本方法对砷的检出限为 $4.0\mu g/L$，定量下限为 $13.3\mu g/L$；取样量为 $1g$ 时，检出浓度为 $0.01\mu g/g$，最低定量浓度为 $0.04\mu g/g$。

8.4.1.2 主要试剂

① 硝酸：优级纯。

② 硫酸：优级纯。

③ 氧化镁、无砷锌粒、氯仿、三乙醇胺。

④ 六水硝酸镁溶液（500g/L）：称取六水硝酸镁 500g，加水溶解稀释至 1L。

⑤ 盐酸：体积比为 1∶1，取优级纯盐酸 100mL，加水 100mL，混匀。

⑥ 过氧化氢：$w_{H_2O_2}=30\%$。

⑦ 硫脲-抗坏血酸混合溶液：称取硫脲 12.5g，加水约 80mL，加热溶解，待冷却后加入抗坏血酸 12.5g，稀释到 100mL，储存于棕色瓶中，可保存一个月。

⑧ 氢氧化钠：称取氢氧化钠 100g 溶于水中，稀释至 1L。

⑨ 酚酞指示剂：1g/L 乙醇溶液。称取 0.1g 酚酞，溶于 50mL 95％ 乙醇，加水至 100mL。

⑩ 砷单元素溶液标准物质：$\rho_{As}=1000mg/L$，国家标准单元素贮备溶液，应在有效期范围内。

⑪ 砷标准溶液Ⅰ：移取砷单元素溶液标准物质 1.00mL 于 100mL 容量瓶中，加水至刻度，混匀。

⑫ 砷标准溶液Ⅱ：临用时吸取砷标准溶液Ⅰ10.0mL 于 100mL 容量瓶中，加水至刻度，混匀。

8.4.1.3 主要仪器

① 原子荧光光度计。

② 天平。

③ 具塞比色管：10mL、25mL。

④ 压力自控微波消解系统。

⑤ 水浴锅（或敞开式电热加热恒温炉）。

⑥ 坩埚：50mL。

8.4.1.4 测定步骤

（1）标准系列溶液的制备　移取砷标准溶液Ⅱ 0mL、0.10mL、0.30mL、0.50mL、1.00mL、1.50mL、2.00mL 于 25mL 具塞比色管中，加水至 5mL，加入盐酸（1+1）溶液 5.0mL，再加入硫脲-抗坏血酸溶液 2.0mL，混匀，得相应浓度为 $0\mu g/L$、$4\mu g/L$、$12\mu g/L$、$20\mu g/L$、$40\mu g/L$、$60\mu g/L$、$80\mu g/L$ 的砷标准系列溶液。

（2）样品前处理　可任选下列一种处理方法。

① HNO_3-H_2SO_4 湿式消解法。称取样品 1g（精确到 0.001g）于 150mL 锥形瓶中，同时做试剂空白。样品如含有乙醇等溶剂，则应预先使溶剂挥发（不得干涸）。加数颗玻璃珠，加入硝酸 10～20mL，放置片刻后，缓缓加热，反应开始后移去热源，稍冷后加入硫酸 2mL，继续加热消解，若消解过程中溶液出现棕色，可加少许硝酸消解。如此反复直至溶液

澄清或微黄。放置冷却后加水 20mL，继续加热煮沸至产生白烟，将消解液定量转移至 25mL 具塞比色管中，加水定容至刻度，备用。

② 干灰化法。称取样品 1g（精确到 0.001g）于 50mL 坩埚中，同时做试剂空白。加入氧化镁 1g、六水硝酸镁溶液 2mL，充分搅拌混匀，在水浴上蒸干水分后微火炭化至不冒烟，移入箱形电炉，在 550℃下灰化 4～6h，取出，向灰分加水少许使润湿，然后用体积比为 1∶1 的盐酸 20mL 分数次溶解灰分，加水定容至 25mL，备用。

③ 微波消解法。准确称取混匀试样 0.5～1g（精确到 0.001g）于清洗好的聚四氟乙烯溶样杯内，含乙醇等挥发性原料的化妆品如香水、摩丝、沐浴液、染发剂、精华素、刮胡水、面膜等，先放入温度可调的 100℃恒温电加热器或水浴上挥发（不得蒸干）。油脂类和粉类等干性物质，如唇膏、睫毛膏、眉笔、胭脂、唇线笔、粉饼、眼影、爽身粉、痱子粉等，取样后先加水 0.5～1.0mL，润湿摇匀。

根据样品消解难易程度，样品或经预处理的样品，先加入硝酸 2.0～3.0mL，静止过夜，充分作用。然后再依次加入过氧化氢 1.0～2.0mL，将溶样杯晃动几次，使样品充分浸没。放入沸水浴或温度可调的恒温电加热设备中 100℃加热 20min 取下，冷却。如溶液的体积不到 3mL，则补充水。同时严格按照微波溶样系统操作手册进行操作。

把装有样品的溶样杯放进预先准备好的干净的高压密闭溶样罐中，拧上罐盖（注意：不要拧得过紧）。

表 8-23 为一般化妆品消解时压力-时间的程序。如果化妆品是油脂类、中草药类、洗涤类。可适当提高防爆系统灵敏度，以增加安全性。

根据样品消解难易程度可在 5～20min 内消解完毕，取出冷却，开罐，将消解好的含样品的溶样杯放入沸水浴或温度可调的 100℃电加热器中数分钟，驱除样品中多余的氮氧化物，以免干扰测定。

表 8-23 消解时压力-时间程序

压力挡	压力/MPa	保压累加时间/min
1	0.5	1.5
2	1.0	3.0
3	1.5	5.0

将样品移至 10mL 具塞比色管中，用水洗涤溶样杯数次，合并洗涤液，加入盐酸羟胺溶液 0.5mL，用水定容至 10mL，备用。

（3）测定

① 仪器参考条件。灯电流：45mA；光电倍增管负高压：340V；原子化器高度：8.5mm；载气（Ar）流量：500mL/min；屏蔽气（Ar）流量：1000mL/min；测量方式：标准曲线法；读数时间：12s；硼氢化钾加液时间：8s；进样体积：2mL。

② 移取砷标准系列溶液 2.0mL，置于氢化物发生瓶中，加入一定量的硼氢化钠溶液，测定其荧光强度，以标准系列溶液浓度为横坐标、荧光强度为纵坐标，绘制标准曲线。

取预处理样品溶液及试剂空白溶液 10.0mL 于 25mL 具塞比色管中，加入硫脲-抗坏血酸溶液 2.0mL，混匀，吸取 2.0mL，按绘制标准曲线的操作步骤测定样品荧光强度，由标准曲线查出测试溶液中砷的浓度。

8.4.1.5 结果计算

样品中砷的质量分数 w 按式(8-19)计算，单位为 $\mu g/g$。

$$w=\frac{(\rho_1-\rho_0)\times V}{m\times 1000}\tag{8-19}$$

式中 ρ_1——测试溶液中砷的质量浓度，$\mu g/mL$；

ρ_0——空白溶液中砷的质量浓度，$\mu g/mL$；

m——样品取样量，g；

V——样品消化液总体积，mL。

8.4.2 铅含量的测定

测定铅的方法有火焰原子吸收分光光度法、石墨炉原子吸收分光光度法、极谱法等。常用的有火焰原子吸收分光光度法和石墨炉原子吸收分光光度法，在此介绍火焰原子吸收分光光度法。

8.4.2.1 测定原理

样品经预处理使铅以离子状态存在于样品溶液中，样品溶液中铅离子被原子化后，基态铅原子吸收来自铅空心阴极灯发出的共振线，其吸光度与样品中铅含量成正比。在其他条件不变的情况下，根据测量被吸收后的谱线强度，与标准系列比较进行定量。

方法的检出限为 $0.15mg/L$，定量下限为 $0.50mg/L$。取样量为 1g 样品定容至 10mL 时，本方法的检出浓度为 $1.5\mu g/g$，最低定量浓度为 $5\mu g/g$。

8.4.2.2 主要试剂

① 硝酸（$\rho_{20,HNO_3}=1.42g/mL$）：优级纯。

② 高氯酸（$w_{HClO_4}=70\%\sim72\%$）：优级纯。

③ 过氧化氢：$w_{H_2O_2}=30\%$。

④ 硝酸（1+1）：取硝酸 100mL，加水 100mL，混匀。

⑤ 混合酸：硝酸和高氯酸按（3+1）混合。

⑥ 辛醇。

⑦ 盐酸羟胺溶液（120g/L）：取盐酸羟胺 12.0g 和氯化钠 1.20g 溶于 100mL 水中。

⑧ 铅标准溶液

a. 铅单元素溶液标准物质（$\rho_{Pb}=1000mg/L$）：国家标准单元素贮备液，应在有效期内。

b. 铅标准溶液Ⅰ：取铅标准贮备溶液 10.0mL 置于 100mL 容量瓶中，加硝酸溶液 2mL，用水稀释至刻度。

c. 铅标准溶液Ⅱ：取铅标准溶液Ⅰ 10.0mL 置于 100mL 容量瓶中，加硝酸溶液 2mL，用水稀释至刻度。

⑨ 甲基异丁基酮（MIBK）。

⑩ 盐酸溶液（7mol/L）：取优级纯浓盐酸（$\rho_{20,HCl}=1.19g/mL$） 30mL，加水至 50mL。

8.4.2.3 主要仪器

① 原子吸收分光光度计及其配件。

② 离心机。

③ 具塞比色管：10mL、25mL、50mL。

④ 压力自控微波消解系统。

⑤ 水浴锅（或敞开式电热加热恒温炉）。

⑥ 天平。

8.4.2.4 测定步骤

(1) 标准系列溶液的制备　移取铅标准溶液Ⅱ 0mL、0.50mL、1.00mL、2.00mL、4.00mL、6.00mL，分别置于10mL具塞比色管中，加水至刻度，得相应浓度为0mg/L、0.50mg/L、1.00mg/L、2.00mg/L、4.00mg/L、6.00mg/L的铅标准系列溶液。

(2) 样品预处理　下列三种方法可任选一种方法。

① 湿式消解法。准确称取混匀试样1~2g（精确到0.001g）置于消解管中，同时做试剂空白。样品如含有乙醇等有机溶剂，先在水浴或电热板上低温挥发。若为膏霜型样品，可预先在水浴中加热使瓶壁上样品融化流入瓶的底部。加入数粒玻璃珠，然后加入硝酸10mL，由低温至高温加热消解，当消解液体积减少到2~3mL，移去热源，冷却。加入高氯酸2~5mL，继续加热消解，不时缓缓摇动使均匀，消解至冒白烟，消解液呈淡黄色或无色。浓缩消解液至1mL左右。冷至室温后定量转移至10mL（如为粉类样品，则至25mL）具塞比色管中，以水定容至刻度，备用。如样液混浊，离心沉淀后可取上清液进行测定。

② 微波消解法。微波消解法见"砷含量的测定"的"样品前处理"内容。

③ 浸提法。准确称取样品1g（精确到0.001g）于50mL具塞比色管中。随同试样做试剂空白。样品如含有乙醇等有机溶剂，先在水浴或电热板上低温挥发。若为膏霜型样品，可预先在水浴中加热使管壁上样品融化流入管底部。加入硝酸5.0mL、过氧化氢2.0mL，混匀，如出现大量泡沫，可滴加数滴辛醇。于沸水浴中加热2h。取出，加入盐酸羟胺溶液1.0mL，放置15~20min，用水定容至25mL。

该法只适用于不含蜡质的化妆品。

(3) 测定

① 按仪器操作程序，将仪器的分析条件调至最佳状态。在扣除背景吸收下，分别测定校准曲线系列、空白和样品溶液。如样品溶液中铁含量超过铅含量100倍，不宜采用氘灯扣除背景法，应采用塞曼效应扣除背景法，或按以下步骤②预先除去铁。绘制浓度-吸光度曲线，计算样品含量。

② 将标准、空白和样品溶液转移至蒸发皿中，在水浴上蒸发至干。加入盐酸10mL溶解残渣，转移至分液漏斗，用等量的MIBK萃取二次，保留盐酸溶液。再用盐酸5mL洗MIBK层，合并盐酸溶液，必要时赶酸，定容。按仪器操作程序，进行测定。

8.4.2.5 结果计算

样品中铅的质量分数 w_{Pb} 按式(8-20)计算，单位为 $\mu g/g$。

$$w_{Pb}=(\rho_1-\rho_0)\times V/m \tag{8-20}$$

式中　w_{Pb}——样品中铅的质量分数，$\mu g/g$；

ρ_1——测试溶液中铅的质量浓度，mg/L；

ρ_0——空白溶液中铅的质量浓度，mg/L；

V——样品消化液总体积，mL；

m——样品取样量，g。

8.4.3　汞含量的测定

在化妆品中汞的含量一般都很低，现在常用的测定方法有氢化物原子荧光光度法、冷原子吸收分光光度法和汞分析仪法等，在此主要介绍冷原子吸收分光光度法。

8.4.3.1　测定原理

汞蒸气对波长 253.7nm 的紫外线具有特征吸收，在一定的浓度范围内，吸收值与汞蒸气浓度成正比。样品经消解、还原处理，将化合态的汞转化为元素汞，再以载气带入测汞仪，测定吸收值。在一定浓度范围内，其吸收值与汞含量成正比，与标准系列溶液比较定量。

本方法对汞的检出限为 $0.01\mu g$，定量下限为 $0.04\mu g$；取样量为 1g 时，检出浓度为 $0.01\mu g/g$，最低定量浓度为 $0.04\mu g/g$。

8.4.3.2　主要试剂

① 硝酸：优级纯。

② 硫酸：优级纯。

③ 盐酸：优级纯。

④ 过氧化氢：质量分数为 30％。

⑤ 五氧化二钒、氯化汞：分析纯。

⑥ 硫酸溶液：质量分数为 10％，取②中的硫酸 10mL，缓慢加入 90mL 水中，混匀。

⑦ 氯化亚锡溶液：称取 20g 氯化亚锡（分析纯）置于 250mL 烧杯中，加 20mL 浓盐酸，加水稀释至 100mL。

⑧ 重铬酸钾溶液：质量分数为 10％。称取 10g 重铬酸钾（分析纯）溶于 100mL 水中。

⑨ 重铬酸钾-硝酸溶液：取 5mL 重铬酸钾溶液，加入硝酸 50mL，用水稀释至 1000mL。

⑩ 汞标准溶液制备

a. 汞单元素溶液标准物质：$\rho_{Hg}=1000mg/L$，国家标准单元素贮备溶液，应在有效期范围内。

b. 汞标准溶液Ⅰ：取汞单元素溶液标准物质 1.0mL 置于 100mL 容量瓶中。用重铬酸钾-硝酸溶液稀释至刻度。可保存一个月。

c. 汞标准溶液Ⅱ：取汞标准溶液Ⅰ1.0mL 置于 100mL 容量瓶中，用重铬酸钾-硝酸溶液稀释至刻度。临用现配。

d. 汞标准溶液Ⅲ：取汞标准溶液 10.0mL 置于 100mL 容量瓶中，用重铬酸钾-硝酸溶液稀释至刻度。

⑪ 氢氧化钾溶液：称取氢氧化钾 5g 溶于 1L 水中。

⑫ 硼氢化钾溶液：称取硼氢化钾（95％）20g 溶于 1L⑪氢氧化钾溶液中，置冰箱内保存，一周内有效。

⑬ 10％盐酸溶液。

8.4.3.3　主要仪器

① 具塞比色管：50mL、10mL。

② 冷原子吸收测汞仪。

③ 玻璃回流装置（磨口球形冷凝管）：250mL。

④ 水浴锅或敞开式电加热恒温炉。

⑤ 压力自控微波消解系统。

⑥ 天平。

⑦ 汞蒸气发生瓶。

⑧ 高压密闭消解罐。

8.4.3.4 测定步骤

（1）标准系列溶液的制备　移取汞标准溶液 0mL、0.10mL、0.30mL、0.50mL、0.70mL、1.00mL、2.00mL，置于100mL锥形瓶或汞蒸气发生瓶中，用硫酸定容至一定体积。

（2）样品处理　样品处理的方法有微波消解法、湿式回流消解法、湿式催化消解法和浸提法（只适用于不含蜡质的化妆品）四种，可任选一种。

① 微波消解法。如前文所述。

② 湿式回流消解法。称取样品 1.00g（精确至 0.001g）于 250mL 圆底烧瓶中，随同试样做试剂空白。样品如含有乙醇等有机溶剂，先在水浴或电热板上低温挥发（不得干涸）。

加入硝酸 30mL、水 5mL、硫酸 5mL 及数粒玻璃珠。置于电炉上，接上球形冷凝管，通冷凝水循环。加热回流消解 2h。消解液一般呈微黄色或黄色。从冷凝管上口注入 10mL 水，继续加热 10min，放置冷却。用预先用水湿润的滤纸过滤消解液，除去固形物。对于含油脂蜡质多的试样，可预先将消解液冷冻使油脂蜡质凝固。用蒸馏水洗过滤器数次，合并洗涤液于滤液中，加入盐酸羟胺溶液，定容至 50mL，备用。

③ 湿式催化消解法。称取样品 1.00g（精确至 0.001g）于 100mL 锥形瓶中，随同试样做试剂空白。样品如含有乙醇等有机溶剂，先在水浴或电热板上低温挥发（不得干涸）。

加入五氧化二钒 50mg、浓硝酸 7mL。置沙浴或电热板上微火加热至微沸。取下放冷，加硫酸 5mL，于锥形瓶口放一小玻璃漏斗，在 135～140℃下继续消解，并于必要时补加少量硝酸，消解至溶液呈现透明蓝绿色或橘红色。冷却后，加少量水继续加热煮沸约 2min 以驱赶二氧化氮。加入盐酸羟胺溶液，定容至 50mL，备用。

④ 浸提法。同前文所述。

（3）测定　按仪器说明书调整好测汞仪。将标准系列溶液加至汞蒸气发生瓶中，加入氯化亚锡溶液 2mL 迅速塞紧瓶塞。开启仪器气阀，待指示达最高读数时，记录其读数。绘制工作曲线，从曲线上查出测试液中汞含量。

吸取定量的空白和样品溶液于汞蒸气发生瓶中，加入硫酸至一定体积，进行测定。

8.4.3.5 结果计算

按式(8-21)计算样品中汞的质量分数 w_{Hg}，单位为 $\mu g/g$。

$$w_{Hg}=\frac{(m_1-m_0)\times V}{m\times V_1}\tag{8-21}$$

式中　m_0——从工作曲线上查得用试剂做空白试验的汞质量，μg；

m_1——从工作曲线上查得样品测试液中的汞质量，μg；

m——样品取样量，g；

V_1——分取样品消化液体积，mL；

V——样品消化液总体积，mL。

8.5　化妆品微生物检验方法

化妆品中，特别是一些高级的护肤膏等含有蛋白质、氨基酸、维生素以及各种植物的提取液等营养成分较高的物质，为霉菌、细菌等微生物的滋生、繁殖提供了良好的生长条件，影响化妆品的质量并危害人体健康。在国外，许多国家所制订的化妆品微生物控制标准相当严格。欧美一些国家要求化妆品的杂菌数每克（或每毫升）控制在 100～1000 个，不允许有致病菌。我国药品微生物检验法规定，乳剂或外用液体每克（或每毫升）含杂菌数按品种不同控制在 500～1000 个。

在此，主要讨论化妆品微生物检验时样品的采集，细菌总数，粪大肠菌群、绿脓杆菌、金黄色葡萄球菌的测定。

8.5.1　化妆品微生物标准检验方法总则

化妆品微生物标准检验方法总则按《化妆品安全技术规范》（2015）执行，该总则提供了样品的采集及注意事项，供检样品的制备，不同类型的样品的检样制备的统一标准。

8.5.1.1　样品的采集及注意事项

① 所采集的样品，应具有代表性，一般视每批化妆品数量大小，随机抽取相应数量的包装单位。检验时，应分别从两个包装单位以上的样品中共取 10g 或 10mL；包装量小于 20g 的样品，采样时可适当增加样品包装数量。

② 供检样品，应严格保持原有的包装状态。容器不应有破裂，在检验前不得打开，以防样品被污染。

③ 接到样品后，应立即登记，编写检验序号，并按检验要求尽快检验。如不能及时检验，样品应放在室温阴凉干燥处，不要冷藏或冷冻。

④ 若只有一个样品，而同时需做多种分析，如细菌、毒理、化学等，则宜先取出部分样品作细菌检验，再将剩余样品作其他分析。

⑤ 在检验过程中，从打开包装到全部检验操作结束，均须防止微生物的再污染和扩散，所用器皿及材料均应事先灭菌，全部操作应在符合生物安全要求的实验室中进行。

8.5.1.2　培养基和试剂

① 生理盐水：称取 8.5g 氯化钠溶解于 1000mL 蒸馏水中，溶解后分装入加玻璃球的三角瓶内，每瓶 90mL，121℃下高压灭菌 20min。

② SCDLP 液体培养基：配方如表 8-24 所示。

表 8-24　SCDLP 液体培养基配方

物质	用量	物质	用量
酪蛋白胨	17g	葡萄糖	2.5g
大豆蛋白胨	3g	卵磷脂	1g
氯化钠	5g	吐温 80	7g
磷酸氢二钾	2.5g	蒸馏水	1000mL

制备方法：先将卵磷脂在少量蒸馏水中加温溶解后，再与其他成分混合，加热溶解，调pH 为 7.2～7.3 分装，每瓶 90mL，121℃ 高压灭菌 20min。注意振荡，使沉淀与底层的吐温 80 充分混合，冷却至 25℃ 左右使用。

③ 灭菌液体石蜡。

④ 灭菌吐温 80。

8.5.1.3　供检样品的制备

（1）液体样品

① 水溶性的液体样品：用灭菌吸管吸取 10mL 样品加到 90mL 灭菌生理盐水中，混匀后，制成 1∶10 检液。

② 油性液体样品：取样品 10g，先加 5mL 灭菌液体石蜡混匀，再加 10mL 灭菌的吐温 80，在 40～44℃ 水浴中振荡混合 10min，加入灭菌的生理盐水 75mL（在 40～44℃ 水浴中预温），在 40～44℃ 水浴中乳化，制成 1∶10 的悬液。

（2）膏、霜、乳剂半固体状样品

① 亲水性的样品：称取 10g，加到装有玻璃珠及 90mL 灭菌生理盐水的三角瓶中，充分振荡混匀，静置 15min。用其上清液作为 1∶10 的检液。

② 疏水性样品：称取 10g，置于灭菌的研钵中，加 10mL 灭菌液体石蜡，研磨成黏稠状，再加入 10mL 灭菌吐温 80，研磨待溶解后，加 70mL 灭菌生理盐水，在 40～44℃ 水浴中充分混合，制成 1∶10 检液。

（3）固体样品　称取 10g，加到 90mL 灭菌生理盐水中，充分振荡混匀，使其分散混悬，静置后，取上清液作为 1∶10 的检液。

使用均质器时，则采用灭菌均质袋，将上述水溶性膏、霜、粉剂等，称 10g 样品加入 90mL 灭菌生理盐水，均质 1～2min；疏水性膏、霜及眉笔、口红等，称 10g 样品，加 10mL 灭菌液体石蜡，10mL 吐温 80，70mL 灭菌生理盐水，均质 3～5min。

8.5.2　菌落总数检验方法

8.5.2.1　测定原理

菌落总数是指化妆品检样经过处理，在一定条件下培养后（如培养基成分、培养温度、培养时间、pH 值、需氧性质等），1g（1mL）检样中所含菌落的总数。所得结果只包括一群本方法规定的条件下生长的嗜中温的需氧性和兼性厌氧菌落总数。

测定菌落总数便于判明样品被细菌污染的程度，是对样品进行卫生学总评价的综合依据。

8.5.2.2　仪器和设备

① 三角烧瓶：250mL。

② 量筒：200mL。

③ pH 计或精密 pH 试纸。

④ 高压灭菌器。

⑤ 试管：18mm×150mm。

⑥ 酒精灯。

⑦ 恒温培养箱：（36±1）℃。

⑧ 放大镜。

⑨ 灭菌平皿：直径 90mm。

⑩ 灭菌刻度吸管：10mL、1mL。

8.5.2.3　培养基和主要试剂

① 生理盐水：《化妆品微生物标准检验方法　总则》

② 卵磷脂、吐温 80-营养琼脂培养基：配方见表 8-25。

表 8-25　卵磷脂、吐温 80-营养琼脂培养基配方

物质	用量	物质	用量
蛋白胨	20g	卵磷脂	1g
牛肉膏	3g	吐温 80	7g
NaCl	5g	琼脂	15g
蒸馏水	1000mL		

制备方法：先将卵磷脂加到少量蒸馏水中，加热溶解，加入吐温 80，将其他成分（除琼脂外）加到其余的蒸馏水中，溶解，将已溶解的卵磷脂、吐温 80 混匀，调 pH 为 7.1～7.4，加入琼脂，121℃高压灭菌 20min，储存于冷暗处备用。

③ 0.5％氯化三苯四氮唑（TTC）。

成分：TTC　　　　　　　　　　　0.5g

蒸馏水　　　　　　　　　　　100mL

制法：溶解后过滤除菌，或 115℃高压灭菌 20min，装于棕色试剂瓶，置 4℃冰箱备用。

8.5.2.4　测定步骤

① 用灭菌吸管，吸取按 1∶10 稀释的检样 2mL 分别注入两个灭菌平皿内，每皿 1mL，另取 1mL 注入 9mL 灭菌生理盐水试管中（注意勿使吸管接触液面），更换一支吸管，并充分混匀，使成 1∶100 的稀释液，吸取 2mL，分别注入两个灭菌平皿内，每皿 1mL。如样品含菌量高，还可再稀释成 1∶1000、1∶10000 等，每种稀释度应换 1 支吸管。

② 将融化并冷至 45～50℃的卵磷脂吐温 80-营养琼脂培养基倾注平皿内，每皿约 15mL，随即转动平皿，使样品与培养基充分混合均匀，待琼脂凝固后，翻转平皿，置（36±1）℃培养箱内培养（48±2）h。另取一个不加样品的灭菌空平皿，加入约 15mL 卵磷脂吐温 80-营养琼脂培养基，待琼脂凝固后，翻转平皿，置（36±1）℃培养箱内培养（48±2）h，为空白对照。

③ 为便于区别化妆品中的颗粒与菌落，可在每 100mL 卵磷脂吐温 80-营养琼脂中加入 1mL 0.5％的 TTC 溶液，如有细菌存在，培养后菌落呈红色，而化妆品的颗粒颜色无变化。

8.5.2.5　菌落计数方法

先用肉眼观察，对菌落数进行计数，然后再用放大 5～10 倍的放大镜检查，以防遗漏。记下各平皿的菌落数后，求出同一稀释度各平皿生长的平均菌落数，若平皿中有连成片状的菌落或花点样菌蔓延生长时，该平皿不宜计数。若片状菌落不到平皿中的一半，而其余一半中菌落数分布又很均匀，则可将此半个平皿菌落计数后乘 2，以代表全皿菌落数。

菌落总数的
测定视频

8.5.2.6 菌落计数及报告方法

① 首先选取平均菌落数为30～300的平皿，作为菌落总数测定的范围。当只有一个稀释度的平均菌落数符合此范围时，即以该平皿菌落数乘其稀释倍数报告之（见表8-26，例1）。

② 若有两个稀释度，其平均菌落数均为30～300个，则应求出两者菌落总数之比值来决定。若其比值小于或等于2，应报告其平均数，若大于2则报告其中较小的菌数（见表8-26，例2及例3）。

③ 若所有稀释度的平均菌落数均大于300个，则应按稀释度高的平均菌落数乘以稀释倍数报告之（见表8-26，例4）

④ 若所有稀释度的平均菌落数均少于30个，则应按稀释度最低的平均菌落数乘以稀释倍数报告之（见表8-26，例5）。

⑤ 若所有稀释度的平均菌落数均不是30～300个，其中一个稀释度大于300个，而相邻的另一稀释度小于30时，则以接近30或300平均菌落数乘以稀释倍数报告之（见表8-26，例6）。

⑥ 若所有的稀释均无菌生长，报告数为每克或每毫升小于10CFU。

⑦ 菌落计数的报告，菌落数在10以内时，按实有数值报告之；大于100时，采用两位有效数字，在两位有效数字后面的数值，应以四舍五入法计算。为了缩短数字后面零的个数，可用10的指数来表示（见表8-26）。在报告菌落数为"不可计"时，应注明样品的稀释度。

表 8-26　细菌计数结果及报告方式

例次	不同稀释度的平均菌落数			两稀释度菌落数之比	菌落总数/(CFU/g 或 CFU/mL)	报告方式/(CFU/g 或 CFU/mL)
	10^{-1}	10^{-2}	10^{-3}			
1	1365	164	20	—	16400	16000 或 1.6×10^4
2	2760	295	46	1.6	38000	38000 或 3.8×10^4
3	2890	271	60	2.2	27100	27000 或 2.7×10^4
4	不可计	4650	513	—	513000	510000 或 5.1×10^5
5	27	11	5	—	270	270 或 2.7×10^2
6	不可计	305	12	—	30500	31000 或 3.1×10^4
7	0	0	0	—	$<1 \times 10$	<10

注：CFU 为菌落形成单位。

⑧ 按重量取样的样品以 CFU/g 为单位报告；按体积取样的样品以 CFU/mL 为单位报告。

8.5.3　耐热大肠菌群的检验

8.5.3.1 测定原理

耐热大肠菌细菌系一群需氧及兼性厌氧革兰氏阴性无芽孢杆菌，在44.5℃培养24～48h能发酵乳糖产酸并产气。

该菌主要来自人和温血动物粪便，可作为粪便污染指标来评价化妆品的卫生质量，推断化妆品中有无污染肠道致病菌的可能。

8.5.3.2 主要仪器

① 恒温水浴箱或隔水式恒温箱：(44.5±0.5)℃。

② 温度计。

③ 显微镜。

④ 载玻片。

⑤ 接种环。

⑥ 电磁炉。

⑦ 三角瓶：250mL。

⑧ 试管：18mm×150mm。

⑨ 小倒管。

⑩ pH 计或 pH 试纸。

⑪ 高温灭菌锅。

⑫ 灭菌平皿：直径 90mm。

⑬ 灭菌刻度吸管：10mL、1mL。

8.5.3.3 培养基和主要试剂

（1）双倍乳糖胆盐（含中和剂）培养基　配方见表 8-27。

表 8-27　双倍乳糖胆盐培养基配方

物质	用量	物质	用量
蛋白胨	40g	0.4%溴甲酚紫水溶液	5mL
猪胆盐	10g	乳糖	10g
卵磷脂	2g	吐温 80	14g
蒸馏水	1000mL		

制备方法：将卵磷脂、吐温 80 溶解到少量蒸馏水中。将蛋白胨、猪胆盐及乳糖溶解到其余的蒸馏水中，加到一起混匀，调 pH 到 7.4，加入 0.4%溴甲酚紫水溶液，混匀、分装试管，每管 10mL（每支试管中加一个小倒管），115℃高压灭菌 20min。

（2）伊红-亚甲蓝（EMB）琼脂　配方见表 8-28。

表 8-28　伊红-亚甲蓝（EMB）琼脂配方

物质	用量	物质	用量
蛋白胨	10g	2%伊红水溶液	20mL
乳糖	10g	0.5%亚甲蓝水溶液	13mL
磷酸氢二钾	2g	琼脂	20g
蒸馏水	1000mL		

制备方法：先将琼脂加到 900mL 蒸馏水中，加热溶解，然后加磷酸氢二钾及蛋白胨混匀，使之溶解。再以蒸馏水补足至 1000mL，校正 pH 为 7.2～7.4。分装于三角瓶内。121℃高压灭菌 15min 备用。临用时加入乳糖并加热融化琼脂。冷至 60℃左右无菌操作加入

经灭菌的伊红-亚甲蓝溶液，摇匀，倾注平皿备用。

（3）蛋白胨水（作靛基质试验用）　配方见表 8-29。

表 8-29　蛋白胨水配方

物质	用量	物质	用量
蛋白胨(或胰蛋白胨)	20g	氯化钠	5g
蒸馏水	1000mL		

制备方法：将上述成分加热融化，调 pH 为 7.0～7.2，分装小试管，121℃高压灭菌 15min。

（4）靛基质试剂　柯凡克试剂：将 5g 对二甲氨基苯甲醛溶解到 75mL 戊醇中，然后缓缓加入浓盐酸 25mL。

试验方法：接种细菌于蛋白胨水中，于（44±0.5）℃培养（24±2）h。沿管壁加柯凡克试剂 0.3～0.5mL，轻摇试管。阳性者于试剂层显深玫瑰红色。

注：蛋白胨应含有丰富的色氨酸，每批蛋白胨买来后，应先用已知菌种鉴定后方可使用。

（5）革兰氏染色液

① 染液制备：按表 8-30 制备染液。

表 8-30　染液的制备方法

成分		制备方法
结晶紫染色液		将结晶紫 1g 溶于 20mL 95% 的乙醇中,然后与 80mL 1% 的草酸铵溶液混合
革兰氏碘液		先将 1g 碘和 2g 碘化钾进行混合,加入少许蒸馏水,充分振荡,待完全溶解后,再加蒸馏水至 300mL
脱色液		95% 乙醇
复染液	沙黄复染液	将 0.25g 沙黄溶于 10mL 95% 的乙醇,然后用 90mL 蒸馏水稀释
	稀石碳酸复红液	称取碱性复红 10g,研细,加 95% 乙醇 100mL,放置过夜,滤纸过滤。取滤液 10mL,加 5% 石碳酸水溶液 90mL,即为石碳酸复红液。再取此液 10mL,加水 90mL,即为稀石碳酸复红液

② 染色法

a. 将涂片在火焰上固定，滴加结晶紫染色液，染 1min，水洗。

b. 滴加革兰氏碘液，作用 1min，水洗。

c. 滴加 95% 酒精脱色，约 30s，或将酒精滴满整个涂片，立即倾去，再用酒精滴满整个涂片，脱色 10s，水洗。

d. 滴加复染液，复染 1min，水洗，待干，镜检。

③ 染色结果。革兰氏阳性菌呈紫色，革兰氏阴性菌呈红色。如用 1:10 稀石碳酸复红染色液作复染液，复染时间仅需 10s。

8.5.3.4　测定步骤

① 取 10mL 1:10 稀释的样品，加到 10mL 双倍乳糖胆盐（含中和剂）培养基中，置（44.5±0.5）℃培养箱中培养 24h。如不产酸也不产气，继续培养至 48h，如仍不产酸也不产

气，则报告为耐热大肠菌群阴性。

②　如产酸产气，划线接种到伊红-亚甲蓝琼脂平板上，在（36±1）℃培养 18～24h，同时取该培养液 1～2 滴接种到蛋白胨水中，在（44.5±0.5）℃培养（24±2）h。经培养后，在上述平板上观察有无典型菌落生长，耐热大肠菌群在伊红-亚甲蓝琼脂培养基上的典型菌落呈紫黑色，不带或略带金属光泽，或粉紫色，中心较深的菌落，亦常为耐热大肠菌群，均应注意挑选。

③　挑选上述可疑菌落，涂片做革兰氏染色镜检。

④　在蛋白胨水培养液中，加入靛基质试剂约 0.5mL，观察靛基质反应，阳性者液面呈玫瑰红色；阴性反应液面呈试剂本色。

8.5.3.5　检验结果

根据发酵乳糖产酸产气，平板上有典型菌落，并经证实为革兰氏阳性短杆菌，靛基质试剂验阳性，则可报告被检样品中检出耐热大肠菌群。

8.5.4　铜绿假单胞菌的检验方法

8.5.4.1　检验原理

铜绿假单胞菌属于假单胞菌属，为革兰氏阴性杆菌，氧化酶阳性，能产生绿脓菌素。此外还能液化明胶，还原硝酸盐为亚硝酸盐，在（42±1）℃条件下能生长。

8.5.4.2　主要仪器

①　恒温培养箱：（36±1）℃、（42±1）℃。

②　三角瓶：250mL。

③　显微镜。

④　载玻片。

⑤　接种针、接种环。

⑥　电磁炉。

⑦　高温灭菌锅。

⑧　试管：18mm×150mm。

⑨　灭菌平皿：直径 90mm。

⑩　灭菌刻度吸管：10mL、1mL。

⑪　恒温水浴箱。

8.5.4.3　培养基和主要试剂

（1）SCDLP 液体培养基　制备方法与前述 SCDLP 液体培养基一致。

（2）十六烷基三甲基溴化铵培养基　配方见表 8-31。

表 8-31　十六烷基三甲基溴化铵培养基配方

物质	用量	物质	用量
牛肉膏	3g	十六烷三甲基溴化铵	0.3g
蛋白胨	10g	琼脂	20g
NaCl	5g	蒸馏水	1000mL

制备方法：除琼脂外，将上述成分混合加热溶解，调 pH 为 7.4～7.6，加入琼脂，115℃高压灭菌 20min 后，制成平板备用。

（3）乙酰胺培养基　配方见表 8-32。

表 8-32　乙酰胺培养基配方

物质	用量	物质	用量
乙酰胺	10.0g	NaCl	5.0g
无水 K_2HPO_4	1.39g	酚红	0.012g
无水 KH_2PO_4	0.73g	硫酸镁（$MgSO_4 \cdot 7H_2O$）	0.5g
琼脂	20g	蒸馏水	1000mL

制备方法：除琼脂和酚红外，将其他成分加到蒸馏水中，加热溶解，调 pH 为 7.2，加入琼脂、酚红，121℃高压灭菌 20min 后，制成平板备用。

（4）绿脓菌色素测定用培养基　配方见表 8-33。

表 8-33　绿脓菌色素测定用培养基配方

物质	用量	物质	用量
蛋白胨	20g	琼脂	18g
氯化镁	1.4g	甘油（化学纯）	10g
硫酸钾	10g	蒸馏水	1000mL

制备方法：将蛋白胨、氯化镁和硫酸钾加到蒸馏水中，加热使其溶解，调 pH 至 7.4，加入琼脂和甘油，加热溶解，分装于试管内，115℃高压灭菌 20min 后，制成斜面备用。

（5）明胶培养基　配方见表 8-34。

表 8-34　明胶培养基配方

物质	用量	物质	用量
牛肉膏	3g	蛋白胨	5g
明胶	120g	蒸馏水	1000mL

制备方法：取各成分加在蒸馏水中浸泡 20min，随时搅拌加热使之溶解，调 pH 至 7.4，分装于试管内，115℃高压灭菌 20min 后，直立制成高层，备用。

（6）硝酸盐蛋白胨水培养基　配方见表 8-35。

表 8-35　硝酸盐蛋白胨水培养基配方

物质	用量	物质	用量
蛋白胨	10g	亚硝酸钠	0.5g
酵母浸膏	3g	硝酸钾	2g
蒸馏水	1000g		

制备方法：将蛋白胨和酵母浸膏加到蒸馏水中，加热使之溶解，调 pH 值为 7.2，煮沸过滤后补足液量，加入硝酸钾和亚硝酸钠，溶解混匀，分装到加有小倒管的试管中，115℃高压灭菌 20min 后备用。

（7）普通琼脂斜面培养基：配方见表 8-36。

表 8-36　普通琼脂斜面培养基配方

物质	用量	物质	用量
蛋白胨	10g	NaCl	5g
琼脂	15g	蒸馏水	1000mL
牛肉膏	3g		

制备方法：除琼脂外，其余成分溶解于蒸馏水中，调 pH 为 7.2～7.4，加入琼脂，加热溶解，分装试管，121℃高压灭菌 15min 后，制成斜面备用。

8.5.4.4　检验步骤

（1）增菌培养　取 1：10 样品稀释液 10mL 加到 90mL SCDLP 液体培养基中，置（36±1）℃培养箱中，培养 18～24h，如有铜绿假单胞菌生长，培养液面会有一层薄菌膜，培养液呈黄绿色或蓝绿色。

（2）分离培养　从培养液的薄菌膜处挑取培养物，划线接种在十六烷三甲基溴化铵琼脂平板上。置（36±1）℃培养 18～24h。凡铜绿假单胞菌在此培养基上，其菌落为扁平无定型，向周边扩散或略有蔓延，表面湿润，菌落呈灰白色，菌落周围培养基常有水溶性色素扩散。

在缺乏十六烷三甲基溴化铵琼脂时，也可以用乙酰胺培养基进行分离，将菌液划线接种于平板中，放（36±1）℃培养（24±2）h，铜绿假单胞菌在此培养基上生长良好，菌落扁平，边缘不整，菌落周围培养基略带粉红色，其他菌不生长。

（3）染色镜检　挑取可疑的菌落，涂片，革兰氏染色，镜检为革兰氏阴性者进行氧化酶试验。

（4）氧化酶试验　取一小块洁净的白色滤纸片放在灭菌平皿内，用无菌玻璃棒挑取铜绿假单胞菌可疑菌落涂在滤纸片上，然后在其上滴加一滴新配制的 1%二甲基对苯二胺试液，在 15～30s 内出现粉红色或紫红色时，为氧化酶试验阳性；若培养物不变色，为氧化酶试验阴性。

（5）绿脓菌素试验　取可疑菌落 2～3 个，分别接种在绿脓菌素测定用培养基上，置（36±1）℃培养（24±2）h，加入氯仿 3～5mL，充分振荡使培养物中的绿脓菌素溶解于氯仿液内，待氯仿提取液呈蓝色时，用吸管将氯仿移到另一试管中并加入 1mol/L 的盐酸 1mL 左右，振荡后，静置片刻。如上层盐酸液内出现粉红色到紫红色时为阳性，表示被检物中有绿脓菌素存在。

（6）硝酸盐还原产气试验　挑取可疑的铜绿假单胞菌培养物，接种在硝酸盐胨水培养基中，置（36±1）℃培养（24±2）h，观察结果。凡在硝酸盐胨水培养基内的小倒管中有气体者，即为阳性，表明该菌能还原硝酸盐，并将亚硝酸盐分解产生氮气。

（7）明胶液化试验　取铜绿假单胞菌可疑菌落的纯培养物，穿刺接种在明胶培养基中，置（36±1）℃培养（24±2）h，取出放入（4±2）℃冰箱 10～30min，如仍呈溶解状或表面溶解时即为明胶液化试验阳性，如凝固不溶者为阴性。

（8）42℃生长试验　挑取可疑的铜绿假单胞菌纯培养物，接种在普通琼脂斜面培养基上，置于（42±1）℃培养箱中，培养 24～48h，铜绿假单胞菌能生长，为阳性而近似的荧光假单胞菌则不能生长。

8.5.4.5 检验结果报告

被检样品经增菌分离培养后，经证实为革兰氏阴性杆菌，氧化酶及绿脓菌素试验皆为阳性者，即可报告被检样品中检出有铜绿假单胞菌；如绿脓菌素试验阴性而液化明胶、硝酸盐还原产气和42℃生长试验三者皆为阳性时，仍可报告被检样品中有铜绿假单胞菌。

8.5.5 金黄色葡萄球菌检验

金黄色葡萄球菌在外界分布较广，抵抗力也较强，能引起人体局部化脓性病灶，严重时可导致败血症，因此化妆品中检验金黄色葡萄球菌有重要意义。

8.5.5.1 检验原理

金黄色葡萄球菌为革兰氏阳性球菌，呈葡萄状排列，无芽孢，无荚膜，能分解甘露醇，血浆凝固酶阳性。

8.5.5.2 主要仪器

① 恒温培养箱：(36±1)℃。
② 三角瓶：250mL
③ 显微镜。
④ 载玻片。
⑤ 离心机。
⑥ 酒精灯。
⑦ 高温灭菌锅。
⑧ 试管：18mm×150mm。
⑨ 灭菌刻度吸管：10mL、1mL。
⑩ 恒温水浴箱。

8.5.5.3 培养基和主要试剂

(1) SCDLP 液体培养基　制备方法与前述 SCDLP 液体培养基一致。
(2) 7.5%的氯化钠肉汤培养基　配方如表 8-37 所示。

表 8-37　7.5%氯化钠肉汤培养基配方

成分	组成	成分	组成
蛋白胨	10g	氯化钠	75g
牛肉膏	3g	蒸馏水	1000mL

制备方法：将上述成分加热溶解，调 pH 为 7.4，分装，121℃高压灭菌 15min。
(3) 营养肉汤　配方如表 8-38 所示。

表 8-38　营养肉汤培养基配方

成分	组成	成分	组成
蛋白胨	10g	氯化钠	5g
牛肉膏	3g	蒸馏水	1000mL

制备方法：将上述成分加热溶解，调 pH 为 7.4，分装，121℃高压灭菌 15min。

（4）Baird-Parker 平板　配方如表 8-39 所示。

表 8-39　Baird-Parker 平板配方

成分	组成	成分	组成
胰蛋白胨	10g	氯化锂(LiCl·6H$_2$O)	5g
牛肉膏	5g	琼脂	20g
酵母浸膏	1g	蒸馏水(pH 7.0±0.2)	950mL
甘氨酸	12g		

增菌剂的配制：30％卵黄盐水 50mL 与除菌过滤的 1％亚碲酸钾溶液 10mL 混合，保存于冰箱内。

Baird-Parker 平板制备方法：将各成分溶解到蒸馏水中，加热煮沸完全溶解，冷至（25±1)℃校正 pH。分装每瓶 95mL，121℃高压灭菌 15min。临用时加热融化琼脂，每 95mL 加入预热至 50℃的卵黄-亚碲酸钾增菌剂 5mL，摇匀后倾注平板。培养基应是致密不透明的。使用前在冰箱贮存不得超过（48±2)h。

（5）血琼脂培养基　配方见表 8-40。

表 8-40　血琼脂培养基配方

成分	组成	成分	组成
营养琼脂	100mL	脱纤维羊血(或兔血)	10mL

制备方法：将营养琼脂加热融化，待冷至 50℃左右无菌操作加入脱纤维羊血（或兔血），摇匀，制成平板，置冰箱内备用。

（6）甘露醇发酵培养基　配方见表 8-41。

表 8-41　甘露醇发酵培养基配方

成分	组成	成分	组成
蛋白胨	10g	牛肉膏	5g
氯化钠	5g	0.2％麝香草酚蓝溶液	10mL
甘露醇	10g	蒸馏水	1000mL

制备方法：将蛋白胨、氯化钠、牛肉膏加到蒸馏水中，加热溶解，调 pH 至 7.4，加入甘露醇和指示剂，混匀后分装试管中，68.95kPa（115℃ 101b）20min 灭菌备用。

（7）兔（人）血浆制备　取 3.8％柠檬酸钠溶液 1 份，121℃高压灭菌 30min，加兔（人）全血 4 份，混匀静置；2000～3000r/min 离心 3～5min。血细胞下沉，取上面血浆。

8.5.5.4　测定步骤

（1）增菌　取 1∶10 稀释的样品 10mL 接种到 90mL SCDLP 液体培养基中，置（36±1)℃培养箱，培养（24±2)h。

注：如无此培养基也可用 7.5％氯化钠肉汤。

（2）分离　自上述增菌培养液中，取 1～2 接种环，划线接种在 Baird-Parker 平板，如无也可划线接种到血琼脂平板，置（36±1）℃培养48h。在血琼脂平板上菌落呈金黄色，圆形，不透明，表面光滑，周围有溶血圈。在 Baird-Parker 平板上为圆形，光滑，凸起，湿润，颜色呈灰色到黑色，边缘为淡色，周围为一混浊带，在其外层有一透明带。用接种针接触菌落似有奶油树胶的软度。偶然会遇到非脂肪溶解的类似菌落，但无混浊带及透明带。挑取单个菌落接种在血琼脂平板上，置（36±1）℃培养（24±2）h。

（3）染色镜检　挑取分纯菌落，涂片，进行革兰氏染色，镜检。金黄色葡萄球菌为革兰氏阳性菌，排列成葡萄状，无芽孢，无夹膜，致病性葡萄球菌，菌体较小，直径为0.5～1μm。

（4）甘露醇发酵试验　取上述分纯菌落接种到甘露醇发酵培养基中，在培养基液面上加入高度为2～3mm的灭菌液体石蜡，置（36±1）℃培养（24±2）h。金黄色葡萄球菌应能发酵甘露醇产酸。

（5）血浆凝固酶试验　试管法：吸取1：4的新鲜血浆0.5mL，置于灭菌小试管中，加入培养（24±2）h的待检菌的肉汤培养物0.5mL，混匀，放（36±1）℃恒温箱或恒温水浴中，每半小时观察一次，6h之内如呈现凝块即为阳性。同时以已知血浆凝固酶阳性和阴性菌株肉汤培养物及肉汤培养基各0.5mL，分别加入无菌1：4血浆0.5mL混匀，作为对照。

8.5.5.5　检验结果

凡在上述选择平板上有可疑菌落生长，经染色镜检，证明为革兰氏阳性葡萄球菌，并能发酵甘露醇产酸，血浆凝固酶试验阳性者，可报告被检样品检出金黄色葡萄球菌。

8.5.6　霉菌和酵母菌的检验

8.5.6.1　检验原理

霉菌和酵母菌数测定是指化妆品检样在一定条件下培养后，1g 或 1mL 化妆品中所污染的活的霉菌和酵母菌数量，据此判明化妆品被霉菌和酵母菌污染程度及其一般卫生状况。

本方法根据霉菌和酵母菌特有的形态和培养特性，在玫瑰红培养基上，置（28±2）℃培养5d，计算所生长的霉菌和酵母菌数。

8.5.6.2　仪器和设备

① 恒温培养箱：（36±1）℃。

② 三角瓶：250mL。

③ 振荡器。

④ 灭菌平皿：直径90mm。

⑤ 量筒：200mL。

⑥ 酒精灯。

⑦ 高温灭菌器。

⑧ 试管：18mm×150mm。

⑨ 灭菌刻度吸管：10mL、1mL。

⑩ 恒温水浴箱。

8.5.6.3　培养基和主要试剂

（1）生理盐水　与细菌总数测定用的生理盐水一致。

（2）玫瑰红（孟加拉红）培养基　配方如表 8-42 所示。

表 8-42　玫瑰红培养基

成分	用量	成分	用量
蛋白胨	5g	琼脂	20g
葡萄糖	10g	1/3000 玫瑰红溶液（四氯四碘荧光素）	100mL
磷酸二氢钾	1g	氯霉素	100mg
硫酸镁（含 7H$_2$O）	0.5g	蒸馏水	1000mL

制法：将上述各成分（除玫瑰红和氯霉素外）加入蒸馏水中溶解后，再加入玫瑰红溶液。分装后，121℃高压灭菌 20min，另用少量乙醇溶解氯霉素，过滤溶解后加入培养基中，若无氯霉素，使用时每 1000mL 加链霉素 30mg。

8.5.6.4　操作步骤

（1）样品稀释　与细菌菌落总数测定稀释方法一致。

（2）培养　取 1∶10、1∶100、1∶1000 的检液各 1mL 分别注入灭菌平皿内，每个稀释度各接种 2 个平皿，注入融化并冷至（45±1）℃左右的玫瑰红培养基，充分摇匀。凝固后，翻转平板，置（28±1）℃培养箱内培养 5d，观察并记录。另取一个不加样品的灭菌空平皿，加入约 15mL 玫瑰红培养基，待琼脂凝固后，翻转平皿，置（28±1）℃培养箱内培养 5d，为空白对照。

（3）计算方法　先点数每个平板上生长的霉菌和酵母菌菌落数，求出每个稀释度的平均菌落数。判定结果时，应选取菌落数在 5～50 个范围之内的平皿计数，乘以稀释倍数后，即为每 g（或每 mL）检样中所含的霉菌和酵母菌数。其他范围内的菌落数报告应参照菌落总数的报告方法报告。

菌落总数的
观察视频

8.5.6.5　检验结果

每 g（或每 mL）化妆品含霉菌和酵母菌数以 CFU/g（或 CFU/mL）表示。

实训 15 乳液稳
定性的测定

实训 16 化妆品
pH 值的测定

实训 17 化妆品
黏度的测定

实训 18 化妆品
菌落总数的测定

实训 19 化妆品霉菌与
酵母菌总数的测定

练习题

1. 化妆品的感官指标有哪些？如何进行感官指标的检验？

2. 化妆品的稳定性试验有哪些项目？

3. 洗发香波的有效物指的是什么？如何测定？

4. 化妆品卫生标准规定其中的汞含量为多少？用何种方法检验？使用什么仪器？

5. 砷对人体有何毒害作用？化妆品卫生标准规定其中的砷含量为多少？用何种方法检验？使用什么仪器？

6. 铅对人体有何毒害作用？化妆品卫生标准规定其中的铅含量为多少？用何种方法检验？使用什么仪器？

7. 化妆品微生物质量标准中，对哪些菌进行检验？

8. 化妆品对菌落总数有何规定？

9. 如果某公司采用计数法测定雪花膏的细菌总数，10^{-1}、10^{-2}、10^{-3} 三个稀释度的平均菌落数分别为 107、33、11，那么该公司应报该产品的细菌总数是多少？这批雪花膏产品是否合格？

10. 新的化妆品标准中对霉菌和酵母菌有什么要求？

第**9**章
涂料的检验

学习目标

知识目标

（1）了解涂料的类型、功能和对产品质量的影响。

（2）熟悉涂料理化检验项目。

（3）掌握涂料理化检验项目的常规检验方法。

能力目标

（1）能进行涂料检验样品的制备。

（2）能进行相关溶液的配制。

（3）能根据涂料的种类和检验项目选择合适的检验方法。

（4）能按照标准方法对涂料相关项目进行检验，给出正确结果。

素质目标

（1）通过理论知识学习培养扎实的科学素养与人文素养。

（2）通过具体操作训练培养劳动精神、工匠精神。

（3）通过分组讨论和实训培养沟通能力和团队精神。

（4）通过涂料绿色化知识学习培养环保意识和道德素养。

案例导入

如果你是一名涂料生产企业的检验人员，公司生产了一批涂料，你如何判定该批涂料是否合格？

课前思考题

（1）涂料的主要成分有哪些？

（2）涂料的剂型有哪些？

（3）涂料中常含有哪些有害成分？

涂料，即俗称的"油漆"，是涂于物体表面能形成具有保护、装饰或特殊性能的固态膜的一类液体或固体的总称。这种材料可以用不同工艺经过施工涂布在被涂物表面，干燥固化后，形成一层高分子聚合物薄膜即涂膜，粘附牢固且具有一定强度。

涂料的分类方法有很多，目前，在我国涂料工业中按成膜物质（基料）分类，可将涂料分为 17 类，如醇酸树脂涂料、环氧树脂涂料、聚氨酯涂料、酚醛树脂涂料、丙烯酸树脂涂料等。

涂料除了具有装饰外观、防止腐蚀的作用外，还具有许多特殊功能，如防火涂料、防霉涂料、耐高温涂料、飞机的防雷达波涂料等等不胜枚举，是一种用途广泛的精细化工产品。因此，对涂料产品的检验显得尤为重要。

9.1 涂料产品通用项目的检验

本节仅介绍涂料产品通用项目的检验方法。

9.1.1 清漆和清油透明度的测定

9.1.1.1 方法原理

用试样与标准液比较，观察样品呈现的混浊程度，以标准液的等级表示清漆和清油的透明度。

9.1.1.2 仪器设备

① 具塞比色管：容量 25mL。

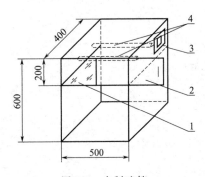

图 9-1 木制暗箱
1—磨砂玻璃；2—挡光板；3—电源开关；
4—15W 日光灯

② 比色架。
③ 吸管：10mL。
④ 量筒：20mL、100mL。
⑤ 天平：感量为 0.01g。
⑥ 光电分光光度计：72 型。
⑦ 木制暗箱：500mm×400mm×600mm，如图 9-1 所示。暗箱内用 3mm 厚的磨砂玻璃将箱分成上下两部分，磨砂玻璃的磨面向下，使光线均匀。暗箱上部平行等距装置 15W 日光灯 2 支，前面安装一挡光板，下部正面敞开，用于检验，内壁涂无光黑漆。

9.1.1.3 主要试剂

木制暗箱

（1）直接黄棕新 D3G 溶液 称取 0.1g 直接黄棕新 D3G 染料，加入 20mL 蒸馏水，充分搅拌，使之溶解。如有沉淀，则取用上部清液。

（2）柔软剂 VS（十八烷基乙烯脲）溶液 称取 1g 柔软剂 VS，加入 200mL 蒸馏水，充分搅拌，使其溶解，静置 48h 后，弃除上层清液，取中间溶液备用。

（3）标准液的配制

① 按照表 9-1 所列柔软剂 VS 溶液和蒸馏水的用量，配成"透明""微浑""浑浊"三级试液，分别在光电分光光度计上（波长选用 460nm），用 VS 溶液和蒸馏水校正至相当于该三级透明度的透光率，校正好的试液作为无色部分的标准液。

表 9-1　各级透明度配比量-无色标准液

等级	透明度	配比量(容量计)		以 VS 溶液或蒸馏水在光电分光光度计上校正成透光率/%
		柔软剂 VS 溶液/mL	蒸馏水/mL	
1	透明	0	200	100
2	微浑	6	200	85 ± 2
3	浑浊	11	200	72 ± 2

② 按照表 9-2 所列柔软剂 VS 溶液和蒸馏水的用量如步骤①进行校正，校正好的试液再加直接黄棕新 D3G 溶液调整至相当于铁钴比色计色阶为 12～13 之间，作为有色部分的标准液。

表 9-2　各级透明度配比量-有色标准液

等级	透明度	配比量(容量计)		以 VS 溶液或蒸馏水在光电分光光度计上校正成透光率/%
		柔软剂 VS 溶液/mL	蒸馏水/mL	
1	透明	0	200	100
2	微浑	14	200	60 ± 2
3	浑浊	20	200	35 ± 2

③ 无色和有色的标准液分别装于比色管中，加塞盖紧，排列于架上，妥善保管，防止光照。标准液的有效使用期定为 6 个月。

9.1.1.4　检验步骤

将试样倒入干燥洁净的比色管中，调整到温度 (23±2)℃，于暗箱的透射光下与一系列不同浑浊程度的标准液 (无色的则用无色部分，有色的用有色部分) 比较，选出与试样最接近的一级标准液。

在测试过程中，如发现标准液有棉絮状悬浮物或沉淀时，可摇匀后再与试样进行对比。如试样由于温度低而引起浑浊，可在水浴中加热到 50～55℃，保持 5min，然后冷却至 (25±1)℃，再保持 5min 后进行测定。

9.1.1.5　检验结果

清漆和清油试样的透明度等级直接以与试样最接近的标准液等级表示。

检验完毕，所出具的检验报告中应包括以下内容：测试样品的名称、型号、来源、批号；注明采用的国家标准；测试方法；测试结果；测试日期。

其他项目的检验报告内容同上，以下不再叙述。

9.1.2　清漆和清油颜色的测定

用铁钴比色计或罗维朋比色计目视比色测定清漆和清油的颜色，并以铁钴比色计的色阶号或罗维朋色度值表示液体的颜色。具体测定原理和测定步骤见本书第 2 章 2.7 节内容。

9.1.3　涂料黏度的测定

涂料产品黏度的测定方法有黏度杯法和落球黏度计法。黏度杯法测定原理和测定步骤见第 2 章 2.10 节内容，在此只介绍落球黏度计法。

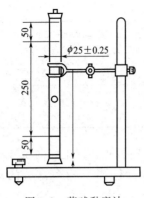

图 9-2 落球黏度计

9.1.3.1 方法原理

落球黏度计法是利用钢质小球在液体中流动的速度快慢来测定液体的条件黏度，即在一定的温度下，一定规格的钢球垂直下落通过盛有试样的玻璃管上、下两刻度线所需的时间，以秒（s）表示。

9.1.3.2 仪器和设备

落球黏度计：由玻璃管与钢球两部分组成，玻璃管长350mm，内径为（25±0.25）mm，距两端管口边缘50mm处各有一刻度线，两线间距为250mm。在管口上、下端有软木塞子，上端软木塞中间有一铁钉。玻璃管被垂直固定在架上（以铅锤测定）。钢球直径为（8±0.03）mm。落球黏度计如图 9-2 所示。

9.1.3.3 检验步骤

落球黏度计

将透明试样倒入玻璃管中，使试样高于上端刻度线40mm。放入钢球，塞上带铁钉的软木塞。将永久磁铁放置在带铁钉的软木塞上。将管子颠倒使铁钉吸住钢球，再翻转过来，固定在架上。使用铅锤，调节玻璃管使其垂直。将永久磁铁拿走，使钢球自由下落，当钢球刚落到上刻度线时，立即启动秒表。至钢球落到下刻度线时停止秒表。以钢球通过两刻度线的时间（s）表示试样黏度的大小。

9.1.3.4 检验结果

取两次测定值的平均值为测定结果，两次测定值之差不应大于平均值的3%。

9.1.4 涂料细度的测定

9.1.4.1 方法原理

细度也称研磨细度，指规定试验条件下，在标准细度板上获得的读数。此读数指出细度板凹槽的深度，在此深度处，可以容易地辨别出产品中离散的固体颗粒。参照 GB/T 1724—2019《色漆、清漆和印刷油墨 研磨细度的测定》，细度的测定方法有 A 法和 B 法，在此介绍 A 法。

9.1.4.2 仪器和设备

（1）刮刀 由尺寸大约长 90mm、宽 40mm、厚 6mm 的单刃或双刃钢片制成。长边上的刀刃应是平直的且圆整，成半径约为 0.25mm 的圆弧状。应定期检查刮刀的磨耗、损伤及变形。如果检查出刀刃损伤则不应再使用此刀。

如果细度板的上表面本身没有磨损或变形，可用于对刮刀进行常规检查。刮刀应小心处置和放置。

（2）细度板 如图 9-3。可由长约 175mm、宽65mm、厚 13mm 的淬火钢块制成。至少在测试水性涂料产品时，应使用不锈钢块制的细度板。

将钢块的上表面磨平磨光，在其上面开出一条或两条长约 140mm、宽约 12.5mm 平行于钢块长边的凹

图 9-3 细度板

槽。每条凹槽的深度应沿钢块的长边均匀地递减。槽的一端有一合适的深度（例如 $25\mu m$、$50\mu m$ 或 $100\mu m$），另一端的深度为零，且应按表 9-3 中的规定细分刻度。

表 9-3　典型细度板分度和推荐测试范围　　　　　　　　　　　　　　单位：μm

凹槽的最大深度	分度间隔	推荐测试范围
100	10	40～90
50	5	15～40
25	2.5	5～15

沿凹槽长度方向任何位置的凹槽深度与在该位置处横跨槽上的标准数值的偏差不应超过 $2.5\mu m$。钢块的表面应该以细致研磨或精磨加工，表面应平整，表面平面度为 $12\mu m$，其横截面母线的直线度为 $1\mu m$。钢块表面与底面的平行度应在 $25\mu m$ 之内。

标明分刻度的钢制细度板是适用的，能给出相似结果的其他类的细度板也可以使用。

研磨细度测定的精度部分取决于使用的细度板。当报告结果或规定要求时应规定细度板规格（$100\mu m$、$50\mu m$ 或 $25\mu m$）。

9.1.4.3　检验步骤

① 进行初步测试以确定最适宜的细度板规格和试样近似的研磨细度。此近似测定结果不包含在试验结果中。对试样进行 3 次平行测定。

② 将洗净并干燥的细度板放在平坦、水平、不会滑动的平面上。

③ 将足够量的样品倒入沟槽的深端，并使样品略有溢出，注意在倾倒样品时勿使样品夹带空气。

④ 用两手的大拇指和食指捏住刮刀，将刮刀的刀刃放在细度板凹槽最深一端，与细度板表面相接触，并使刮刀的长边平行于细度板的宽边，而且要将刮刀垂直压于细度板的表面，使刮刀和凹槽的长边成直角。在 $1\sim2s$ 内使刮刀以均匀的速度刮过细度板的整个表面到超过凹槽深度为零的位置。如果是印刷油墨或类似的黏性液体，为了避免结果偏低，要求刮刀刮过整个凹槽长度的时间应不少于 5s。在刮刀上要施加足够的向下压力，以确保凹槽中充满试样，多余的试样则被刮下。

⑤ 在刮完样后在涂料仍是湿态的情况下，尽可能快的时间（几秒）内以如下的方法从侧面观察细度板，观察时，视线与凹槽的长边成直角，且和细度板表面的角度不大于 30°且不小于 20°，同时要求在易于看出凹槽中样品状况的光线下进行观察。

如果试样的流动性造成在刮涂后不能得到平整的图案，可以加入最低量的合适的稀释剂或漆基溶液并进行人工搅拌，然后进行重复试验。在报告中应注明任何稀释情况。有时，稀释试样可能发生絮凝而影响研磨细度。

9.1.4.4　检验结果

平行试验三次，试验结果取两次相近读数的算术平均值，以 μm 表示。两次读数的误差不应大于仪器的最小分度值。即：对量程 $100\mu m$ 的细度板为 $5\mu m$；对量程 $50\mu m$ 的细度板为 $2\mu m$；对量程 $25\mu m$ 的细度板为 $1\mu m$。

9.1.5　涂料不挥发物含量的测定

不挥发物含量是在规定的试验条件下，样品经挥发而得到的剩余物的质量分数。

9.1.5.1 仪器和设备

① 金属或玻璃的平底皿：直径（75±5）mm，边缘高度至少为5mm。

② 烘箱：能在安全条件下进行试验。对于不大于150℃的情况，能保持在规定或商定温度的±2℃的范围内；对于温度在150~200℃的情况，能保持在规定或商定温度±3.5℃的范围内。烘箱应装有强制通风装置。酚醛树脂例外，此时可以使用在烘箱1/3高度的位置装有有孔的金属搁板的能自然对流的烘箱。

③ 干燥器：装有适宜的干燥剂，例如用氯化钴浸过的干燥硅胶。

④ 分析天平：感量为0.01g、0.001g。

9.1.5.2 检验步骤

① 为了提高测量精度，建议在烘箱中于规定或商定的温度下将皿干燥规定或商定的时间。然后放置在干燥器中直至使用。

② 称量洁净干燥的皿的质量（m_0），称取待测样品（m_1）至皿中铺匀（全部称量精确至1mg）。对高黏度样品（在剪切速率为100s^{-1}时，黏度≥500mPa·s，或按GB/T 6753.4—1998用6mm的流出杯测得的流出时间t≥74s或结皮样品），用一个已称重的金属丝（如未涂漆的弯曲纸质回形针），将试样铺平。如有必要，可另加2mL合适的溶剂。

③ 用于色漆和清漆及其他用途（如研磨剂，摩擦衬片，铸造用黏合剂，制模材料）的缩聚树脂称取较多的试样量，因为这些用途的材料须采用较厚的涂层进行测试以便缩聚树脂的单体能发生交联反应。对于比较试验，待测样品在皿中的涂层厚度应相同。

④ 称量皿和剩余物的质量（m_2），精确至1mg。

9.1.5.3 结果的表示

不挥发物含量，以质量分数w(%)表示，按式(9-1)计算：

$$w = \frac{m_2 - m_0}{m_1 - m_0} \times 100 \tag{9-1}$$

式中 m_1——皿和试样的质量，g；

m_2——皿和剩余物的质量，g；

m_0——空皿的质量，g。

试验结果取两次平行试验的平均值，准确至0.1%。

9.1.5.4 补充试验条件

为使本试验方法能得以实施，如合适，应规定以下试验参数。

① 试验温度（见表9-4和表9-5）。

② 加热时间（见表9-4和表9-5）。

③ 试样量（见表9-4和表9-5）。

表9-4 色漆、清漆、色漆与清漆用漆基和液态酚醛树脂的试验参数

加热时间/min	温度/℃	试样量/g	产品类别示例
20	200	1±0.1①	粉末树脂
60	80	1±0.1①	硝酸纤维素、硝酸纤维素喷漆、多异氰酸酯树脂②
60	105	1±0.1①	纤维素衍生物、纤维素漆、空气干燥型漆、多异氰酸酯树脂②

加热时间/min	温度/℃	试样量/g	产品类别示例
60	125	1±0.1①	合成树脂(包括多异氰酸酯树脂②)、烘烤漆、丙烯酸树脂(首选条件)
60	150	1±0.1①	烘烤型底漆、丙烯酸树脂
30	180	1±0.1①	电泳漆
60	135	3±0.5	液态酚醛树脂

① 试样量经有关方商定可以不是 1g。若是这种情况,建议试样量不要超过(2±0.2)g。对于含有沸点为 160～200℃溶剂的树脂,建议烘箱温度为 160℃。如有更高沸点的溶剂,试验条件应由有关方商定。

② 试验参数根据待测的多异氰酸酯树脂各自的类型而定。

表 9-5　聚合物分散体的试验参数

加热时间/min	温度/℃	试样量/g	方法①
120	80	1±0.2②	A
60	105	1±0.2②	B
60	125	1±0.2②	C
30	140	1±0.2②	D

① 试验条件根据待测的聚合物分散体和乳液的类型而定,应选择有关方商定的条件。

② 试样量经有关方商定可以不是 1g,然而不能超过 2.5g。试样量也可为 0.2～0.4g,精确至 0.1mg。在这种情况下,试验时间可以减少(由待测分散体的类型而定),只要所得到的结果与本表中所给的条件下获得的结果相同。

9.1.6　涂料水分的测定

采用蒸馏法进行涂料产品中所含水分的测定。具体测定原理和测定步骤见第 2 章 2.6 节内容。

9.2　涂料施工性能的检测

9.2.1　涂料干燥时间的测定

涂料干燥时间有表面干燥时间和实际干燥时间两项。在规定的干燥条件下,表层成膜的时间为表干时间,全部形成固体涂膜的时间为实际干燥时间,以 h 或 min 表示。

9.2.1.1　方法原理

按 GB/T 1727—2021《漆膜一般制备法》在马口铁板、紫铜铜片(或产品标准规定的底材)上制备漆膜,然后按产品标准规定的干燥条件进行干燥。每隔若干时间或到达产品标准规定时间,在距膜面边缘不小于 1cm 的范围内,检验漆膜是否表面干燥或实际干燥(烘干的涂膜从电热鼓风箱中取出后,应在恒温恒湿条件下放置 30min 后测试)。

9.2.1.2　仪器和设备

① 马口铁板:50mm×120mm×(0.2～0.3)mm;65mm×150mm×(0.2～0.3)mm。

② 紫铜片:T2,硬态,50mm×100mm×(0.1～0.3)mm。

③ 铝板:LY12,50mm×120mm×1mm。

④ 铝片盒:45mm×45mm×20mm(铝片厚度 0.05～0.1mm)。

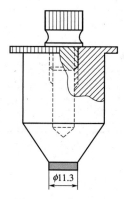

图9-4 干燥试验器

⑤ 脱脂棉球：1cm³ 疏松棉球。

⑥ 定性滤纸：标重 75g/m²，15cm×15cm。

⑦ 保险刀片。

⑧ 秒表：精度为 0.1s。

⑨ 天平：感量为 0.01g。

⑩ 电热鼓风箱。

⑪ 干燥试验器：如图 9-4 所示。

9.2.1.3 检验步骤

（1）表面干燥时间测定法

① 吹棉球法。在漆膜表面上轻轻放上一个脱脂棉球，用嘴距棉球 10～15cm，沿水平方向轻吹棉球，如能吹走，膜面不留有棉丝，即认为表面干燥。

② 指触法。以手指轻触漆膜表面，如感到有些发黏，但无涂料粘在手指上，即认为表面干燥。

（2）实际干燥时间测定法

① 压滤纸法。在漆膜上放一片定性滤纸（光滑面接触涂膜），滤纸上再轻轻放置干燥试验器，同时启动秒表，经 30s，移去干燥试验器，将样板翻转（涂膜向下），滤纸能自由落下，或在背面用握板之手的食指轻敲几下，滤纸能自由落下而滤纸纤维不被粘在漆膜上，即认为漆膜实际干燥。

对于产品标准中规定漆膜允许稍有黏性的涂料，如样板翻转经食指轻敲后，滤纸仍不能自由落下时，将样板放在玻璃板上，用镊子夹住预先折起的滤纸的一角，沿水平方向轻拉滤纸，当样板不动，滤纸已被拉下，即使漆膜上粘有滤纸纤维，亦认为漆膜实际干燥，但应标明漆膜稍有黏性。

② 压棉球法。在漆膜表面上放一个脱脂棉球，于棉球上再轻轻放置干燥试验器，同时启动秒表，经 30s，将干燥试验器和棉球拿掉，放置 5min，观察漆膜无棉球的痕迹及失光现象，漆膜上若留有 1～2 根棉丝，用棉球能轻轻掸掉，均认为漆膜实际干燥。

③ 刀片法。用保险刀片在样板上切刮漆膜，并观察其底层及膜内有无黏着现象。若无黏着现象，即认为漆膜实际干燥。

④ 厚层干燥法（适用绝缘漆）。用无水乙醇将铝片盒擦净、干燥。称取试样 20g（以 50%固体含量计），静止至试样内无气泡（不消失的气泡用针挑出），水平放入加热至规定温度的电热鼓风箱内。按一定的升温速度和时间进行干燥。然后取出冷却，小心撕开铝片盒将试块完整地剥出。检查试块的表面、内部和底层是否符合产品标准规定，当试块从中间被剪成两份，应没有黏液状物，剪开的截面合拢再拉开，亦无拉丝现象，则认为厚层实际干燥。平行试验三次，如两个结果符合要求，即认为厚层干燥。（注意：油基涂料样板不能与硝基涂料样板放在同一个电热鼓风箱内干燥。）

9.2.2 涂料遮盖力的测定

9.2.2.1 方法原理

涂料的遮盖力是指涂料消除底材上的颜色或颜色差异的能力。测定时把涂料均匀地涂刷在物体表面上，以使其不再呈现底色时涂料的最小用量（g/m^2）表示涂料的遮盖力。

9.2.2.2　仪器和设备

① 漆刷：宽 25～35mm。

② 玻璃板：100mm×100mm×(1.2～2.0)mm，100mm×250mm×(1.2～2.0)mm。

③ 木板：100mm×100mm×(1.5～2.5)mm。

④ 天平：感量为 0.01g，0.001g。

⑤ 刷涂法黑白格玻璃板：将 100mm×250mm 的玻璃板的一端遮住 100mm×50mm 留作试验时手执之用，然后在剩余的 100mm×200mm 的面积上喷一层黑色硝基涂料。待干后用小刀仔细地间隔划去 25mm×25mm 的正方形，再将玻璃板放入水中浸泡片刻，取出晾干，间隔剥去正方形涂膜处，再喷上一层白色硝基涂料，即成具有 32 个正方形之黑白间隔的玻璃板。然后再贴上一张光滑牛皮纸，刮涂一层环氧胶（以防止溶剂渗入破坏黑白格涂膜），即制得牢固的黑白格板。如图 9-5 所示。

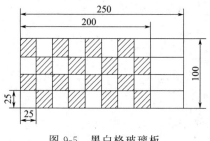
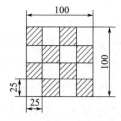

黑白格板

图 9-5　黑白格玻璃板　　　　图 9-6　黑白格木板

⑥ 喷涂法黑白格木板：在 100mm×100mm 的木板上喷一层黑硝基涂料。待干后涂面贴一张同面积大小的白色厚光滑纸，然后用小刀仔细地间隔划去 25mm×25mm 的正方形，再喷上一层白色硝基涂料，待干后仔细揭去存留的间隔正方形纸，即制得具有 16 个正方形之黑白格间隔板。如图 9-6 所示。

⑦ 木制暗箱。

9.2.2.3　检验步骤

（1）刷涂法　根据产品标准规定的黏度（如黏度稠无法涂刷，则将试样调至合适的黏度，但稀释剂用量在计算遮盖力时应扣除），在感量为 0.01g 天平上称出盛有涂料的杯子和漆刷的总质量。用漆刷将涂料均匀地涂刷于玻璃黑白格板上，放在暗箱内，距离磨砂玻璃片 15～20cm，有黑白格的一端与平面倾斜成 30°～45°交角，分别在 1 支和 2 支日光灯下进行观察，以都刚看不见黑白格为终点。然后将盛有剩余涂料的杯子和漆刷称重，求出黑白格板上涂料的质量。涂刷时应快速均匀，不应将涂料刷在板的边缘上。

（2）喷涂法　将涂料试样调至适于喷涂的黏度 ［（23±2）℃条件下，在涂-4 黏度计中的测定值，油基涂料应为 20～30s；挥发性涂料为 15～25s］。先在感量 0.001g 的天平上分别称重两块 100mm×100mm 的玻璃板，用喷枪薄薄地分层喷涂试样，每次喷涂后放在黑白格木板上，置于暗箱内，之后操作同刷涂法。至终点后，把玻璃板背面和边缘的涂料擦净，按表 9-6 中规定的焙烘温度烘至恒重。

表 9-6　各种涂料焙烘温度规定表

涂 料 名 称	焙烘温度/℃
硝基涂料、过氯乙烯涂料、丙烯酸涂料、虫胶漆	80±2
缩醛胶	100±2
油基涂料、酯胶漆、沥青涂料、酚醛涂料、氨基涂料、醇酸涂料、环氧涂料、乳胶漆、聚氨酯涂料	120±2
聚酯涂料、大漆	150±2
水性漆	160±2
聚酰亚胺漆	180±2
有机硅涂料	在 1～2h 内，由 120℃升温到 180℃，再于(180±2)℃保温
聚酯漆包线漆	200±2

9.2.2.4　检验结果

① 刷涂法中涂料遮盖力 X_1（g/m^2）按式（9-2）计算（以湿涂膜计）：

$$X_1=(m_1-m_2)/A_1 \tag{9-2}$$

式中　m_1——未涂刷前盛有涂料的杯子和漆刷的总质量，g；

　　　m_2——涂刷后盛有剩余涂料的杯子和漆刷的总质量，g；

　　　A_1——黑白格板涂料的面积，$A=200\text{cm}^2=0.02\text{m}^2$。

② 喷涂法中涂料遮盖力 X_2（g/m^2）按式（9-3）计算（以干膜计）：

$$X_2=(m_4-m_3)/A_2 \tag{9-3}$$

式中　m_3——未喷涂前玻璃板的质量，g；

　　　m_4——喷涂涂膜恒重后的玻璃板的质量，g；

　　　A_2——黑白格板涂料的面积，$A_2=100\text{cm}^2=0.01\text{m}^2$。

平行测定两次，结果之差不大于平均值的 5%，则取其平均值，否则必须重新试验。

9.3　漆膜性能的检测

9.3.1　漆膜的制备

按 GB/T 1727—2021《漆膜一般制备法》制备漆膜。

9.3.1.1　材料和设备

① 马口铁板：镀锡量为 E$_4$，硬度等级为 T52，厚度为 0.2～0.3mm。除另有规定外，尺寸为 25mm×120mm、50mm×120mm 或 70mm×150mm 的试板。

② 玻璃板：尺寸为 90mm×120mm×（2～3）mm 的试板。

③ 钢板：应符合 GB/T 9271 普通碳素钢的技术要求，尺寸为 50mm×120mm×（0.45～0.55）mm 或 65mm×150mm×（0.45～0.55）mm 的试板。

④ 铝板：70mm×150mm×（1～2）mm。

⑤ 石棉水泥板：应符合建标 25 规定的要求，厚度为 3～6mm 的试板。

⑥ 钢棒：普通低碳钢棒，直径（13±3）mm，长 120mm，一端为圆滑面，另一端有孔

或环。

  ⑦ 漆刷：宽 25～35mm。

  ⑧ 喷枪：喷嘴内径 0.75～2mm。

  ⑨ 漆膜制备器。

  ⑩ 旋转涂漆器：如图 9-7 所示。

  ⑪ 黏度计：涂-4 黏度计。

  ⑫ 杠杆千分尺或其他漆膜测厚仪。

  ⑬ 秒表：分度为 0.2s。

  ⑭ 干燥箱：电热鼓风恒温干燥箱。

图 9-7　旋转涂漆器

9.3.1.2　制板方法

  漆膜前先按 GB/T 9271—2008《色漆和清漆 标准试板》规定对所用底板进行表面处理，然后将试样搅拌均匀，如果试样表面有结皮，则应先仔细揭去。多组分涂料按规定的配比称量混合，搅拌均匀。必要时混合均匀的试样可用 80～120 目筛子过筛。然后将试样稀释至适当黏度或按产品标准规定的黏度，按规定选用下列方法之一制备漆膜。

  （1）刷涂法　用漆刷在规定的试板上，快速均匀地沿纵横方向涂刷，使其成一层均匀的漆膜，不允许有空白或溢流现象。涂刷好的样板，按规定进行干燥。

  （2）喷涂法　在规定的试板上喷涂成均匀的漆膜，不得有空白或溢流现象。喷涂时，喷枪与被涂面之间的距离不小于 200mm，喷涂方向要与被涂面成适当的角度，空气压力为 0.2～0.6MPa（空气应过滤去油、水及污物），喷枪移动速度要均匀。喷涂好的样板按规定进行干燥。

试板喷涂
操作视频

  （3）浸涂法　将试样稀释至适当的黏度，以缓慢均匀的速度将试板垂直浸入涂料液中，停留 30s 后，以同样速度从涂料中取出，放在洁净处滴干 10～30min，滴干的样板或钢棒垂直悬挂于恒温恒湿处或电热鼓风恒温干燥箱中干燥（干燥条件按产品标准规定），如产品标准对第一次浸涂的干燥时间没有规定，可自行确定，但不超过产品标准中所规定的干燥时间。控制第一次漆膜的干燥程度，以保证制成的漆膜不会因第二次浸涂后发生流挂、咬底或起皱等现象。此后，将试样倒转 180°，按上述方法进行第二次浸涂、滴干，然后按规定进行干燥。

  （4）刮涂法　将试板放在平台上，并予以固定。按产品规定湿膜厚度，选用适宜间隙的漆膜制备器，将其放在试板的一端，制备器的长边与试板的短边大致平行或放在试板规定的位置上，然后在制备器的前面均匀地放上适量试样，握住制备器，用一定的向下压力，并以 150mm/s 的速度匀速滑过试板，即涂布成需要厚度的湿膜。

  （5）均匀漆膜制备法（旋转涂漆器法）　把底板固定在样板架上，在旋转涂漆器上选定旋转时间（以"s"计）及转速（以"r/min"计），并使涂料产品的温度与测定黏度时的温度一致，在整个制备过程中保持不变。

  将涂料产品［黏度介于 30～150s（涂-4 杯）］沿长方形底板纵向的中心线成带状地注入，其量约占底板的一半面积，迅速盖上盖子，启动电机，待仪器自动停止转动后，方可打开盖子，取出样板，立即检查，选取漆膜均匀平整且全覆盖底板表面的样板，按规定进行干燥。

  （6）浇注法　把充分搅拌的涂料样品均匀浇注在整块水平的样板上，再以 45°角倾斜放置在洁净无灰处 10～30min，使样板上多余的涂料流尽，以同样的角度置于干燥箱或烘箱内，按规定进行干燥。然后，将样板倒转 180°，按上述方法进行第二次浇注、干燥。

注意：上述各种方法的制板过程中，均不允许手指与试板表面或漆膜表面直接接触，以免留下指印影响漆膜性能的测试。

9.3.1.3 漆膜的干燥和状态调节

状态调节是指在试验前将试样和试件置于有关温度和湿度的规定条件下，并使它们在此条件下保持预定时间的整个操作。除另有规定外，恒温恒湿条件是指标准环境条件：温度 (23±2)℃，相对湿度 (50±5)%。

(1) 自干涂料 制备的漆膜应平放在恒温恒湿条件下，按产品标准规定的时间进行干燥。一般自干涂料在恒温恒湿条件下进行状态调节 48h（包括干燥时间在内）；挥发性涂料状态调节 24h（包括干燥时间在内）。

(2) 烘干涂料 制备的漆膜应先在室温放置 15～30min，再平放入电热鼓风恒温干燥箱中按产品标准规定的温度和时间进行干燥。干燥后的漆膜在恒温恒湿条件下状态调节 0.5～1h。

9.3.1.4 漆膜厚度

各种漆膜干燥后的漆膜厚度应符合表 9-7 中的规定，然后才能进行各种性能的测定。

表 9-7 各种漆膜干燥后的漆膜厚度

名　　称	厚度/μm
清油、丙烯酸清漆	13±3
酯胶、酚醛、醇酸等清漆	15±3
沥青、环氧、氨基、过氯乙烯、硝基、有机硅等清漆	20±3
磁漆、底漆、调合漆	23±3
丙烯酸磁漆、底漆	18±3
乙烯磷化底漆	10±3
厚漆	35±5
腻子	500±20
防腐漆单一漆膜的耐酸、耐碱性及防锈漆的耐盐水性、耐磨性(均涂两道)	45±5
单一漆膜的耐湿热性	23±3
防腐漆酸套漆膜的耐酸、耐碱性	70±10
磨光性	30±5

9.3.2 漆膜光泽度的测定

光泽是物体表面的一种特征。当物体受光的照射时，由于物体表面光滑程度不同，一定方向反射的能力也不同。这种光线朝一定的方向反射的性能称为光泽。一般涂料分为有光、半光和无光三种。有光涂料指光泽在 40 以上，半光涂料的光泽为 20～40 之间，光泽在 10 以下的为无光涂料，这是按涂料在实际应用中对光泽的不同要求划分的。

9.3.2.1 方法原理

光泽计由光源部分和接收部分组成。光源所发射的光线经透镜变成平行光线或稍微会聚的光束以一定角度射向试板漆膜表面，被测表面以同样的角度反射的光线经接收部分透镜会聚，经视场光阑被光电池所吸收，产生的光电脑借助于检流计就可得到光泽的读数。光电池所接收的光通量大小取决于样板的反射能力。目前主要使用的标准角度有 20°、60°、85°三种几何角度测定漆膜的镜面光泽。60°适用于所有色漆漆膜的测定，但对于光泽很高的色漆或接近无光泽的色漆，20°或 85°则更为适宜。20°适用于高光泽（60°测定高于 70 光泽单位）的色漆，85°适用于低光泽（60°测量低于 30 光泽单位）的色漆。

9.3.2.2　仪器和设备

（1）标准板　标准板通常包括高光泽和低光泽两种标准板。高光泽板采用高度抛光的黑玻璃板或采用背面和边缘磨砂并涂以黑漆的透明玻璃板，有定标标准值用于校标。低光泽陶瓷板只用于检查食品工作是否良好，不能作定标用。如低光泽板的仪器读数与规定的数值相差超过 1 光泽单位，仪器需重新调整。

（2）光泽计　光泽计的规格有台式和便携式，台式光泽计由测头和主机组成，多用于实验室；便携式既可用于实验室又可在施工现场使用，目前使用得较为广泛。根据测试角度（光路）的不同，又可分为多角度（或三角度）光泽计和单角度光泽计。

9.3.2.3　检验步骤

测试前，先用黑色标准板对仪器进行校准，校正并调整好光泽计后，在平行于样板涂布方向的不同位置测得三个读数，记录平均值作为镜面光泽值。

9.3.2.4　检验结果

结果取三点读数的算术平均值。各测量点读数与平均值之差，不大于平均值的 5%。

9.3.3　漆膜硬度的测定

硬度是指漆膜抵抗诸如碰撞、压陷、擦划等机械力作用的能力。可用摆杆阻尼试验法和铅笔测定法测定。

9.3.3.1　摆杆阻尼试验法

在单层或多层的色漆、清漆及相关产品的涂层上进行摆杆阻尼试验。

（1）方法原理　静止在涂膜表面的摆杆开始摆动，用在规定摆动周期内测得的数值表示振幅衰减的阻尼时间。阻尼时间越短，硬度越低。本方法分为 A 法和 B 法，A 法为科尼格和珀萨兹摆杆式阻尼试验，B 法为双摆杆式阻尼试验，在此仅介绍 A 法。

（2）仪器和设备

① 摆杆：科尼格摆杆、珀萨兹摆杆，其形状和结构如图 9-8、图 9-9 所示。科尼格摆杆、珀萨兹摆杆均包含一个用横杆连接的开口框架，在横杆下面均嵌入两个钢球作为支点，在框架底部形成一个指针。

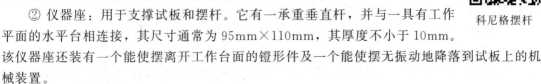

科尼格摆杆

② 仪器座：用于支撑试板和摆杆。它有一承重垂直杆，并与一具有工作平面的水平台相连接，其尺寸通常为 95mm×110mm，其厚度不小于 10mm。该仪器座还装有一个能使摆离开工作台面的镫形件及一个能使摆无振动地降落到试板上的机械装置。

③ 秒表：分度值为 0.1s。

④ 试板：尺寸近似为 100mm×100mm×5mm，推荐使用金属或玻璃板。确保试板平整，坚硬且无变形。除另有规定外，试板应按 GB/T 9271 的规定来处理每一块试板，然后

用待试产品或体系所规定的方法涂装。涂层应该平整没有表面缺陷。每一块涂装过的试板在规定的条件和时间下干燥（或加热）和放置（如果可以用）。在测试前，试板在温度为（23±2)℃和相对湿度为（50±5)％的条件下调节最少 16h（除非另有规定）。涂层表面上的手印、灰尘或其他污染物会使结果的准确性降低，所以试板应以适当的方法贮存和运送。干涂层的厚度以 GB/T 13452.2 中规定的方法之一测定，以 μm 表示。

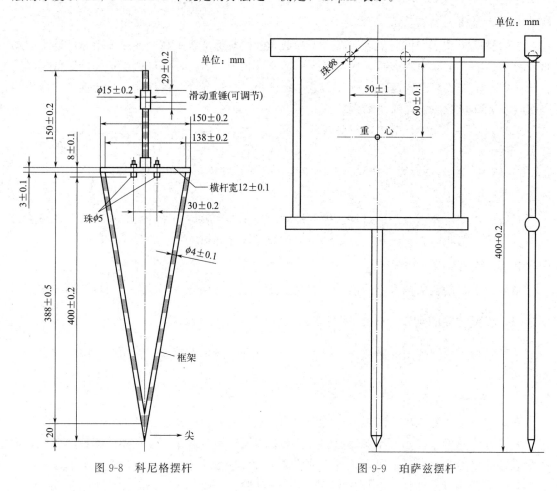

图 9-8　科尼格摆杆　　　　　　　　图 9-9　珀萨兹摆杆

（3）检验步骤

① 将试板涂膜面向上放在仪器台上。

② 将摆杆轻轻地放在试板表面上。

③ 在支轴没有横向位移的情况下，将摆杆偏转合适的角度（科尼格摆为 6°，珀萨兹摆为 12°）并将它放到预定的停点处。

④ 放开摆杆并同时启动秒表或其他计时装置。或为自动装置，阻尼时间将能自动测定。

⑤ 记录振幅由 6°～3°（科尼格摆）或由 12°～4°（珀萨兹摆）的时间，以 s 表示。

⑥ 在同一块试板的三个不同位置上进行测试。记录每次测量的结果及三次测量的平均值。

（4）检验结果　涂层阻尼时间是以同一块试板上三次测量值的平均值表示。对于有自动记录摆杆在规定角度范围内摆动次数的阻尼试验仪，其阻尼时间应按式(9-4)进行计算。

$$t=T/n \tag{9-4}$$

192

式中　t——涂层阻尼时间，s；

　　　T——摆的周期，s/次；

　　　n——规定角度范围内摆杆摆动的次数，次。

9.3.3.2　铅笔硬度法

本试验仅适用于光滑表面，可以在色漆、清漆及相关产品的单涂层上进行，也可以在多涂层体系的最上层进行。

铅笔硬度：用具有规定尺寸、形状和硬度铅笔芯的铅笔推过漆膜表面时，漆膜表面耐划痕或耐产生其他缺陷的性能。

用铅笔芯在漆膜表面划痕会使漆膜表面产生一系列缺陷。这些缺陷的定义如下。

塑性变形：漆膜表面永久的压痕，但没有内聚破坏。

内聚破坏：漆膜表面存在可见的擦伤或刮破。

以上情况的组合。

这些缺陷可能同时发生。

（1）方法原理　受试产品或体系以均匀厚度涂于表面结构一致的平板上。漆膜干燥/固化后，将样板放在水平位置，通过在漆膜上推动硬度逐渐增加的铅笔来测定漆膜的铅笔硬度。试验时，铅笔固定，这样铅笔能在750g的负载下以45°角向下压在漆膜表面上。

逐渐增加铅笔的硬度直到漆膜表面出现上述所定义的各种缺陷。

（2）仪器和设备

① 试验仪器：本试验最好使用机械装置来完成，如图9-10所示。

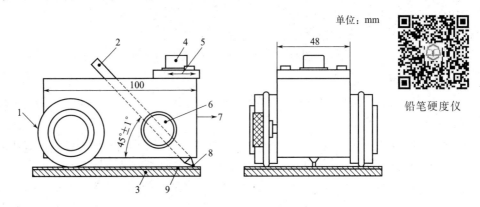

图 9-10　铅笔硬度试验仪

1—橡胶 O 形圈；2—铅笔；3—底材；4—水平仪；5—小的、可拆卸的砝码；
6—夹子；7—仪器移动的方向；8—铅笔芯；9—漆膜

该装置是由一个两边各装有一个轮子的金属块组成的。在金属块的中间，有一个圆柱形的、以 45°±1°角倾斜的孔。借助夹子，铅笔能固定在仪器上并始终保持在相同的位置。

在仪器的顶部装有一个水平仪，用于确保试验进行时仪器的水平。仪器设计成试验时仪器处于水平位置，铅笔尖端施加在漆膜表面上的负载应为（750±10）g。

② 一套具有下列硬度的木制绘图铅笔：9H、8H、7H、6H、5H、4H、3H、2H、H、F、HB、B、2B、3B、4B、5B、6B、7B、8B、9B。其中 9H 最硬，9B 最软，国内常用的为中华牌高级绘图铅笔，经商定，能给出相同的相对等级评定结果的不同厂商制造的铅笔均可使用。

对于对比试验，建议使用同一生产厂的铅笔。不同生产厂的和同一生产厂不同批次的铅笔都可能引起结果的不同。

③ 特殊的机械削笔刀：它只削去木头，留下完整的无损伤的圆柱形铅笔芯（见图 9-11）。

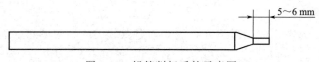

图 9-11　铅笔削好后的示意图

④ 砂纸：砂粒粒度为 400 号。

⑤ 软布或脱脂棉擦：试验结束后，用它和与涂层不起作用的溶剂来擦净样板。有些样板表面用软布和脱脂棉擦不易擦净，也可以使用绘图橡皮。

⑥ 试板：应尽可能选择与实际使用时相同类型的材料。底材应平整且没有变形。形状和尺寸应确保试验期间试板能处于水平位置。每一块涂装过的试板在规定的条件和时间下干燥（或加热）和放置（如果可以用）。在测试前，试板在温度为（23±2）℃和相对湿度为（50±5）%的条件下调节最少 16h。

（3）检验步骤

① 用特殊的机械削笔刀将每支铅笔的一端削去 5～6mm 的木头，小心操作，以留下原样的、未划伤的、光滑的圆柱形铅笔笔芯。

② 垂直握住铅笔，与砂纸保持 90°角在砂纸上前后移动铅笔，把铅笔芯尖端磨平（成直角）。持续移动铅笔直至获得一个平整光滑的圆形横截面，且边缘没有碎屑和缺口。每次使用铅笔前都要重复这个步骤。

③ 将涂漆样板放在水平的、稳固的表面上。

④ 将铅笔插入试验仪器中并用夹子将其固定，使仪器保持水平，铅笔的尖端放在漆膜表面上（见图 9-10）。

⑤ 当铅笔的尖端刚接触到涂层后立即推动试板，以 0.5～1mm/s 的速度朝离开操作者的方向推动至少 7mm 的距离。

⑥ 除非另外商定，30s 后以裸视检查涂层表面，看是否出现上述定义的缺陷。

用软布或脱脂棉擦和惰性溶剂一起擦拭涂层表面，或者用橡皮擦拭，当擦净涂层表面上铅笔芯的所有碎屑后，破坏更容易评定。要注意溶剂不能影响试验区域内涂层的硬度。

经商定，可以使用放大倍数为 6～10 倍的放大镜来评定破坏。如果使用放大镜，应在报告中注明。如果未出现划痕，在未进行过试验的区域重复检验步骤③～⑥，更换较高硬度的铅笔直到出现至少 3mm 长的划痕为止。如果已经出现超过 3mm 的划痕，则降低铅笔的硬度重复检验步骤③～⑥，直到超过 3mm 的划痕不再出现为止。

确定出现了上述定义的某种类型的缺陷。

（4）检验结果　以没有使涂层出现 3mm 及以上划痕的最硬的铅笔的硬度表示涂层的铅笔硬度。

9.3.4　涂膜附着力的测定

9.3.4.1　方法原理

涂膜对底材黏合的坚牢程度即附着力，按圆滚线划痕范围内的涂膜完整程度评定，以级表示。

9.3.4.2　仪器和设备

① 马口铁板：50mm×100mm×（0.2~0.3）mm。

② 四倍放大镜。

③ 漆刷：宽 25~35mm。

④ 附着力测定仪：如图 9-12 所示。

附着力测定仪

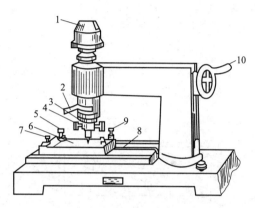

图 9-12　附着力测定仪

1—荷重盘；2—升降棒；3—卡针盘；4—回转半径调整螺栓；5—固定样板调整螺栓；6—试验台；
7—半截螺帽；8—试验台丝杠；9—调整螺栓；10—摇柄

9.3.4.3　检验步骤

在马口铁板上（或按产品标准规定的底材）制备样板 3 块，待涂膜实干后，于恒温恒湿的条件下测定。测前先检查附着力测定仪的针头，如不锐利应予更换，更换方法为：提起半截螺帽，抽出试验台，即可换针。当发现划痕与标准回转半径不符时，应调整回转半径，其方法是松开卡针盘后面的螺栓、回转半径调整螺栓，适当移动卡针盘后，依次紧固上述螺栓，划痕与标准圆滚线图比较，如仍不符应重新调整回转半径，直至与标准回转半径 5.25mm 的圆滚线相同为调整完毕。测定时，将样板正放在试验台上，拧紧固定样板调整螺栓和调整螺栓，向后移动升降棒，使转针的尖端接触到涂膜，如划痕未露底板，应酌加砝码。按顺时针方向，均匀摇动摇柄，转速以 80~100r/min 为宜，圆滚线划痕标准图长为 (7.5±0.5)cm。向前移动升降棒，使卡针盘提起，松开固定样板的有关螺栓，取出样板，用漆刷除去划痕上的漆屑，以四倍放大镜检查划痕并评级。

9.3.4.4　检验结果

以样板上划痕的上侧为检查的目标，依次标出 1、2、3、4、5、6、7 等七个部位。相应分为七个等级。按顺序检查各部位的涂膜完整程度，如某一部位的格子有 70% 以上完好，则定为该部位是完好的，否则应认为损坏。例如，部位 1 涂膜完好，附着力最佳，定为一级；部位 1 涂膜坏损而部位 2 完好，附着力次之，定为二级。依次类推，七级为附着力最差。标准划痕圆滚线如图 9-13 所示。结果以至少有两块样板的级别一致为准。

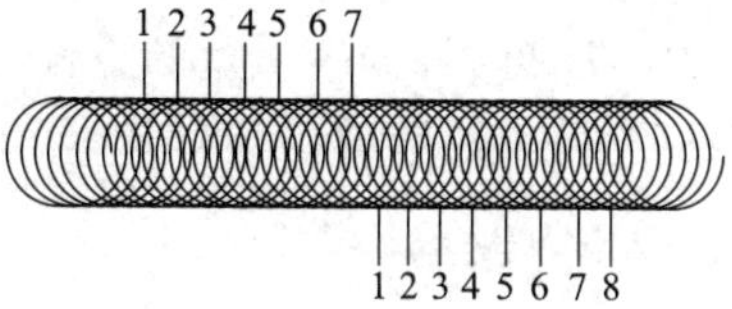

图 9-13　标准划痕圆滚线

9.3.5 涂膜柔韧性的测定

9.3.5.1 方法原理

涂膜柔韧性是指涂膜随其底材一起变形而不发生损坏的能力。测定时使用柔韧性测定器，以不引起涂膜破坏的最小轴棒直径表示涂膜的柔韧性。

9.3.5.2 仪器和设备

① 底板：平整、无扭曲，板面应无任何可见裂纹和皱纹。除另有规定外，底板应是 120mm×25mm×（0.2～0.3）mm 的马口铁板。

② 4 倍放大镜。

③ 柔韧性测定器：如图 9-14 所示，柔韧性测定器由直径不同的 7 个钢制轴棒固定在底座上组成。柔韧性测定器经装配后，各轴棒与安装平面的垂直度公差值不大于 0.1mm。

漆膜弹性
测定仪

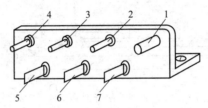

图 9-14　柔韧性测定器

1—直径 15mm 的轴棒；2—直径 10mm 的轴棒；3—直径 5mm 的轴棒；4—直径 4mm 的轴棒；
5—长度约为 35mm，高度约为 10mm，厚度为 3mm，曲率半径为 1.5mm 的轴棒；6—长度约为 35mm，
高度约为 10mm，厚度为 2mm，曲率半径为 1.0mm 的轴棒；7—长度约为 35mm，高度约为 10mm，
厚度为 2mm，曲率半径为 0.5mm 的轴棒

9.3.5.3 检验步骤

在马口铁板上制备涂膜。经干燥、状态调节后测定涂膜厚度，在规定的恒温恒湿条件下，用双手将试板漆膜朝上，紧压于规定直径的轴棒上，利用两大拇指的力量在 2～3s 内，绕轴棒弯曲试板，弯曲后两大拇指应对称于轴棒中心线。然后用 4 倍放大镜观察涂膜。检查涂膜是否产生网纹、裂纹及剥落等破坏现象。

9.3.5.4 检验结果

记录涂膜破坏的详细情况，以不引起涂膜破坏的最小轴棒直径表示涂膜的柔韧性。

9.3.6 涂膜耐冲击性的测定

9.3.6.1 方法原理

涂膜耐冲击性是指涂膜在重锤冲击下发生快速变形而不出现开裂或从金属底材上脱落的能力。测定时以固定质量的重锤落于试板上而不引起涂膜破坏的最大高度（cm）来表示涂膜的耐冲击性。

9.3.6.2 仪器和设备

① 放大镜：4 倍放大镜。

② 冲击试验器：如图 9-15 所示。由下列各件组成：底座、铁砧、冲头、滑筒、重锤及

重锤控制器。重锤控制器由下列部件组成：制动器器身；控制销；控制销螺钉；制动器固定螺钉及定位标；横梁用两根柱子与底座相连；在横梁中心装有压紧螺帽；冲头可在其中移动，用螺钉将圆锥连接在横梁上。滑筒之一端旋入锤体中，而另一端则为盖；滑筒中的重锤可自由移动，重锤借控制装置固定，并可移动凹缝中的固定螺钉，将其维持在范围内的任何高度上。滑筒上有刻度以便读出重锤所处位置。

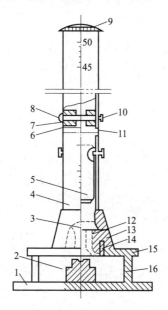

图 9-15　冲击试验器

1—底座；2—铁砧；3—冲头；4—滑筒；5—重锤；6—制动器器身；7—控制销；8—控制销螺钉；9—盖；
10—制动器固定螺钉；11—定位标；12—压紧螺帽；13—圆锥；14—螺钉；15—横梁；16—柱子

③ 校正冲击试验器用的金属环及金属片：金属环 [外径 30mm，内径 10mm，厚 （3±0.05） mm]；金属片 [30mm×50mm，厚 （1±0.05） mm]。

9.3.6.3　检验步骤

（1）冲击试验器的校正　把滑筒旋下来，将 3mm 厚的金属环套在冲头上端，在铁砧表面上平放一块金属片，用一底部平滑的物体从冲头的上部按下去，调整压紧螺帽使冲头的上端与金属环相平，而下端钢球与金属片刚好接触，则冲头进入铁砧凹槽的深度为 （2±0.1） mm。钢球表面必须光洁平滑，如发现有不光洁不平滑现象时，应更换钢球。

漆膜冲击
试验视频

（2）冲击试验　将涂漆试板涂膜朝上平放在铁砧上，试板受冲击部分距边缘不少于 15mm，每个冲击点的边缘相距不得少于 15mm。重锤借控制装置固定在滑筒的某一高度（其高度由产品标准规定或商定），按压控制钮，重锤即自由地落于冲头上。提起重锤，取出试板。记录重锤落于试板上的高度。同一试板进行三次冲击试验。

（3）试板的检查　用 4 倍放大镜观察，判断涂膜有无裂纹、皱纹及剥落等现象。

9.3.6.4　检验结果

记录涂膜变化的详细情况，以不引起涂膜破坏的最大高度 （cm） 来表示涂膜的耐冲击性。

9.3.7 涂膜耐热性的测定

9.3.7.1 方法原理

涂膜耐热性是指涂膜对高温环境作用的抵抗能力。测定时采用鼓风恒温烘箱或高温炉加热，达到规定的温度和时间后，以物理性能或涂膜表面变化现象来表示涂膜的耐热性能。

9.3.7.2 仪器和设备

① 马口铁板：50mm×120mm×（0.2～0.3）mm。
② 薄钢板：50mm×120mm×（0.45～0.55）mm。
③ 鼓风恒温烘箱。
④ 高温炉。

9.3.7.3 检验步骤

先制备涂膜，待涂膜实干后，将三块涂漆样板放置于已调节到按产品标准规定温度的鼓风恒温烘箱（或高温炉）内。另一块涂漆样板留作比较。待达到规定时间后，将涂漆样板取出，冷至温度（25±2）℃，与预先留下的一块涂漆样板比较，检查其有无起层、皱皮、鼓泡、开裂、变色等现象或按产品标准规定检查。

9.3.7.4 检验结果

记录涂膜变化的详细情况及评定结果，以不少于两块样板均能符合产品标准规定为合格。

9.3.8 涂膜耐水性的测定

9.3.8.1 方法原理

涂膜耐水性是指涂膜对水的作用的抵抗能力。将试板置于蒸馏水或去离子水中浸泡，在达到规定的试验时间后，以漆膜表面变化现象表示其耐水性能。有浸水试验法和浸沸水试验法两种方法。

9.3.8.2 材料和试剂

① 底板：底板应平整、无扭曲，板面应无任何可见裂纹和皱纹。除另有规定外，底板应是 120mm×25mm×（0.2～0.3）mm 的马口铁板。
② 玻璃水槽。
③ 蒸馏水或去离子水：符合 GB/T 6682—2008 中三级水规定的要求。

9.3.8.3 检验步骤

取一定量的样品，在三块马口铁板上制备涂膜，并进行干燥、状态调节、测定涂膜的厚度。注意：试板投试前应用1∶1的石蜡和松香混合物封边，封边宽度2～3mm。再按下述浸水试验法或浸沸水试验法进行试验。

（1）浸水试验法　在玻璃水槽中加入蒸馏水或去离子水，除另有规定外，调节水温为（23±2）℃，并在整个试验过程中保持该温度。将三块试板放入其中，并使每块试板长度的2/3浸泡于水中。

在产品标准规定的浸泡时间结束时，将试板从槽中取出，用滤纸吸干，立即或按产品标准规定的时间状态调节后以目视检查试板，并记录是否有失光、变色、起泡、起皱、脱落、生锈等现象和恢复时间。

（2）浸沸水试验法　在玻璃水槽中加入蒸馏水或去离子水，除另有规定外，保持水处于沸腾状态，直到试验结束。之后操作同浸水试验法。

9.3.8.4　检验结果

记录涂膜破坏的详细情况及评定结果，三块试板中至少应有两块试板符合产品标准规定则为合格。

9.3.9　涂料漆膜耐酸碱性的测定

9.3.9.1　方法原理

涂料漆膜耐酸碱性是指涂膜对酸碱侵蚀的抵抗能力，测定时将漆膜浸入规定的介质中，观察其侵蚀的程度。

9.3.9.2　仪器和设备

① 砂布：0 号或 1 号。

② 量筒：50mL。

③ 薄钢板：50mm×120mm×（0.45～0.55）mm。

④ 铝板：LY12，厚度为 1～2mm。

⑤ 普通低碳钢棒：直径 10～12mm，长 120mm，棒的一端为球面，另一端 5mm 处穿一小孔。

⑥ 测厚计或杠杆千分尺：精确度为 0.002mm。

9.3.9.3　主要试剂

（1）硫酸：化学纯。

（2）氢氧化钠或氢氧化钙：化学纯。

9.3.9.4　检验步骤

取普通低碳钢棒，用砂布彻底打磨后，再用 200 号油漆溶剂油或工业汽油洗涤，然后用绸布擦干。将黏度为（20±2）s（涂-4 黏度计）的试样倒入量筒中至 40mL。静置至试样中无气泡后，用浸渍法将钢棒带孔的一端在 2～3s 内垂直浸入试样中，取出，悬挂在物架上。放置 24h 将钢棒倒转 180°，按上述方法浸入试样中，取出后再放置七天（自干漆均在恒温恒湿条件下干燥，烘干漆则按产品标准规定的条件干燥）。用杠杆千分尺测量漆膜厚度。

将试样棒的三分之二浸入温度为（25±1）℃的酸或碱中，并加盖。浸入酸或碱中的试样棒每 24h 检查一次，每次检查试样棒须经自来水冲洗，用滤纸将水珠吸干后，观察漆膜有无失光、变色、小泡、斑点、脱落等现象。

9.3.9.5　检验结果

记录涂膜破坏的详细情况及评定结果，合格与否按产品标准规定，以两支试棒结果一致为准。

9.3.10　涂膜耐候性检测

9.3.10.1　方法原理

涂膜抵抗阳光、雨、露、风、霜等气候条件的破坏作用（失光、变色、粉化、龟裂、长霉、脱落及底材腐蚀等）而保持原性能的能力称为涂膜耐候性。涂膜在环境条件影响下，性能逐渐发生变化的过程被称为涂膜老化。将样板在一定条件下暴晒，按规定的检查周期对上述老化现象进行检查，并按规定的涂膜耐候性评级方法进行评级。

9.3.10.2 仪器和设备

① 底板：可用钢板、可热处理强化的铝合金板、镁合金板以及其他实际应用的板材，如木板、塑料板、水泥板及其他合金板。

曝晒样板：150mm×250mm。

标准样板：70mm×150mm。

② 光泽计。

③ 染色牢度褪色样卡。

④ 立体显微镜。

⑤ 四倍放大镜。

⑥ 涂膜柔韧性试验器。

⑦ 涂膜附着力试验器。

⑧ 涂膜冲击试验器。

⑨ 涂膜硬度测定仪。

⑩ 涂膜拉力机。

⑪ 样板曝晒架和样板晾干架。

耐洗刷
试验视频

9.3.10.3 检验步骤

（1）制备样板　按规定的方法制备试验样板，并参照各种涂料产品标准中规定的施工方法制备涂膜，曝晒样板的反面必须涂漆保护，底漆和面漆宜采用喷涂法施工。每一个涂料品种，同时用同样的施工方法制备两块暴晒样板和一块标准样板，并妥善地保存在室内阴凉、通风、干燥的地方。

（2）曝晒投试及检查测定　样板投试前，先观测涂膜外观状态和力学性能并作记录。

以年和月为测定的计时单位（投试三个月内，每半个月检查一次；投试三个月至一年，每月检查一次；投试一年后，每三个月检查一次），对老化现象进行检查。样板检查前，样板下半部用毛巾或棉纱在清水中洗净晾干，检查失光、变色等现象；上半部不洗部分，检查粉化、长霉等现象。

样板曝晒期限可以提出预计时间，但终止指标应根据各种涂膜老化破坏的程度及具体要求而定。一般涂膜破坏情况达到 GB/T 1766—2008《色漆和清漆　涂层老化的评级方法》规定的"差级"中的任何一项即可停止暴晒试验。

9.4 涂料中有害成分的测定

9.4.1 水性涂料中甲醛的测定

甲醛是一种挥发性有机化合物，无色、具有强烈刺激性气味。气体密度为 $1.06g/cm^3$，略重于空气，易溶于水，其35%～40%的水溶液通称福尔马林。甲醛由于其反应性能活泼，且价格低廉，故广泛用于化学工业。甲醛在化学工业上的用途主要是作为生产树脂的重要原料，例如脲醛树脂、三聚氰胺甲醛树脂、酚醛树脂等，这些树脂主要用作涂料和黏合剂中的基料。因此，凡是大量使用涂料的环节，都可能会有甲醛释放。

甲醛是一种有毒物质，对人体一般有刺激、过敏和致癌作用。虽然我们已在甲醛污染控制技术方面取得了一定的进展，但由于含甲醛树脂仍然应用广泛，因此我们必须对涂料中游离甲醛含量加以严格控制，并对在涂料使用过程中释放出来的游离甲醛进行严格监控。世界各国对涂料中甲醛分别规定了限量或制订了相应的环保标准，中华人民共和国生态环境部规定水性涂料中游离甲醛的限量为 500mg/kg，内墙用水性涂料中游离甲醛的含量不得超过 100mg/kg。进口产品也应严格控制甲醛含量，对于甲醛超标的产品海关予以销毁，以保护我国消费者权益。

进口产品水性涂料甲醛超标被销毁案例

甲醛的化学性质十分活泼，因此可采用多种定量分析方法测定甲醛，主要方法有滴定分析法、分光光度法、气相色谱法、电化学分析法。由于涂料产品的许多树脂原料或多或少采用甲醛作原料，一般这些产品游离甲醛的浓度可能较高，因此多采用滴定分析法作定量分析，常用的方法有盐酸羟胺法、碘量法、亚硫酸钠法、亚硫酸氢钠法和氯化铵法等。而微量游离甲醛的测定多采用分光光度法，常用乙酰丙酮法。

在此介绍亚硫酸氢钠法和乙酰丙酮分光光度法测定水性涂料中游离甲醛。

9.4.1.1 亚硫酸氢钠法

（1）方法原理　过量的亚硫酸氢钠与甲醛反应，生成羟甲基磺酸钠：

$$H-C\!\!=\!\!O + NaHSO_3 \longrightarrow \underset{H}{\overset{H}{C}}\!\!\begin{matrix} OH \\ SO_3Na \end{matrix}$$

剩余的亚硫酸氢钠用碘滴定，并同时作空白试验。用每 100g 水溶性涂料中所含未反应的甲醛质量（g）表示游离甲醛值。

（2）主要试剂

① 亚硫酸氢钠溶液：$\rho_{NaHSO_3} = 1\%$。称取 1g 亚硫酸氢钠，溶于 100mL 蒸馏水中，新配。

② 淀粉溶液：$\rho_{淀粉} = 1\%$。称取 1g 可溶性淀粉，加入少许蒸馏水，调至糊状，再加入 100mL 沸腾蒸馏水，新配。

③ 硫代硫酸钠标准溶液：$c_{Na_2S_2O_3} = 0.1mol/L$。称取 25g 硫代硫酸钠（$Na_2S_2O_3 \cdot 5H_2O$），加入 400mL 新煮沸冷却蒸馏水和 0.05g 碳酸钠，用新煮沸冷却的蒸馏水稀释至 1L，摇匀。静置过夜或更长时间后标定。

标定方法：称取 0.15g 经 120℃烘干的基准重铬酸钾（准确至 0.0002g）置于 250mL 碘量瓶中。加入 25mL 蒸馏水，2g 碘化钾和 40mL 体积比为（1∶10）的硫酸溶液，摇匀。置于暗处 10min，加入 150mL 蒸馏水，用硫代硫酸钠标准溶液滴定，近终点时，加入 1mL 1% 淀粉溶液，继续滴定至溶液由黄色变为亮绿色。

硫代硫酸钠标准溶液的浓度按式(9-5) 计算：

$$c_1 = m/(V_1 \times 0.04903) \tag{9-5}$$

式中　c_1——硫代硫酸钠标准溶液的浓度，mol/L；

　　　V_1——硫代硫酸钠标准溶液的体积，mL；

　　　m——重铬酸钾的质量，g；

0.04903——与 1.00mL 0.1mol/L 硫代硫酸钠标准溶液相当的重铬酸钾的质量，g/mmol。

④ 碘标准溶液：$c_{1/2 I_2} = 0.05mol/L$。称取 13g 碘和 30g 碘化钾，置于洁净瓷乳钵中，

加入少许蒸馏水研磨至完全溶解，或先把碘化钾溶于少许蒸馏水中，然后在不断搅拌下加碘使其完全溶解后，用蒸馏水稀释至 1000mL，摇匀。贮存在暗处，静置过夜或更长时间后标定。

标定方法：准确移取 20～30mL 硫代硫酸钠标准溶液置于 250mL 碘量瓶中，加入 50mL 蒸馏水及 1mL 1%淀粉溶液，用碘标准溶液滴定至溶液呈稳定蓝色。

碘标准溶液的浓度按式(9-6) 计算：

$$c_2 = c_1 V_1 / (2 V_2) \tag{9-6}$$

式中　c_2——碘标准溶液的浓度，mol/L；

　　　V_2——碘标准溶液的体积，mL；

　　　c_1——硫代硫酸钠标准溶液的浓度，mol/L；

　　　V_1——硫代硫酸钠标准溶液的体积，mL；

（3）检验步骤　称取 1g（准确至 0.0002g）试样，置于 250mL 碘量瓶中，加入 10mL 蒸馏水至试样完全溶解后，用移液管准确加入 20mL 新配 1%亚硫酸氢钠溶液，加塞，于暗处静置 2h，加入 50mL 蒸馏水和 1mL 1%淀粉溶液，用碘标准溶液滴定至溶液呈蓝色。另移取一份 20mL 1%亚硫酸氢钠溶液，同时做空白试验。

（4）检验结果　游离甲醛的含量 w，以％表示，按式(9-7) 计算：

$$w = c_2 (V_0 - V_3) \times 0.03003 / m \tag{9-7}$$

式中　V_0——空白试验时消耗碘标准溶液的体积，mL；

　　　V_3——滴定试样时消耗碘标准溶液的体积，mL；

　　　c_2——碘标准溶液的浓度，mol/L；

　　　m——试样的质量，g；

　0.03003——与 1.00mL 0.1000mol/L 碘标准溶液相当的甲醛的质量，g/mmol。

两次平行测定，绝对误差范围应不超过 0.05％，以其平均值表示，取小数点后两位数。

9.4.1.2　乙酰丙酮分光光度法

（1）方法原理　采用蒸馏的方法将样品中的甲醛蒸出。在 pH＝6 的乙酸-乙酸铵缓冲溶液中，馏分中的甲醛与乙酰丙酮在加热的条件下反应生成稳定的黄色配合物，冷却后在波长 412nm 处进行吸光度测试。根据标准工作曲线，计算试样中甲醛的含量。本方法适用于甲醛含量为 5mg/kg 的水性涂料及其原料的测试。

（2）仪器和设备

① 蒸馏装置：100mL 蒸馏瓶，蛇形冷凝管，馏分接收器。

② 加热设备：电加热套、水浴锅。

③ 分析天平：精度 1mg。

④ 紫外-可见分光光度计。

⑤ 具塞刻度管：50mL（与蒸馏装置中馏分接收器为同一容器）。

⑥ 移液管：1mL、5mL、10mL、20mL、25mL。

（3）主要试剂

① 乙酸铵。

② 冰乙酸：$\rho_{CH_3COOH} = 1.055g/mL$。

③ 乙酰丙酮：$\rho_{乙酰丙酮} = 0.975g/mL$。

④ 乙酰丙酮溶液：0.25%（体积分数）。称取乙酸铵 25g，加适量水溶解，加 3mL 冰乙酸和 0.25mL 已蒸馏过的乙酰丙酮试剂，移入 100mL 容量瓶中，用水稀释至刻度，调整 pH=6。此溶液于 2～5℃贮存，可保存一个月。

⑤ 甲醛标准溶液：ρ_{HCHO}＝1mg/mL。取 2.8mL 约 37%（质量分数）的甲醛溶液，置于 1000mL 容量瓶中，用水稀释至刻度；用碘量法标定准确浓度。

（4）检验步骤

① 标准工作曲线的绘制：取数支具塞刻度管，分别移入 0.00mL、0.20mL、0.50mL、1.00mL、3.00mL、5.00mL、8.00mL 甲醛标准溶液，加水稀释至刻度，加入 2.5mL 乙酰丙酮溶液，摇匀。在 60℃恒温水浴中加热 30min，取出后冷却至室温，用 10mm 比色皿（以水为参比）在紫外-可见分光光度计上于 412nm 波长处测试吸光度。

以具塞刻度管中的甲醛质量（μg）为横坐标，相应的吸光度（A）为纵坐标，绘制标准工作曲线。标准工作曲线校正系数应≥0.995，否则应重新制作新的标准工作曲线。

② 甲醛含量的测试。称取搅拌均匀后的试样 2g（精确至 1mg）置于 50mL 的容量瓶中，加水摇匀，稀释至刻度。再用移液管移取 10mL 容量瓶中的试样水溶液，置于已预先加入 10mL 水的蒸馏瓶中，并在蒸馏瓶中加入少量的沸石，在馏分接收器中预先加入适量的水，浸没馏分出口，馏分接收器的外部加冰水浴冷却，加热蒸馏（蒸馏装置如图 9-16），使试样蒸至近干，取下馏分接收器，用水稀释至刻度，待测。

若待测试样在水中不易分散，则直接称取搅拌均匀后的试样约 0.4g（精确至 1mg），置于已预先加入 20mL 水的蒸馏瓶中，轻轻摇匀，再进行蒸馏过程操作。

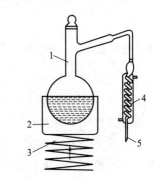

图 9-16　蒸馏装置示意图
1—蒸馏瓶；2—加热装置；3—升降台；
4—冷凝管；5—连接馏分接收装置

在已定容的馏分接收器中加入 2.5mL 乙酰丙酮溶液，摇匀。在 60℃恒温水浴中加热 30min，取出后冷却至室温，用 10mm 比色皿（以水为参比）在紫外-可见分光光度计上于 412nm 波长处测试吸光度。同时在相同条件下做空白样（水），测得空白样的吸光度。

将试样的吸光度减去空白样的吸光度，在标准工作曲线上查得相应的甲醛质量。

如果试验溶液中甲醛含量超过标准曲线最高点，须重新蒸馏试样，并适当稀释后再进行测试。进行一式两份试样的平行测定。

（5）检验结果　甲醛含量 C，按式（9-8）计算：

$$C=\frac{m}{W}f \qquad (9-8)$$

式中　C——甲醛含量，mg/kg；

　　　m——从标准工作曲线上查得的甲醛质量，μg；

　　　f——稀释因子；

　　　W——样品的质量，g。

计算两次测试结果的平均值，以平均值报出结果。当测定值小于 1000mg/kg 时，以整数值报出结果；当测定值大于或等于 1000mg/kg 时，以三位有效数字乘以幂次方报出结果。

9.4.2　水性涂料中重金属含量的测定方法

涂料中所含重金属来源于涂料生产时加入的各种助剂，如催干剂、防污剂、消光剂、颜料和各种填料中所含杂质。

人们对痕量重金属与人体健康关系作了许多研究，某些痕量重金属在一定浓度内是人体必需的微量元素，但金属进入人体内的量超过人体所能耐受的限度后，即可造成严重的生理损害，引发多种疾病。

因此各国对涂层涂料中重金属最高允许量都有极其严格的规定，如我国规定水性涂料中重金属含量小于 500mg/kg（以铅计），室内用涂料卫生规范中规定Ⅰ类水性涂料的重金属含量不得超过 200mg/kg（以铅计），Ⅱ类水性涂料的重金属含量不得超过 100mg/kg（以铅计）。

由于涂料中重金属含量较低，因此一般采用分光光度法测定。

本法适用于测定总铅的含量范围在 0.01%～2% 内的涂料样品，具体测定原理和测定步骤见第 8 章 8.4 节内容。

9.4.3　聚氨酯涂料中游离甲苯二异氰酸酯（TDI）的测定

聚氨酯类涂料多是以多异氰酸酯（如二异氰酸酯）与含活泼的多羟基化合物或预聚物作为基本原料的。受反应速度、反应时间、配方及反应条件的影响，这些预聚物中不可避免地含有一定量游离的二异氰酸酯。特别是使用甲苯二异氰酸酯时，由于游离的甲苯二异氰酸酯（TDI）是一种毒性很强的吸入性毒物，在人体中具有积聚性和潜伏性，又是一种黏膜刺激性物质，对眼和呼吸系统具有很强的刺激作用，会引起过敏性哮喘，严重者会引起窒息等，因此对其含量应严加控制。许多国家和地区对聚氨酯产品中游离 TDI 的含量及相应的包装作了规定，一般游离 TDI 含量规定不大于 1%。此外许多国家和地区还对空气中游离 TDI 的含量作了严格规定。

目前测定游离 TDI 含量的方法有化学分析法、气相色谱法和液相色谱法，这几种方法各有所长，气相色谱法是目前测定聚氨酯涂料中游离 TDI 的最好的方法。在此介绍我国 GB/T 18446—2009《色漆和清漆用漆基 异氰酸酯树脂中二异氰酸酯单体的测定》规定的方法，该法适用于测定异氰酸酯树脂以及由这样的树脂制备的溶液（用于制备涂料及类似涂覆材料）中的甲苯二异氰酸酯、六亚甲基二异氰酸酯、异佛尔酮二异氰酸酯、二苯基甲烷二异氰酸酯以及其他类型的二异氰酸酯含量的测定。

9.4.3.1　方法原理

用气相色谱法，以十四烷或对低挥发性二异氰酸酯单体用蒽作内标物，测定异氰酸酯树脂中二异氰酸酯单体的含量。

9.4.3.2　仪器和设备

① 气相色谱仪：具有可更换的玻璃材质的衬管、火焰离子化检测器和积分仪。

② 样品注射器：容量 2μL 或 10μL。

③ 单刻度移液管：容量 10mL。

④ 分析天平：准确至 0.1mg。

⑤ 锥形瓶：容量 50mL、配有磨口玻璃塞，或容量为 50mL、配有隔垫瓶盖密封的样品瓶。

⑥ 量筒：容量 25mL。

9.4.3.3 主要试剂与材料

① 乙酸乙酯：无水（用 0.5nm 的分子筛干燥），无乙醇（乙醇含量 $<200\times10^{-6}$）。

② 甲苯二异氰酸酯（同分异构体的混合物）。

③ 十四烷或蒽。

④ 六亚甲基二异氰酸酯。

⑤ 异佛尔酮二异氰酸酯（同分异构体的混合物）。

⑥ 二苯基甲烷二异氰酸酯。

⑦ 内标溶液：称取约 1.4g 十四烷或蒽，准确至 0.1mg，置于 1000mL 容量瓶中，用乙酸乙酯稀释至刻度。

⑧ 二异氰酸酯单体标准溶液：称取约 1.4g 相关的二异氰酸酯单体，准确至 0.1mg，置于 1000mL 容量瓶中，用乙酸乙酯稀释至刻度。应避免二异氰酸酯单体标准溶液与空气中的湿气接触。如果储存适当，标准溶液可保持稳定约两星期。

⑨ 校准溶液：用移液管吸取 10mL 内标溶液和 10mL 标准溶液置于样品瓶中或锥形瓶中。用 25mL 量筒加入 15mL 乙酸乙酯并混合均匀。如果不制备校准溶液，可将内标和二异氰酸酯单体直接加入 50mL 样品瓶中并加入 40mL 乙酸乙酯，用（干燥无水的）隔垫瓶盖密封，就无需⑦和⑧步骤。

9.4.3.4 检验步骤

（1）操作条件 优先采用 GB/T 18446—2009《色漆和清漆用漆基 异氰酸酯树脂中二异氰酸酯单体的测定》推荐的合适条件，也可采用相当或优于以上标准推荐的色谱柱和试验条件。

对于进样口和色谱柱规定的温度取决于受试的多异氰酸酯树脂的热稳定性。许多多异氰酸酯树脂中的二异氰酸酯单体含量，例如带有缩二脲结构的那些树脂，在高温时会发生变化。在这种情况下，应采用标准中推荐的规定的温度。玻璃材质的衬管应根据需要进行清洗和更换，至少每天工作开始时应这样做。

（2）色谱柱条件 每次分析之前，重复注入校准溶液，直至测定的二异氰酸酯单体的峰面积与内标物的峰面积的比值恒定，使色谱柱处于最佳状态。

在调节分离柱时应经常注入校准溶液，直至峰面积比值恒定。然而，循环式试验已表明在注入五次校准溶液后即可得到一个近似的恒定值。选择合适的载气流速、柱填料和柱长，以使运行时间不超过 10min。

（3）校正因子的测定 按照上述（2）的色谱条件，注入 $1\mu L$ 校准溶液，至少注入两次。

（4）气相色谱的测定 试样的称样量取决于预期的二异氰酸酯含量（见表 9-8）。

表 9-8 试样的称样量

预计的二异氰酸酯含量(以质量分数表示)/%	试样的称样量/g
≤0.5	2
>0.5 但≤1	1
>1 但≤2	0.5
>2 但≤4	0.2
>4	0.1

称取试样，准确至 0.1mg（质量 m_0），置于锥形瓶中，用移液管移取 10mL 内标溶液。加入约 25mL 的乙酸乙酯，密封锥形瓶并充分摇晃使样品溶解。取 1μL 这种溶液（试验溶液）进行气相色谱分析。

9.4.3.5 结果的表示

① 相对校正因子 f_m 的表示，按式（9-9）计算：

$$f_m = A_s m_i / (A_i m_s) \tag{9-9}$$

式中　A_s——内标物的峰面积；

　　　A_i——二异氰酸酯单体的峰面积；

　　　m_i——标准溶液中二异氰酸酯单体的质量，g；

　　　m_s——内标溶液中内标物（十四烷或蒽）的质量，g。

② 二异氰酸酯单体含量 w，按式（9-10）计算：

$$w = m_s A_i f_m / (m_i A_s) \tag{9-10}$$

式中　m_s——试验溶液中内标物的质量，g；

　　　m_i——试样的质量，g；

　　　A_i——试验溶液中二异氰酸酯单体的峰面积；

　　　A_s——试验溶液中内标物的峰面积；

　　　f_m——相对校正因子。

9.4.4　VOC 的测定

挥发性有机化合物（VOC）是指在所处环境的正常温度和压力下，能自然蒸发的任何有机液体或固体。包括碳氢化合物、有机卤化物、有机硫化物、羰基化合物、有机酸和有机过氧化物等等，在阳光作用下与大气中氮氧化物、硫化物发生光化学反应，生成毒性更大的二次污染物，形成光化学烟雾。此外，有些挥发到大气中的卤代烃能破坏臭氧层，从而导致太阳的高能紫外线过量到达地球表面，对人类健康构成威胁。

许多国家和组织对挥发性有机物的量控制很严格，并制订了相应标准，水溶性涂料中对人体有害的挥发性有机物 VOC 限量标准为不得高于 100g/L。

对于涂料中挥发性有机物（VOC）含量的测定，目前采用两种方法。一是直接进样气相色谱法，对已知挥发性组分进行分析；另一种方法是差值法，先测定涂料样品中的不挥发物含量，再测定水分含量，然后用 100 减去不挥发物含量和水分含量，即为 VOC 的含量，以质量分数表示。不挥发物含量测定见本章 9.1 节内容，水分含量采用卡尔·费歇尔法，见本书第 2 章 2.6 节内容。

9.5　涂料检验实例

9.5.1　合成树脂乳液涂料（内墙涂料和外墙涂料）的检验

随着建筑涂料消费量的不断增长以及对不同用途的特殊需求，我国建筑涂料近年来迅速向高档化、多功能化方向发展，不但注重其保护性能，对其装饰性能的要求也越来越高，以满足不同用途不同层次消费者的需求。

9.5.1.1　合成树脂乳液涂料（内墙涂料和外墙涂料）的质量标准

标准水平的高低作为衡量产品质量水平的依据，得到了全国各地有关人士的高度关注。

为尽快适应市场需求，真实反映近年来内外墙建筑涂料发展状况，进一步规范生产和市场，GB/T 9755—2014《合成树脂乳液外墙涂料》和 GB/T 9756—2018《合成树脂乳液内墙涂料》对乳液涂料提出了产品要求。内外墙面漆的质量标准分别见表 9-9 和表 9-10。

表 9-9　合成树脂乳液内墙面漆的要求

项　目	指标		
	优等品	一等品	合格品
容器中状态	无硬块，搅拌后呈均匀状态		
施工性	刷涂二道无障碍		
低温稳定性（3 次循环）	不变质		
低温成膜性	5℃成膜无异常		
干燥时间（表干）/h	≤2		
涂膜外观	正常		
对比率（白色和浅色）	≥0.95	≥0.93	≥0.90
耐碱性	24h 无异常		
耐洗刷性/次	≥6000	≥1500	≥350

表 9-10　合成树脂乳液外墙涂料面漆的要求

项　目	指标		
	优等品	一等品	合格品
容器中状态	无硬块，搅拌后呈均匀状态		
施工性	刷涂二道无障碍		
低温稳定性	不变质		
干燥时间（表干）/h	≤2		
涂膜外观	正常		
对比率（白色和浅色）	≥0.93	≥0.90	≥0.87
耐沾污性（白色和浅色）/%	≤15	≤15	≤20
透水性/mL	≤0.6	≤1.0	≤1.4
耐水性（96h）	无异常		
耐碱性（48h）	无异常		
耐洗刷性（2000 次）	漆膜未损坏		
耐人工气候老化性	600h 不起泡、不剥落、无裂纹	400h 不起泡、不剥落、无裂纹	250h 不起泡、不剥落、无裂纹
粉化/级	≤1		
变色（白色和浅色）/级	≥2		
变色（其他色）/级	商定		
涂层耐温变性	3 次循环无异常		

9.5.1.2　检验方法

（1）容器中状态　打开包装容器，用搅棒搅拌时无硬块，易于混合均匀，则评定为合格。

（2）施工性　用刷子在试板平滑面上刷涂试样，涂布量为湿膜厚约 $100\mu m$。使试板的长边呈水平方向，短边与水平面成约 85°角竖放。放置 6h 后再用同样方法涂刷第二道试样，在第二道涂刷时，刷子运行无困难，则可视为"刷涂二道无障碍"。

（3）干燥时间　表干时间的测定原理和方法见本章 9.2.1 表面干燥时间测定法中的指触法测定。

（4）涂膜外观的检验　将施工性试验结束后的试板放置 24h。目视观察涂膜，若无显著缩孔，涂膜均匀，则评定为"正常"。

（5）低温稳定性　将试样装入约 1L 的塑料或玻璃容器（高约 130mm，直径约 112mm，壁厚 0.23mm～0.27mm）内，大致装满，密封，放入（-5±2）℃的低温箱中，18h 后取出容器，再于产品标准规定的条件下放置 6h。如此反复三次后，打开容器，搅拌试样，观察有无硬块、凝聚及分离现象，如无则评定为"不变质"。

（6）低温成膜性　将 200g 试样、底材及规格为 $200\mu m$ 的间隙式湿膜制备器放置于温度（5±1）℃的环境中，2h 后取出，在 30s 内用刚取出的湿膜制备器刮涂一道，立即将试板放回（对于具有强制鼓风功能的低温箱，在测试时应在试板表面覆盖金属罩），24h 后取出试板，立即按 GB/T 1728—2020 中的指触法检查干燥程度并目视检查涂膜外观，如涂膜已干燥、无开裂、发花和显著缩孔现象，则评为"5℃成膜无异常"。

（7）对比率（白色和浅色）的测定　在无色透明聚酯薄膜（厚度为 30～50μm）上，或者在底色黑白各半的卡片纸上按规定均匀地涂布被测涂料，在产品标准规定的条件下至少放置 24h。

用反射率仪测定涂膜在黑白底面上的反射率：

① 如用聚酯薄膜为底材制备涂膜，则将涂漆聚酯膜贴在滴有几滴 200 号溶剂油（或其他适合的溶剂）的仪器所附的黑白工作板上，使之保证无气隙，然后在至少四个位置上测量每张涂漆聚酯膜的反射率，并分别计算平均反射率 R_B（黑板上）和 R_W（白板上）。

② 如用底色为黑白各半的卡片纸制备涂膜，则直接在黑白底色涂膜上各至少四个位置测量反射率，并分别计算平均反射率 R_B（黑纸上）和 R_W（白纸上）。

对比率计算：对比率＝R_B / R_W。对比率测定两次。如两次测定结果之差不大于 0.02，则取两次测定结果的平均值。

要注意黑白工作板和卡片纸的反射率为：黑色不大于 1%，白色为（80±2）%。

（8）耐碱性　耐碱性的检验原理和方法见本章 9.3 节中耐碱性检验有关内容。如三块试板中有两块未出现起泡、掉粉、明显变色等涂膜病态现象，可评定为"无异常"。如出现以上涂膜病态现象，须进行描述。

（9）耐洗刷性

① 外墙面漆。按规定准备试样，如果需要，过滤试样以除去其中所有的结皮和颗粒。将黑色塑料片放在玻璃板或其他平整的板上，用湿膜制备器在黑色塑料片上刮涂一道，共制备两块试板。刮涂速度应相当慢，从一端至另一端需要 3～4s，以免在漆膜上形成针孔。将试板水平放置，在规定的试验环境下养护 7d。

将清洁的玻璃板放在洗刷仪的底盘内。在玻璃板上与刷子的运行轨迹垂直的方向放置薄片，要确保薄片光滑和没有毛刺。将试板放在放有薄片的玻璃板上，涂层面向上。薄片应位于试板的中部并确保薄片上方的涂膜没有缺陷且试验区域平整。将固定框架放在试板上以固定试板。用洗刷仪两端的夹子夹紧固定框架，夹子应足够密封以确保固定框架和试板紧密接触，但不能因太紧而造成试板的扭曲。

试验前，先用软的漆刷将洗刷介质均匀涂布在涂层表面，让液体与涂层接触 60s。将预处理过的刷子置于试验样板的涂层面上，使刷子保持自然下垂。启动耐洗刷试验仪，往复洗刷涂层，洗刷时以每秒滴加约 0.04mL 的速度滴加洗刷介质，使洗刷面保持润湿。

进行规定次数（2000 次或 1000 次）洗刷循环的测试，观察规定次数洗刷试验后12.7mm 宽的薄片上方漆膜被除去的情况。如果薄片上方漆膜以连续的细线被除去且细线长度越过薄片宽度，则判定为漆膜损坏。

② 内墙面漆。参照 GB/T 9266—2009《建筑涂料 涂层耐洗刷性的测定》进行测定。

（10）人工气候老化性　用经滤光器滤光的氙弧灯对涂层进行人工气候老化或人工辐射暴露，观察涂层在实验室内模拟自然气候作用或在（窗）玻璃遮盖下试验所发生的老化过程。并将经暴露涂层在实际应用时最重要的性能与其未暴露的涂层（对比试样）相比较，或与同时在暴露设备中试验的其老化状态是已知的暴露涂层（参照试样）相比较。

试验时先按规定制备适当数量的试板。然后把辐射量测定仪、黑标准温度计装在试验箱框架上，试板和参照试样放在试板架上一起暴露。黑标准温度通常的试验控制在（65±2)℃，当选测颜色变化项目进行试验时则使用（55±2)℃。按操作程式 A 和 B 的规定周期润湿样板，或按操作程式 C 和 D 的规定使试验箱中的相对湿度保持恒定（见表 9-11）。润湿过程中，辐射暴露不应中断。

试验一直进行到试板表面已经受到商定的辐射暴露或者试板表面符合商定或规定的老化指标。对于后一种情况，应于试验期间不同阶段取出试板进行检查，并通过绘制老化曲线来决定终点。一般每次评定取两块试板。按 GB/T 1766—2008 规定评定结果。

表 9-11　试板润湿操作程式

项目	人工气候老化		人工辐射老化	
操作程式	A	B	C	D
操作方式	连续光照	非连续光照	连续光照	非连续光照
润湿时间/min	18	18	—	—
干燥周期/min	102	102	持久	持久
干燥期间的相对湿度/%	60～80	60～80	40～60	40～60

（11）耐沾污性　采用粉煤灰作为污染介质，将其与水掺和在一起涂刷在涂层样板上。干后用水冲洗，经规定的循环后，测定涂层反射系数的下降率，以此表示涂层的耐沾污性。

试验时称取适量粉煤灰于混合用容器中，与水以 1∶1（质量比）比例混合均匀。在至少三个位置上测定经养护后的涂层试板的原始反射系数，取其平均值，记为 A。用软毛刷将（$0.7±0.1$）g 粉煤灰水横向纵向交错均匀地涂刷在涂层表面上，在（$23±2$)℃、相对湿度（$50±5$)% 条件下干燥 2h 后，放在样板架上。在冲洗装置水箱中加入 15L 水，打开阀门至最大冲洗样板。冲洗时应不断移动样板，使样板各部位都能经过水流点。冲洗 1min，关闭阀门，将样板在规定条件下干燥至第二天，此为一个循环，约 24h。按上述涂刷和冲洗方法继续试验至循环 5 次后，在至少三个位置上测定涂层样板的反射系数，取其平均值，记为 B。每次冲洗试板前均应将水箱中的水添加至 15L。

涂层的耐沾污性由反射系数下降率 X 表示，按式(9-11) 计算。

$$X=(A-B)/A$$

(9-11)

式中　X——涂层反射系数下降率；

　　　A——涂层起始平均反射系数；

　　　B——涂层经沾污试验后的平均反射系数。

结果取三块样板的算术平均值，平行测定之相对误差应不大于10%。

(12) 涂层耐温变性　按 JG/T 25 的规定进行，做 3 次循环，每次循环的条件为：(23±2)℃水中浸泡18h，(-20±2)℃冷冻3h，(50±2)℃热烘3h。三块试板中至少应有两块未出现粉化、开裂、起泡、剥落、明显变色等涂膜病态现象，可评定为"无异常"。如出现以上涂膜病态现象，按 GB/T 1766—2008 进行描述。

(13) 透水性　将试板置于水平状态，涂漆面向上，将透水性试验装置放在试板的中部，用不吸水的密封材料密封试板和透水性试验装置的缝隙，确保水不会从缝隙渗出，待密封材料干燥后（干燥时间视密封材料的种类不同而异），将符合 GB/T 6682—2008 中规定的三级试验用水（应在规定的试验环境下至少放置48h）缓慢注入玻璃管内，直至试管的0mL刻度，确认容器中无气泡后再次调整试管的0mL刻度，将玻璃管顶端用锡箔纸遮盖包住，在规定的试验环境下静置24h后再观察并记录液面下降体积（mL），每个样板使用一次。取两次测试结果的算术平均值。

9.5.2　醇酸清漆的检验

9.5.2.1　产品质量标准

醇酸树脂涂料分为醇酸树脂清漆和醇酸树脂色漆两大类。GB/T 25251—2010《醇酸树脂涂料》对其产品质量指标进行了规定，醇酸清漆的产品质量标准见表9-12。

表 9-12　醇酸清漆的产品要求

项　目	指标
在容器中状态	搅拌混合后无硬块，呈均匀液态
原漆颜色/号	≤12
不挥发物含量/%	≥40
流出时间(ISO 6 号杯)/s	≥25
结皮性(24h)	不结皮
施工性	施涂无障碍
涂膜外观	正常
干燥时间/h 　表干 　实干	≤5 ≤15
弯曲试验/mm	≤3
回黏性/级	≤3
耐水性(6h)	无异常
耐挥发油性(4h)	无异常

9.5.2.2　检验方法

(1) 原漆颜色　按本章 9.1 节中铁钴比色法进行。

（2）不挥发物　方法和原理见本章 9.1 节中的内容。

（3）流出时间　选择 6 号流出杯进行流出时间试验，平行测定 3 次，取平均值，不得大于 25s。

（4）结皮性　将试样约 250mL 倒入内径 70～80mm、容量约 300mL 的金属罐中，立即盖好盖子，使金属罐呈密闭状态。将罐放在规定的环境条件下静置规定的时间后，取下容器的盖子，用玻璃棒触及试样的表面，检查表层的流动性。如表层保持液体状态时，可评定为"不结皮"。

（5）施工性　采用选择的施涂方法涂装试板，如施涂过程中无明显阻力，无明显拉丝、气泡、流挂等现象，可评定为"施涂无障碍"。将涂装好的试板水平放置 24h 后，用于漆膜外观试验。

（6）涂膜外观　对施工性检验涂装后放置 24h 的样板进行检查，如无明显的刷痕、色斑、颗粒、缩孔、起皱和光泽不均等现象时，可评定为"无异常"。

（7）干燥时间

① 表干时间（玻璃小球法）。按规定制备一些相同的样板，并按规定使其干燥。按合适的间隔时间，在预期的涂膜表干前不久开始试验，每次试验使用不同的样板。放平样板，从不小于 50mm、不大于 150mm 的高度上，将约 0.5g 的小玻璃球倒在涂膜表面上。10s 后，将样板保持与水平面呈 20°角，用软毛刷轻轻刷涂膜。然后用一般直视法检查涂膜表面，从能将全部小玻璃球刷掉而不损伤表面，刷涂层为"表干"；记录涂膜刚好达到表干所用的时间。

② 实干时间。方法及原理见本书 9.2 节实际干燥时间测定法中的压滤纸法。

（8）弯曲试验　取三块马口铁板用刷涂法制备涂膜，并在规定的条件下干燥、放置、测定涂膜厚度后，将弯曲试验仪（见图 9-17）全部打开，插入样板，并使涂漆面朝座板，随后便可弯曲。操作（见图 9-18）应在 1～2s 内，平稳而不是突然地合上仪器，使样板在轴上转 180°。弯曲后，不将样板从仪器上取出，立即用正常视力或 10 倍放大镜检查样板涂层是否开裂或从底板上剥离（不计离板边小于 10mm 的涂层）。如果使用放大镜，应在试验报告里注明，以免与用正常视力获得的结果造成误会。

认定首先引起破坏的轴直径的操作程序：按上述操作步骤对样板依次（轴径从大至小）进行试验，直至涂膜开裂或从底板上剥离。再在一块新的样板上，以同样的轴径重复操作，证明这个结果后，记录最先使涂膜开裂或剥离的轴径。如果最小直径的轴也不使涂膜破坏，则记录该涂膜在最小直径的轴上弯曲时亦无破坏。

图 9-17　弯曲试验仪

图 9-18　弯曲试验仪使用示意图

（9）回黏性　涂膜干燥后，因受一定温度和湿度的影响而发生黏附的现象，称为涂膜的回黏性。

用刷涂法在马口铁板上制备涂膜，涂刷后于恒温恒湿条件下干燥 48h。将中速定量滤纸片 20mm×20mm 光面朝下置于距样板边缘不少于 1cm 处的涂膜上，放入调温调湿箱，将已在温度（40±1）℃、相对湿度（80±2）％条件下预热的回黏性测定器放在滤纸片的正中，关上调温调湿箱。5min 内升到上述温度与相对湿度，在此条件下保持 10min。迅速垂直向上拿掉测定器，取出样板。在恒温恒湿条件下放置 15min，用四倍放大镜观察结果。

评级方法：样板倒转，滤纸片能自由落下，或用握板之手的食指轻敲几下，滤纸片能落下者为 1 级；轻轻掀起滤纸片，允许有印痕，粘有稀疏、轻微的滤纸纤维，纤维的总面积在 $1/3cm^2$ 以下者为 2 级；轻轻掀起滤纸片，允许有印痕，粘有密集的滤纸纤维，纤维的总面积在 $1/3～1/2cm^2$ 者为 3 级。

检验时，每个试样同时制备三块样板进行测定，以两块结果一致的级别为评定结果。

（10）耐水性　检验原理及方法见 9.3 节中涂膜耐水性测定中的浸水试验法。

若三块试板中有两块以上在第一次和第二次观察检查时涂膜表面看不出有皱纹、鼓泡、裂纹、剥落，并在第二次观察时光泽的减少、发乌、变色程度不大时，可评定为"无异常"。

（11）耐挥发油性　涂装好的试板面向上放置干燥，在大致固化干燥时，用同种涂料或性能较好的涂料将试板封边、封背。按 GB/T 9274—1988 中甲法（浸泡法）的规定，将试板浸入符合标准规定的溶剂油（120 号溶剂油）中至规定时间后，将试板取出放置 2h，目视观察漆膜，试片的周边及距液面约 10mm 以内的漆膜不属于观察区域。三块试板中至少有两块漆膜无皱纹、起泡、开裂及剥落现象，与未浸泡试板对比，光泽和颜色没有明显变化，液体着色及混浊程度不明显时，可评定为"无异常"。

9.5.3　色漆的检验

色漆是含有颜料的一类涂料，涂于底材时，能形成具有保护、装饰或特殊性能的不透明涂膜。

在此介绍醇酸树脂底漆的技术要求和试验方法，参照 GB/T 25251—2010《醇酸树脂涂料》。

9.5.3.1　技术指标

醇酸树脂底漆的技术要求如表 9-13 所示。

表 9-13　醇酸树脂底漆技术要求

项　目	指　标
在容器中状态	搅拌后无硬块，呈均匀状态
流出时间（ISO 6 号杯）/s	商定
细度/μm	≤50
涂膜外观	正常
施工性	施涂无障碍
耐盐水性（3％NaCl）	24h 无异常
与面漆的适应性	不咬起，不渗色
划格试验/级	≤1
干燥时间/h 　表干 　实干	 ≤5 ≤24
打磨性	易打磨，不粘砂纸

9.5.3.2　检验方法

黏度（涂-4杯法）、细度、硬度（铅笔硬度法）、表面干燥时间（玻璃小球法）等在本书前面有关章节中已经进行了介绍，在此就不详述了，仅对在容器中的状态、耐盐水性、与面漆的适应性进行介绍。

（1）在容器中的状态　打开容器，用调刀或搅拌棒搅拌，允许容器底部有沉淀，若经搅拌易于混合均匀，可评为"搅拌混合后无硬块，呈均匀状态"。

（2）耐盐水性　在处理好的底材上施涂一道受试产品，放入（105±2）℃的烘箱中保持0.5h，取出放置至室温，再施涂一道受试产品，再放入（105±2）℃的烘箱中保持0.5h，取出放置1h，用同种涂料或性能较好的涂料将试板封边、封背，放置48h，将试板浸入3%NaCl溶液中至规定时间后，将试板取出，用流水洗净，将水分甩干后放置2h，目视观察漆膜，试片的周边及距液面约10mm以内的漆膜不属于观察区域。三块试板中至少有两块漆膜无起泡、剥落、开裂和生锈现象，与未浸泡试板对比，光泽和颜色没有明显变化时，可评定为"无异常"。

（3）与面漆的适应性　在处理好的底材上施涂一道受试产品（底漆或防锈漆），若受试产品为底漆，放置24h后施涂一道符合GB/T 25271—2010《硝基涂料》的白色硝基涂料；若受试产品为防锈漆，放置24h后施涂一道白色醇酸调合漆或其他与防锈漆配套的面漆。评定与面漆的适应性时，首先应评定在受试产品上，用适宜的涂装工具施涂面漆时，是否能正常操作（施涂面漆过程中无明显阻力，无明显拉丝、气泡、流挂等现象，可视为"能正常操作"），然后再于施涂面漆后放置48h，在自然日光下目视检查漆膜，对于底漆，应不出现咬起和渗色现象，对于防锈漆，若不出现剥落、开裂、起皱、缩孔、色斑和光泽不均等现象时，可评定为"对面漆无不良影响"。

实训20 涂料试板的制备　　实训21 涂料附着力的测定　　实训22 涂料硬度的测定　　实训23 涂料细度的测定

 ## 练习题

1. 如何测定清漆和清油透明度？
2. 如何测定涂料细度？
3. 涂料挥发物含量就是水分含量吗？
4. 涂料干燥时间应包括哪两个方面？
5. 涂料遮盖力的测定原理是什么？
6. 涂膜性能的检测包括哪些方面？
7. 涂膜硬度的测定方法有哪几种？
8. 涂膜附着力有哪几个等级？
9. 涂料中的甲醛来源有哪些？如何测定？

10. TDI 的危害性如何？常用什么方法测定？

11. VOC 包括哪些物质？

12. 内墙和外墙用的合成树脂乳液涂料质量标准有何区别？

13. 醇酸树脂清漆需测定的质量指标有哪些？色漆的呢？

涂料分析检测
标准发展趋势

第 **10** 章
油墨的检验

知识目标

(1) 了解油墨的类型、功能和对产品质量的影响。

(2) 熟悉油墨理化检验项目。

(3) 掌握油墨理化检验项目的常规检验方法。

能力目标

(1) 能进行油墨检验样品的制备。

(2) 能进行相关溶液的配制。

(3) 能根据油墨的种类和检验项目选择合适的分析方法。

(4) 能按照标准方法对油墨相关项目进行检验，给出正确结果。

素质目标

(1) 通过理论知识学习培养扎实的科学素养与人文素养。

(2) 通过具体操作训练培养劳动精神、工匠精神。

(3) 通过分组讨论和实训培养沟通能力和团队精神。

(4) 通过油墨绿色化知识的学习培养环保意识和道德素养。

案例导入

如果你是一名油墨生产企业的检验人员，公司生产了一批油墨，你如何判定该批油墨是否合格？

 课前思考题

(1) 油墨的主要有效成分是什么？

(2) 油墨有哪些类型？

油墨是在液态的连结料中加入固态的颜料和助剂制成的，种类很多，物理性质各不相同，有的很稠、很黏，有的却很稀。按印刷过程分类，可将油墨分为平版印刷油墨、凸版油墨、柔印油墨、凹印油墨和网印油墨五类。

油墨质量检验方法，主要包括对油墨颜色、着色力、细度、流动度、稳定性、黏性及黏性增值、飞墨、黏度、光泽、固着速度、干性、结膜干燥、渗透干燥、耐乙醇等化学性、渗色性、油脂酸值、色泽、油墨特性线斜率、截距、流动值（扩展直径）等的检验方法。

10.1 油墨颜色检验

10.1.1 方法原理

将试样与标样并列刮样，在标准光源下对比评定，目测检视试样与标样两者颜色差异程度。

10.1.2 仪器和设备

① 调墨刀。
② 刮片。
③ 玻璃板。
④ 刮样纸：$80g/m^2$ 胶版印刷纸，规格 210mm×70mm，顶端往下 130mm 处有印有 20mm 宽黑色实底横道。
⑤ 玻璃纸。

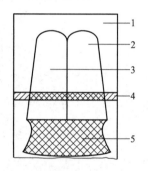

图 10-1　刮样形状示意图
1—刮样纸；2—试样；3—标样；
4—黑色横道；5—厚墨层

10.1.3 检验步骤

① 用调墨刀取标样及试样各约 5g，置于玻璃板上，分别将其调匀。

② 用调墨刀取样约 0.5g 涂于刮样纸的右上方，再取试样约 0.5g 涂于刮样纸的左上方，两者应相邻不相连。

③ 将刮片置于涂好的油墨样品上方，使刮片主体部分与刮样纸呈 90°角。用力自上而下将油墨于刮样纸上刮成薄层，至黑色横道下 2/3 处时，减少用力。使刮片内侧角度近似 25°，使油墨在纸上涂成较厚的墨层。最终刮样形状应与图 10-1 相似。

④ 刮样纸上的油墨薄层称为面色，刮样纸下部的油墨厚层称为墨色，刮样纸上的油墨薄层对光透视称为底色。

⑤ 油墨颜色检验完毕，将玻璃纸覆盖在厚墨层上。

10.1.4 检验结果

① 平版油墨、凸版油墨重点检视试样的面色和底色是否与标样近似、相符。
② 网孔版油墨、纸张用凹版油墨重点检视试样的面色是否与标样近似、相符。
③ 检验结果应以刮样后 5min 内观察的面色和底色为准，墨色供参考。

10.1.5 注意事项

① 检验应在温度（23±2）℃，相对湿度 65%±5% 条件下进行（其余项目也应控制在同样的温湿条件下进行）。

② 检视面色及色光应在入射角 $45°\pm5°$ 的 D_{65} 标准光源下进行。

③ 检视底色应将刮样对光透视。

10.2　油墨着色力检验

10.2.1　方法原理

以定量白墨将试样和标样分别冲淡，对比冲淡后油墨的浓度，以质量分数表示。

10.2.2　仪器和材料

① 调墨刀。

② 刮片。

③ 刮样纸：$80g/m^2$ 胶版印刷纸，规格 210mm×70mm，顶端往下 130mm 处有印有 20mm 宽黑色实底横道。

④ 分析天平：精度 0.001g。

⑤ 玻璃片。

⑥ 标准白墨。

⑦ 标准黑墨。

10.2.3　检验步骤

① 用分析天平，在圆玻璃片上称取标准白墨 2g，试样油墨 0.2g。用同样方法，相同比例，称取标准白墨和标样油墨。将称好的墨样分别用调墨刀充分调匀。

② 用调墨刀取调匀的标准样约 0.5g 涂于刮样纸的左上方，再取调匀的试样约 0.5g 涂于刮样纸的右上方，两者应相邻而不相连。

③ 将刮片置于涂好的油墨样品上方，使刮片主体部分与刮样纸垂直。然后，自上而下将油墨于刮样纸上刮成薄层，刮至黑色横道下 2/3 时，减小用力，使刮片内侧角度近似 25°，将油墨在纸上涂成较厚的墨层。最终刮样形状应与图 10-1 相似。

④ 观察试样与标样的面色、墨色是否一致，若不一致，则改变试样标准白墨的用量，至冲淡试样与标样达到一致，计算得出试样着色力。

⑤ 刮样后，以 30s 内观察所反映的墨色为准。

说明：观察冲淡刮样时，应在 D_{65} 标准光源下进行。

10.2.4　检验结果

试样着色力，以质量分数 w（%）表示，按式（10-1）计算：

$$w=\frac{m_1}{m_2}\times100 \tag{10-1}$$

式中　m_2——冲淡标准样白墨用量，g；

　　　m_1——冲淡试样白墨用量，g。

10.3　油墨细度检验

按规定方法将油墨稀释后，以细度板测定的颗粒研细程度及分散状况称为油墨细度，以

μm 表示。

以 0.1mL 吸管量取受试油墨 0.5mL。根据流动度的大小加 6 号溶剂油进行稀释。范围：流动度在 24mm 以下加 18 滴（或以每滴 0.02mL 加入 0.30mL）；25～35mm 加 14 滴（或 0.28mL）；36～45mm 加 10 滴（或 0.20mL）；46mm 以上不加油。以调墨刀挑取已稀释均匀的油墨，置于刮板细度仪凹槽深度 50μm 处，用刮板细度仪测定油墨的细度。

本方法仅适用于非溶剂型浆状油墨。

10.4 油墨流动度检验

10.4.1 方法原理

以一定体积的油墨样品在规定压力下，经一定时间，所扩展成圆柱体直径的大小（mm）来表示油墨流动度。

10.4.2 仪器和材料

① 调墨刀。
② 玻璃板。
③ 吸墨管：容量 0.1mL。
④ 透明量尺：分度值 1mm。
⑤ 擦洗溶剂：乙醇。
⑥ 流动度测定仪：由一个质量为（200±0.05）g 五等砝码，两片质量为（50±0.05）g、厚度为 5～6mm、直径为 65～70mm 表面光洁的圆玻璃片和一个金属固定盘组成（见图 10-2）。
⑦ 棉纱。
⑧ 计时器。

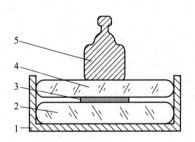

图 10-2　流动度测定仪
1—防止玻璃片滑动的金属固定盘；2—质量为 50g 的圆玻璃片；3—被测试的油墨；
4—质量为 50g 的圆玻璃片；5—质量为 200g 的砝码

10.4.3 检验步骤

① 油墨试样及流动度测定仪应事先置于恒温室内（23±2）℃保温 20min。
② 用调墨刀取油墨试样 4～5g，在玻璃板上调动 15 次（往返为一次），用吸墨管吸取试样 0.1mL，将管口及周围余墨刮去，使试样与管口齐平，管内油墨不得含有气泡。
③ 将吸墨管内油墨挤出，置于金属固定盘内的圆玻璃片中心，并将吸墨管芯的余墨刮

掉，抹于上圆玻璃片中心。

④ 将上圆玻璃片放在金属固定盘内的圆玻璃片上，使中间有墨部分重叠，立即压上砝码，开始计时（注意金属固定盘保持水平）。

⑤ 15min 时移去砝码，用透明量尺测量油墨圆体直径的最大值和最小值，如最大值和最小值之差大于等于 2mm，则试验应重新进行。

10.4.4　检验结果

测量结果的算术平均值为流动度的数值。

10.5　油墨结膜干燥的检验

10.5.1　方法原理

在规定的条件下，测定油墨薄层表面由浆状变为固态的最短时间，以 h 表示。

10.5.2　仪器和材料

自动干燥测定仪：应具备下列条件。

① 仪器设测试划针装置。

② 仪器可装 6 条试样制膜玻璃条，设 6h、12h、24h 三个可调量程，每个量程可同时做 6 个试样的测试。

③ 仪器配制膜器一个，可按测试要求，分别制出厚度为 $30\mu m$、$60\mu m$、$90\mu m$、$120\mu m$ 的试样油墨薄层。

10.5.3　检验步骤

① 把制膜玻璃条平置于实验台，制膜器扣在制膜玻璃条上，将选定的制膜器出膜厚度的凹口与制膜玻璃条顶端对齐。

② 取调匀的试样约 5g，置于选定的制膜器出膜厚度的凹口一端。

③ 将制膜器顺制膜玻璃条拖至另一顶端，制膜玻璃条上即留下一条选定厚度的油墨薄层。把该制膜玻璃条装在干燥记录仪的固定位置。

④ 根据测试要求，选定测试量程。

⑤ 将划针装置置于量程刻度的零位，划针置于制膜玻璃条上油墨薄层顶端。

⑥ 启动仪器，仪器开始计时，划针顺油墨薄层前移，油墨薄层上留下划痕。

10.5.4　检验结果

检视油墨薄层上的划痕，划痕不再合拢处仪器所示时间（h），为油墨薄层表面变为固态的最短时间（h），即受试油墨的结膜干燥时间（h）。

10.6　油墨黏性及黏性增值的检验

10.6.1　方法原理

① 用油墨黏性仪测试油墨薄层分离或被扯开的阻力的大小，以数字表示油墨黏性。

② 延长油墨黏性的测定时间，观察油墨黏性值的变化情况，以数字表示油墨黏性增值。

10.6.2 仪器和材料

① 棉纱。

② 秒表：精度为 0.1s。

③ 擦洗溶剂：NY-200 溶剂油（符合 GB 1922）。

④ 油墨黏性仪：MODEL RGV-3 型，见图 10-3。

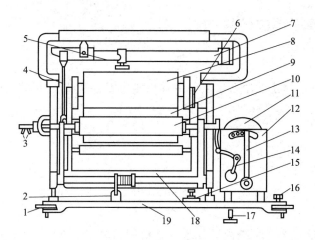

图 10-3 油墨黏性仪

1—水平调节螺丝；2—弹簧；3—水管；4—杠杆；5—游标；6—手柄；7—杆尺；8—合成胶辊；
9—金属辊；10—匀墨胶辊；11—电动机；12—齿轮组箱；13—变速棒；14—曲柄；15—制动器；
16—水平仪；17—吸墨器；18—横梁；19—底座

10.6.3 检验步骤

① 接通仪器电源，调节恒温箱水温至 32℃，保持恒温。

② 把仪器变速杆置于低速位置，将合成胶辊及匀墨胶辊压在金属辊上。

③ 启动仪器，运转 15min 后，将游标置于标尺"0"位。调节仪器，使标尺处于平衡状态。

④ 将调好的试样油墨灌入金属吸墨器后，再把试样油墨由金属吸墨器内挤出，均匀涂于合成胶辊上。用手转动马达，使墨均匀转涂于金属辊和匀墨胶辊上。

⑤ 启动仪器，匀墨。30s 时移开制动器，移动游标，使标尺平衡，1min 时读出黏性数据。若测定黏性增值，则保持仪器继续运转，记录第 15min 时的黏性数值。

⑥ 如须测定仪器中速和高速运转时的黏性值，将仪器变速杆移至中速或高速位置即可，检验步骤与低速相同。

10.6.4 检验结果

① 标尺平衡时，游标所指数字，即为黏性值。

② 15min 时的黏性值与 1min 时的黏性值之差，即为黏性增值。

10.7　油墨飞墨的检验

10.7.1　方法原理

油墨飞墨是观察油墨在印刷时，油墨脱离墨辊的离散情况，测定油墨飞墨是在测定黏性时，观察油墨表横梁上白纸的粘墨情况。

10.7.2　仪器和设备

与本章 10.6 "油墨黏性及黏性增值的检验" 一致。

10.7.3　检验步骤

按油墨黏性检验方法进行测定，当黏性仪开启 1min 后，在横梁上放一张白纸，继续转运 1min 后取下白纸，观察白纸上是否有墨，根据白纸上飞墨多少情况来判断飞墨程度。

10.8　油墨稳定性检验

10.8.1　方法原理

对油墨进行一定时间的冷冻和加热试验，观察油墨是否有胶化情况或反粗现象。

10.8.2　仪器和设备

① 能容纳 20g 油墨的铁盒。
② 自控恒温箱。
③ 自控冷冻箱。
④ 流动度测定仪。
⑤ 调墨刀。
⑥ 透明量尺。

10.8.3　检验步骤

① 将受试油墨分别装入两铁盒内，每盒内装油墨不少于 15g，铁盒内的油墨要排除气泡，再封上玻璃纸记上标志，把铁盒盖好，然后分别放入 75～80℃ 自控恒温箱和 −15℃～−20℃ 的冷冻箱内，经 72h 取出，置室温存放。

② 把已置室温存放 3h 以上的受试油墨按照本章 10.4 节内容做流动度测定，并与未做加热和冷冻试验的油墨作流动度对比。

10.8.4　检验结果

根据受试油墨流动度的差距和油墨的性能变化，按下列规定确定受试油墨是否稳定。
① 试验后流动度较原来未试验前变化不太大的油墨称之稳定。
② 试验后流动度较原来未试验前变大较多，墨性仍尚好，则此油墨变胶化可能性不大，但不够稳定。
③ 试验后流动度较原来未试验前变小较多，墨性变 "差"，则称之有胶化倾向，一般此

类油墨存放易于胶化。

10.8.5 注意事项

① 冷冻试验，主要确定其是否反粗。

② 加热试验，主要确定是否有变胶化可能。

10.9 油墨耐乙醇、耐碱、耐酸和耐水性的检验

10.9.1 浸泡法

10.9.1.1 方法原理

经干燥的油墨刮样，分别浸泡于规定浓度的酸、碱、醇及水中，经一定时间后取出刮样，根据刮样变化情况评级，并以之表示油墨耐酸、碱、醇及水的性能。

10.9.1.2 仪器和材料

① 调墨刀。

② 刮墨刀。

③ 刮样纸。

④ 试管。

⑤ 小镊子。

⑥ 氧化钠溶液：$w_{NaOH}=1\%$。

⑦ 盐酸溶液：$w_{HCl}=1\%$。

⑧ 乙醇溶液：体积分数为 95%。

10.9.1.3 检验步骤

① 将受检油墨用调墨刀放于道林纸中上方，持刮墨刀自上而下用力刮于刮样纸上，呈均匀的刮样，然后使之在常温条件下放置，干燥 24h（个别产品可适当延长）。

② 将干燥后的刮样剪下墨色部分小块，分别置于盛有规定浓度的酸、碱、醇、水的试管内浸泡。

③ 浸泡 24h 后，用镊子取出刮样。与未经浸泡的刮样对比，检视刮样的变色情况，根据表 10-1 评定受检测油墨耐酸、碱、醇、水的级别。

表 10-1 油墨耐酸、碱、醇、水的级别

级别	刮样变色程度	溶液染色程度
1	严重变色	严重染色
2	明显变色	明显染色
3	稍变色	稍染色
4	基本不变色	基本不染色
5	不变色	无色

10.9.1.4 注意事项

① 耐乙醇试验因试剂挥发快所以要在密封条件下进行。

② 做空白试验对比，以便观察纸张在溶液中变化情况，定级时应减除其纸张变化因素。

③ 测定时室温不宜过低，通常情况下应在 20～25℃之间测定。

10.9.2　滤纸渗浸法

10.9.2.1　方法原理

经干燥的油墨与规定浓度的酸、碱、醇和水溶液浸透的滤纸接触，在一定压力、一定时间后，根据油墨刮样变化的情况及渗透染色滤纸张数评级，并以之表示油墨耐酸、碱、乙醇及水的性能。

10.9.2.2　仪器和材料

① 调墨刀。

② 刮墨刀。

③ 小镊子。

④ 小玻璃板：9.5cm×6cm。

⑤ 砝码：1000g。

⑥ 定性滤纸：直径 11cm。

⑦ 蒸发皿：100mL。

⑧ 试剂：与浸泡法中所用试剂一致。

10.9.2.3　检验步骤

① 将受检油墨用调墨刀调少量放于刮样纸中上方，刮墨刀自上而下用力刮于刮样纸上，呈均匀的刮样，剪去墨色部分，然后置于常温放置 24h，使之干燥。个别产品可适当延长。

② 取小玻璃板置于平面工作台上，将刮样的 1/2 平放于玻璃板上。

③ 在 100mL 蒸发皿中注入溶液，取定性滤纸 10 张，用镊子夹在一端将其浸入溶液中至完全浸透，取出覆盖于油墨刮样 1/2 部分。

④ 将另一块玻璃压在滤纸上，并加一个砝码静置 24h 后，取下砝码及玻璃板，稍干后，检视刮样变色情况（可同不压滤纸部分比较）及染渗滤纸张数，按表 10-2 中的规定评定等级。

10.9.2.4　注意事项

① 接触油墨刮样的第一张滤纸不计在内。

② 试验中如滤纸不染色，可根据表 10-2 中刮样变化程度评级。

表 10-2　油墨耐抗性级别

级别	滤纸染色张数	刮样变化程度
1	8～9	严重改变
2	6～7	明显改变
3	4～5	稍改变
4	1～3	基本不改变
5	0	不改变

③ 耐乙醇试验因试剂挥发较快，所以测试时要放到可封闭的盒内，其他操作相同。

④ 做空白试验对比，以便观察纸张在溶液中的变化情况，定级时应减除变化因素。

10.10 油墨渗色性的检验

10.10.1 方法原理

将油墨置于滤纸上经一定时间后，观察滤纸吸收油墨渗出的油圈上是否带色，以检视油墨渗色情况。

10.10.2 仪器和设备

① 调墨刀。
② 定性滤纸。

10.10.3 检验步骤

① 用调墨刀充分搅拌受试油墨，并取少量堆放在定性滤纸上。
② 1h 后观察油墨四周渗透的颜色，以渗出的油圈不带蓝色、黄褐色或其他颜色为佳。

10.11 油墨黏度的检验

采用旋转黏度计测定油墨的黏度，具体测定原理和测定步骤见本书第 2 章 2.10 节内容。

10.12 油墨光泽的检验

10.12.1 方法原理

油墨光泽的检验是采用光泽度仪进行的。在一定光源的照射下，试样与标准面反射光量度之比，用来表达油墨的光泽（以标准面的反射光量度为 100%）。

10.12.2 仪器和材料

① 手展仪。
② 光泽度仪：60°角。
③ 调墨刀。
④ 铜版纸：$157g/m^2$（符合 GB/T 10335.1）。
⑤ 测光平台。
⑥ 经处理表面湿润张力达到要求的各种不同体系液体油墨专用承印薄膜。
⑦ 擦洗溶剂：不同体系液体油墨使用同系专用溶剂。
⑧ 丝棒：铜棒体 $\phi(9\pm0.05)mm$，长 170mm，缠绕不锈钢丝部分长 $(100\pm0.50)mm$，钢丝 $\phi0.12mm$，密绕排列，整齐无间隙。

10.12.3 检验步骤

① 丝棒刮样法。用调墨刀分别将标样和试样调匀，然后取少量标样，滴于已垫好橡胶垫并已固定上端的基材（各种不同体系液体油墨的专用承印薄膜或 $157g/m^2$ 铜版纸）的左

上方，再取少量试样滴于右上方，两者应相邻而不相连。用丝棒均匀用力迅速自上而下，将油墨在基材上刮成薄层。

②　用手展仪展样法

a. 将铜版纸平铺于橡胶垫上，光面向上，用拉版夹紧固。

b. 用调墨刀分别将标样和试样调匀，同时取少量滴于手展仪的胶辊上，两者相邻而不相连。

c. 单手执手展仪，使之与基材倾斜成 45°角，用适当的力度拉（黏度高时要慢拉，黏度低时要快拉），将油墨在基材上形成薄层。

③　检视时下衬 $157g/m^2$ 铜版纸。

④　按上述方法制备印样，放置 2h 后，进行测光。

⑤　将调校准确的光泽度仪测头放在底部衬有铜版纸的刮样上，利用测光台将印样放平，读出数据。

10. 12. 4　检验结果

测定印样，需选测上、中、下三点，求其算术平均值，为该油墨的光泽值。

实训 24 油墨
初干性的测定

实训 25 油墨
附着力的测定

 练习题

1. 如何测定油墨颜色？
2. 油墨着色力测定原理是什么？
3. 油墨结膜干燥的测定与涂料干燥时间是一致的吗？
4. 如何测定油墨光泽？

第**11**章

胶黏剂的检验

学习目标

知识目标

(1) 了解胶黏剂的类型、功能和对产品质量的影响。

(2) 熟悉胶黏剂理化检验项目。

(3) 掌握胶黏剂理化检验项目的常规检验方法。

能力目标

(1) 能进行胶黏剂检验样品的制备。

(2) 能进行相关溶液的配制。

(3) 能根据胶黏剂的种类和检验项目选择合适的分析方法。

(4) 能按照标准方法对胶黏剂相关项目进行检验，给出正确结果。

素质目标

(1) 通过理论知识的学习培养扎实的科学素养与人文素养。

(2) 通过具体操作训练培养劳动精神、工匠精神。

(3) 通过分组讨论和实训培养沟通能力和团队精神。

(4) 通过胶黏剂绿色化知识的学习培养环保意识和道德素养。

案例导入

如果你是一名胶黏剂生产企业的检验人员，公司生产了一批胶黏剂，你如何判定该批胶黏剂是否合格？

课前思考题

(1) 胶黏剂的主要有效成分是什么？

(2) 胶黏剂常含有哪些有害成分？

胶黏剂是通过黏合作用使被黏物结合在一起的物质，是一类重要的精细化学品。胶黏剂同黏合对象金属、木材、橡胶等相比，虽然消费量小，但其社会效益和经济效益却非常大。

胶黏剂无论是自产自用还是作为产品出售，均应在生产过程和出厂时进行检验，判断其各种性能指标是否达到标准要求，以保证自身产品质量和保证所粘接产品的质量。

11.1　胶黏剂的理化性能测试

11.1.1　外观的测定

外观是指色泽、状态、宏观均匀性、机械杂质等，它可在一定程度上直观地反映胶黏剂的品质。

11.1.1.1　主要仪器

试管：内径（18±1）mm，长 150mm。

11.1.1.2　操作步骤

将试样 20mL 倒入干燥洁净的试管内，静置 5min，在天然散射光或日光灯下对光目测观察。试验应在（25±1）℃下进行。

11.1.1.3　注意事项

如温度低于 10℃，发现试样产生异状时，允许用水浴加热到 40~50℃、保持 5min，然后冷却到（25±1）℃，再保持 5min 后进行外观的测定。

11.1.1.4　外观观察项目

颜色、透明度、分层现象、机械杂质、浮油凝聚体。

11.1.2　密度的测定

密度能反映胶黏剂混合的均匀程度，是计算胶黏剂涂布量的依据。实际生产中，常用密度计、密度瓶、韦氏天平、重量杯和简易法测定胶黏剂的密度。密度计、密度瓶、韦氏天平测定密度的方法在本书第 2 章 2.1 节中已进行详细介绍，在此只介绍重量杯法和简易法。

11.1.2.1　重量杯法

重量杯法是用 37.00mL 的重量杯测定液态胶黏剂及其组分密度的方法。它适用于液态胶黏剂密度的测定，特别适用于黏度较高或组分挥发性较大、不宜用密度瓶法测定密度的液态胶黏剂。

（1）方法原理　用 20℃下容量为 37.00mL 的重量杯所盛液态胶黏剂的质量除以 37.00mL，即可得到胶黏剂的密度。

（2）仪器和设备

① 重量杯：20℃下容量为 37.00mL 的金属杯。

② 恒温水浴或恒温室：能保持（23±1）℃。

③ 天平：感量为 0.001g。

④ 温度计：0~50℃，分度为 1℃。

（3）测定步骤

① 准备足以进行 3 次测定用的胶黏剂样品。

② 用挥发性溶剂清洗重量杯并干燥之。

③ 在 25℃ 以下把搅拌均匀的胶黏剂试样装满重量杯，然后将盖子盖紧，并使溢流口保

持开启。随即用挥发性溶剂擦去溢出物。

④ 将盛有胶黏剂试样的重量杯置于恒温水浴或恒温室，使试样恒温至（23±1）℃。

⑤ 用溶剂擦去溢出物，然后用重量杯的配对砝码称重装有试样的重量杯，精确至 0.001g。

⑥ 每个胶黏剂样品测试三次，以三次数据的算术平均值作为试验结果。

（4）结果计算　液态胶黏剂的密度 ρ 按式(11-1)计算。

$$\rho = (m_2 - m_1)/37 \tag{11-1}$$

式中　ρ——液态胶黏剂的密度，g/cm^3；

m_1——空重量杯的质量，g；

m_2——装满试样的重量杯质量，g；

37——重量杯容量，cm^3。

11.1.2.2　简易法

简易法就是利用医用注射器测量密度。对于易流动的液态胶黏剂选用粗针头，对于难流动的膏状物可不用针头。

（1）仪器和设备

① 医用注射器：15~30mL。

② 恒温水浴：精度 0.1℃。

③ 天平：感量为 0.001g。

④ 温度计：100℃，分度为 0.1℃。

⑤ 恒温烘箱。

（2）测定步骤　取医用注射器 1 支，装满铬硫酸洗液，放置 5~6h，水洗，再用无水乙醇洗，然后干燥，精确称出质量 m_1。

于注射器内装满测试温度范围的蒸馏水，排除空气泡，保持一定体积，称出质量 m_2。

将注射器的蒸馏水倒出，并烘干，再用待测的胶黏剂洗 1~2 次，与装蒸馏水同样的条件装满胶黏剂，排除气泡，称得质量 m_3。

连续测定 3 次，取平均值。

（3）结果计算　液态胶黏剂的密度 ρ 按式(11-2)计算。

$$\rho = (m_3 - m_1)/(m_2 - m_1) \tag{11-2}$$

11.1.3　黏度的测定

黏度是表征胶黏剂质量的重要指标之一，黏度直接影响产品流动性和黏结强度，决定着施胶的工艺方法。

胶黏剂黏度大小与树脂反应终点控制有直接关系，如过早停止反应，黏度就小；反应时间长，黏度就大。脱水树脂的黏度又与脱水量多少有关，脱水量愈多，黏度就愈大。此外，黏度大小还和温度呈反比例关系，同一种胶由于使用时温度不同，使用时的黏度也不同。

不同的胶接制品对黏度有不同要求，如刨花板用胶要求黏度较小，以便于施胶。黏度太大易造成施胶不匀，影响胶接质量，而细木板则要求黏度大一些，黏度太小容易渗透造成表面缺胶。所以对不同胶合制品和不同加工工艺应有不同的黏度要求。

胶黏剂黏度的测定常用的方法是旋转黏度计法和黏度杯法。这两种方法在本书第 2 章

2.10 节进行了详细介绍，在此就不详述了。

11.1.4　pH 值的测定

在氨基树脂等胶黏剂中，pH 值是一项很重要的质量指标，因为它关系到树脂的贮存稳定性并影响到固化时间。氨基树脂在酸性介质中反应速度较快，在中性介质中比较稳定，所以氨基树脂最后将成品 pH 值调至 7～8；三聚氰胺-甲醛树脂在微碱性介质中比较稳定，所以最后成品 pH 值调至 8.5～9.5。

pH 值的测定方法常用 pH 计法、试纸法和比色法。其中 pH 计法已在第 2 章 2.8 节中进行了详细介绍，pH 试纸测定 pH 值，方法简单、使用方便，但当被测液颜色较深时误差较大。用比色的方法可以克服这一缺点。

比色法在国内一般有两种方法。一是用混合指示剂，其测定方法是在小试管内装入被测液至刻度线。加 2 滴混合指示液，振动均匀后，观察其颜色，确定 pH 值。混合指示液显色范围如表 11-1 所示。

表 11-1　混合指示液显色范围

pH 值	7.6	7.0	6.5	6.0	5.6～5.7	5.5	5.2～5.4	5.0
色泽	蓝色	绿色	橄榄绿色	黄色	橙黄色	橙黄色～红色	红色～橙黄色	红色

另一种是万能指示剂，测定方法与上述方法相同，只是用试样比色管或标准比色管比色确定 pH 值。

混合指示剂的配制：0.125g 甲基红和 0.4g 溴麝香草酚蓝，溶于 150mL 乙醇中。

万能指示剂的配制：1.3g 酚酞、0.4g 甲基红、0.9g 溴麝香草酚蓝和 0.2g 麝香草酚蓝溶于 1L 75％乙醇中，加入 4g 氢氧化钠使其变绿色即可。

11.1.5　固体含量的测定

固体含量是胶黏剂中非挥发性物质的含量，以质量分数表示。固体含量是产生黏结强度的根本因素，也是胶黏剂的一项重要指标。测定固体含量可以了解胶黏剂的配方是否正确，性能是否可靠。

不同胶黏剂对固体含量要求亦有所不同。如胶合板用胶，一般调胶时要加填料，因此固体含量可低些；刨花板热压时温度高、时间短，拌胶后的刨花挥发物含量高，就要求固体含量高，否则容易鼓包开胶。此外还要与被黏材料含水率配合起来考虑。被黏材料含水率低，固体含量可要求低一些。

固体含量一般采用烘干法进行测定。

11.1.5.1　测定原理

测定胶黏剂的固体含量是使试样在一定温度下加热一定时间后，以加热后试样质量与加热前试样质量的比值表示。

11.1.5.2　主要仪器

① 烘箱：温度波动不大于±2℃。

② 称量容器：直径 50mm，高度 30mm 的称量瓶或铝箔。

③ 干燥器：装有变色硅胶的干燥器。

④ 分析天平。

⑤ 温度计：0～150℃。

11.1.5.3 操作步骤

在预先干燥至质量恒定的称量瓶中，用分析天平称取适量试样（准确至 0.001g）。将称量瓶放入恒定温度的真空烘箱内，按表11-2规定的干燥条件干燥，然后取出放入干燥器内，冷却 20min，称量。

表 11-2 试样干燥条件

胶黏剂种类	试样重/g	干燥温度/℃	干燥时间/min
脲醛、三聚氰胺	1.5	105±2	180
酚醛树脂	1.5	135±2	60
其他胶黏剂	1.0	105±2	180

11.1.5.4 结果计算

固体含量，以质量分数 w 表示，按式(11-3) 计算：

$$w = \frac{m - m_1}{m_2 - m_1} \tag{11-3}$$

式中　m——称量瓶与干燥后树脂的质量，g；

m_1——称量瓶的质量，g；

m_2——称量瓶与干燥前树脂的质量，g。

11.1.6 适用期的测定

适用期也称为使用期或可使用时间，即配制后的胶黏剂能维持其可用性的时间。适用期是化学反应型胶黏剂和双液型橡胶胶黏剂的重要工艺指标，对于胶黏剂的配制量和施工时间很有指导意义。

11.1.6.1 测定原理

按规定时间间隔测定胶黏剂的黏度和（或）胶接强度，当黏度达到规定变化值和（或）胶接强度低于规定值的时间作为胶黏剂的适用期。

11.1.6.2 主要仪器

① 恒温水浴：温度波动不大于±1℃。

② 黏度计：适合于被试验胶黏剂的任何类型黏度计。

③ 烧杯：直径 76mm，高度 120mm，容量 400mL，平口形式耐热玻璃烧杯或类似尺寸与胶黏剂不起反应的其他容器。

④ 秒表。

⑤ 试验机：具有能保持规定的加载速度，并配有自动对中夹具的试验机。

11.1.6.3 操作步骤

① 在试验时把待测胶黏剂的所有组分放置在（23±2）℃试验温度下至少 4h。也可以采用其他温度，但在试验报告中应予以说明。

② 按胶黏剂配制使用说明书配制不少于 250mL 的胶黏剂，把胶黏剂放入烧杯中，在各

组分充分混合后计时，作为胶黏剂适用期的起始时刻。整个试验过程中烧杯均应敞开。

③ 从适用期起始时刻起，按一定时间间隔重复测定黏度。胶黏剂黏度的测定可按 GB/T 2794 的规定进行，同时测定胶接强度。

④ 按胶黏剂黏度确定适用期时，适用期应是刚配制胶黏剂记录的时间和胶黏剂黏度达到预先规定值或增加到预先规定百分率之间的时间。

11.1.6.4　胶黏剂适用期的确定

按胶黏剂黏度和胶接强度确定适用期时，以黏度达到规定变化值和胶接强度小于规定值的时间中取较短的时间确定为胶黏剂的适用期。

试验结果以 h 或 min 表示。

11.1.7　固化时间的测定

固化时间即在规定的温度压力条件下，装配件中胶黏剂固化所需的时间。这里是指树脂本身的固化时间。

对固化时间的要求与适用期正好相反。固化快，可缩短热压时间，提高生产效率，因此固化时间短些有利。

11.1.7.1　测定原理

本方法适用于酚醛树脂固化时间的测定。

酚醛树脂固化时间是指树脂加入固化剂后在 100℃ 的沸水中，从树脂放入开始到树脂固化所需要的时间，以 s 计。树脂固化时间测定装置如图 11-1 所示。

11.1.7.2　主要仪器装置

① 平底或圆底短颈烧瓶：1000mL。

② 试管：直径 18mm，长 150mm。

③ 搅拌棒。

④ 铁丝：直径 2mm，长 300mm。

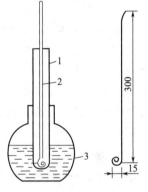

图 11-1　树脂固化时间测定装置
1—试管；2—搅拌棒；3—短颈烧瓶

11.1.7.3　主要试剂

氯化铵：分析纯。

11.1.7.4　操作步骤

称取 50g（精确到 0.1g）试样放入 100mL 烧杯中，在烧杯中加入相当于树脂固体含量 1.7% 的氯化铵溶液，搅拌均匀后，立即取出试样 2g，放入试管中（注意不要使试样粘在管壁上），插入搅拌棒，将试管放入有沸水的短颈烧瓶中。瓶中沸水的水面要比试管中的试样液面高出 20mm，在不断搅拌下，试样逐渐硬化。当试样放入烧瓶中时，即开始按动秒表，直到搅拌棒突然不能提起的瞬间停止秒表，记录时间。平行测定三次，取其平均值。

平行测定结果之差不超过 2s。

氯化铵用量 $m_{\mathrm{NH_4Cl}}$ 按式(11-4) 计算：

$$m_{\mathrm{NH_4Cl}} = m_0 w K \tag{11-4}$$

式中　m_0——树脂质量，g；

　　　　w——树脂固体质量分数，%；

K——1g 干树脂的氯化铵加入的质量，一般为 0.017g。

11.1.8 贮存期的测定

胶黏剂贮存期是在规定条件下，胶黏剂仍能保持其操作性能和规定强度的最大存放时间。这是胶黏剂研制、生产和贮存时必须考虑的重要问题，是胶黏剂质量的一项重要指标。若贮存期过短，使用前就已经报废，将造成很大的损失和浪费。

胶黏剂贮存期通常是指在存放一定时间后观察外观和涂布以测定黏度和强度不发生变化的时间，这需要自然放置 3 个月、6 个月、12 个月，很不经济，因此也可采用热老化加速方式进行测定。

11.1.8.1 热老化法

（1）测定原理　在加热条件下，通过测量胶黏剂加热前后的黏度和胶接强度变化测定贮存期。如在规定时间内，黏度和胶合强度变化率小，则说明被测定的胶黏剂可达到预定的贮存期。

本方法适用于酚醛、脲醛及三聚氰胺甲醛树脂贮存稳定性的测定。

（2）主要仪器

① 恒温水浴。

② 试管：直径 18mm，长 150mm。

（3）测定步骤　胶黏剂试样在进行初始黏度与胶合强度测定后，分别称取试样 10g 于试管中与试样 100g 放入三角烧瓶中。按表 11-3 所规定的温度，将试管和三角烧瓶同时放入恒温水浴中，试样的液面应在水浴液面下 20mm 处，记下开始时间。约 10min 后，盖紧塞子，每小时取出试管观察一次试样的流动性。三角烧瓶中试样按表 11-3 中条件处理完毕，取出冷却至 20℃，测定黏度及胶合强度，计算出黏度和胶合强度变化率。

表 11-3　贮存稳定性试验条件

胶种	处理温度/℃	处理时间/h
氨基树脂胶黏剂	70±2	10
酚醛树脂胶黏剂	60±2	15

贮存稳定性试验按表 11-3 规定条件进行处理，如达到规定时间，黏度和强度变化率小，则相当于密封包装在室温下 20℃左右的胶黏剂在太阳不直接照射处可贮存 100 天。

（4）测定结果计算　树脂黏度变化率按式（11-5）计算：

$$\mu = \frac{\eta - \eta_0}{\eta_0} \tag{11-5}$$

式中　μ——黏度变化率；

η——贮存后的黏度；

η_0——贮存前的黏度。

胶接强度变化率按式（11-6）计算：

$$j = \frac{\sigma - \sigma_0}{\sigma_0} \tag{11-6}$$

式中　j——胶接强度变化率；

σ——贮存后的胶接强度；

σ_0——贮存前的胶接强度。

11.1.8.2 常温法

（1）测定原理 通过测量胶黏剂贮存前后的黏度或胶接强度的变化，达到测定贮存期的目的。

（2）主要仪器设备

① 恒温控制箱：温度波动范围不大于±2℃。

② 容器：有盖的玻璃瓶或与胶黏剂不起反应的其他容器，也可由供需双方另行商定。

③ 天平：感量 0.1g。

④ 黏度计：适用于被试验胶黏剂的任何类型的黏度计。

⑤ 试验机：具有保持规定的加载速度，并配有自动对中夹具的试验机。

（3）测定步骤

① 把密闭待测试样存放于（23±2）℃的恒温箱中或按胶黏剂使用说明书中规定的条件存放。

② 把其中一个已分装试样的容器在存放开始时立即置于试样测定条件下，至少停放 4h。

③ 胶黏剂黏度按 GB/T 2794 规定进行测定。

④ 按胶黏剂使用说明规定配制胶黏剂。

⑤ 按胶黏剂使用说明书规定制备胶接试样，并按相应国家标准进行胶接强度的测定。

⑥ 在存放期间，以一定时间间隔分别取已分装的试样按第②～⑤规定进行操作（至少两次）。

（4）测定结果 以胶黏剂仍能保持其操作性能和规定强度的最长存放时间，作为贮存期，以时间单位（年、月等均可）表示。

11.1.9 热熔胶软化点的测定

热熔胶软化点是热熔胶表征质量和工艺的性能指标，按 GB/T 15332—1994 进行测定。

11.1.9.1 测定原理

把确定质量的钢球置于填满试样的金属环上，在规定的升温条件下，钢球进入试样，从一定的高度下落，当钢球触及底层金属挡板时的温度，视为软化点。

11.1.9.2 主要仪器和传热介质

① 软化点测定装置：如图 11-2 所示，其中钢球直径为 9.53mm，质量为（3.50±0.05）g；烧杯容量约为 800mL，直径 90mm，高度不小于 140mm。

② 瓷板：应光洁。

③ 瓷坩埚：容量为 50mL。

④ 传热介质：应不与被测试样起反应，如使用水浴、甘油浴或硅油浴。

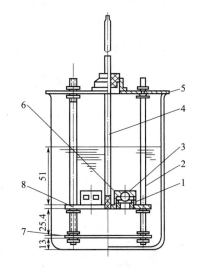

图 11-2 软化点测定装置

1—试样环；2—环架；3—钢球；4—温度计；
5—烧杯；6—钢球定位环；7—金属平板；
8—环架金属板

233

⑤ 加热器。

⑥ 刮刀。

11.1.9.3 试样制备

取一定量的实验室样品放在瓷坩埚内，然后将瓷坩埚置于适当的传热介质中。加热样品至熔化，记录开始熔化的温度。继续加热使其完全熔化，直至其温度超过开始熔化的温度25~50℃。在熔化和升温的整个阶段应搅动试样，使其完全成为均匀且无气泡的液体。另外，把试样环加热到与熔化试样相同的温度，再将其放在瓷板上，为避免与其粘合，瓷板可稍微涂些甘油或硅油。

用足够量的熔化的试样填满试样环，使其在冷却之后稍有多余部分。在空气中冷却30min，然后用稍加热的刀除去多余试样。

11.1.9.4 测定步骤

准备好仪器，悬挂好温度计，使温度计的底部位于试样环平面，并与两环的距离相等，调节环架成水平状。

(1) 软化点温度低于80℃的试样的测试　用比估计温度低10℃的蒸馏水装满容器，要浸没试样环，水面应高出试样环50mm，在恒温的水浴中，这一温度应保持15min，用夹钳把预先浸在水浴中达到同一温度的钢球放入钢球定位环上。

均匀升温，升温速度为（5±1）℃/min。加热水浴温度，直至钢球穿到试样环进入试料。凡是不按上述升温速度加热的所有试验都无效。

当被试料包围的钢球触及到环架的下承板时，要及时记录温度计所显示出的温度。

在试验过程中，如果试样发生连续降解的话，则可充入惰性气体或用其他方法进行测量。

(2) 软化点温度高于80℃的试样的测试　软化点温度高于80℃的试样制备和操作方法与软化点温度低于80℃的试样测试相同，但要使用甘油浴或硅油浴进行加热。

11.1.9.5 结果表示

试验结果用两次测定温度的平均值表示，两次测定温度的允许差为0.5℃。

11.1.10 耐化学试剂性能的测定

耐化学试剂性能按 GB/T 13353—1992 进行测定。该方法利用胶黏剂胶接的金属试样在一定的试验液体中、一定温度下浸泡规定时间后，黏结强度的降低来衡量胶黏剂的耐化学试剂性能，适用于各种类型的胶黏剂。

11.1.10.1 测定原理

按相应的国家标准中胶黏剂强度测定方法的规定制备一批试样，再将该批试样任意分为两组，一组试样在一定温度下浸泡在规定的试验液体里，浸泡一定时间后测定其强度；另一组试样在相同温度的空气中放置相同的时间后测定其强度。两组强度值之差与在空气中强度值的比值为胶黏剂耐化学试剂性能的强度变化率。

11.1.10.2 主要设备

① 使用所采用的测定方法中规定的试验机和夹具。

② 试验容器在试样浸泡期内应能密封，并能承受液体在试验温度时所产生的压力和不

受所使用液体的腐蚀。

11.1.10.3　试样

根据所采用的测定方法确定试样的形式、试样制备要求和每组试样个数。

11.1.10.4　试验液体

① 矿物油中的芳香烃含量是造成胶黏剂溶胀的主要原因，在不同产地、不同批次的同种牌号的商品油中，芳香烃含量也可能不同，因此商品油不能直接用作试验液体。

② 耐烃类润滑油的溶胀性能试验应在橡胶标准试验油 1 号、2 号、3 号中选择试验液体，所选用的标准试验油其苯胺点应最靠近商品油的苯胺点，橡胶标准试验油的理化性能应符合表 11-4 的有关规定。

表 11-4　橡胶标准试验油理化性能

项目	理化性能指标		
	1 号	2 号	3 号
苯胺点/℃	124±1	93±3	70±1
运动黏度(×10⁻⁶)/(m²/s)	20±1	20±2	33±1
闪点/℃	243	240	163

注：1 号、2 号试验油运动黏度的测量温度为 99℃，3 号试验油为 37.8℃。

③ 耐化学试剂试验应采用产品使用时所接触的同样浓度的化学试剂。

④ 蒸馏水。

11.1.10.5　试验条件

① 在下列的推荐温度选择浸泡温度：(23±2)℃、(27±2)℃、(40±1)℃、(50±1)℃、(70±1)℃、(85±1)℃、(100±1)℃、(125±2)℃、(150±2)℃、(175±2)℃、(200±2)℃、(225±3)℃、(250±3)℃。

② 在下列的推荐时间里选择浸泡时间：24h，70～72h，(168±2)h，168 的倍数。

③ 试验液体体积应不少于试样总体积的 10 倍，并确保试样始终浸泡在试验液体中。

④ 试验液体只限于使用 1 次。

⑤ 试样制备后的停放条件、试验环境、试验步骤、试验结果的计算均应按使用的测定方法标准的规定。

11.1.10.6　测定步骤

① 把试验液体倒入容器内，倒入的量应符合试验条件的规定。

② 把 1 组试样放入容器内，每个试样沿容器壁放置。

③ 合上容器盖至完全密闭，做高温试验要先调节恒温箱，使恒温箱温度达到"试验条件①"中选定的温度，将容器放入恒温箱内再开始计时。

④ 浸泡时间应符合"试验条件②"的规定。

⑤ 室温试验时，每隔 24h 轻轻晃动容器，使容器内各部分试验液体的浓度保持一致。

⑥ 达到规定时间后从容器中取出试样，高温试验时，应先从恒温箱内取出密闭容器，冷却至室温再取出试样。

⑦ 当试验液体是橡胶标准试验油时，用一合适有机溶剂洗净试样上的介质。

⑧ 测定试样的强度，并计算算术平均值。

⑨ 在和步骤③相同温度下，把另一组试样在空气中放置和步骤④相同的时间后，测定试样的强度，并计算算术平均值。

11.1.10.7 结果计算

胶黏剂耐化学试剂强度变化率 $\Delta\delta$ 按式(11-7) 计算，计算结果精确到 0.01。

$$\Delta\delta = \frac{\delta_0 - \delta_1}{\delta_0} \tag{11-7}$$

式中 $\Delta\delta$——胶黏剂耐化学试剂强度变化率；

δ_0——在空气中放置后试样强度的算术平均值；

δ_1——经化学试剂浸泡后试样强度的算术平均值。

11.1.11 游离醛含量的测定

游离醛即树脂制造中没有参加反应的甲醛质量分数，这部分甲醛是游离状态的。

胶黏剂中游离醛含量高，固化快，但适用期短，给操作带来不便并造成环境污染，危害人体健康。

11.1.11.1 酚醛树脂胶黏剂中游离甲醛的测定

(1) 测定原理 胶黏剂中游离甲醛与盐酸羟胺作用，生成等量的酸，然后以氢氧化钠中和生成的酸。

$$HCHO + NH_2OH \cdot HCl \longrightarrow CH_2=NOH + HCl + H_2O$$
$$NaOH + HCl \longrightarrow NaCl + H_2O$$

(2) 主要仪器

① 烧杯：150mL。

② 滴定管：10mL（酸式），10mL（碱式）。

③ pH 计。

④ 分析天平：感量 0.0001g。

⑤ 移液管：10mL。

⑥ 量筒：50mL。

(3) 主要试剂与溶液

① 10%盐酸羟胺溶液：称取 10g 盐酸羟胺溶于 90mL 蒸馏水中。

② 溴酚蓝指示剂：$\rho_{溴酚蓝} = 0.1\%$。0.1g 溴酚蓝用 20%乙醇稀释至 100mL。

③ 氢氧化钠标准溶液：$c_{NaOH} = 0.1mol/L$。

(4) 操作步骤 称取试样 2g（准确至 0.0001g）于一 150mL 烧杯中，加 50mL 蒸馏水（如为醇溶性树脂可加乙醇与水的混合溶剂或纯乙醇溶解）及 2 滴溴酚蓝指示剂。用 0.1mol/L 盐酸标准溶液滴定至终点，在 pH 计上 pH 值指示 4.0 时，用移液管移取 10%盐酸羟胺溶液 10mL，在 20~25℃下放置 10min，然后以 0.1mol/L 氢氧化钠标准溶液滴定至 pH 值指示 4.0 时为终点。

同时以 50mL 蒸馏水或者乙醇与水混合液（或乙醇）作试液进行空白试验。

平行测定两次，计算结果精确到小数点后两位，取其平均值。

(5) 计算 胶黏剂中游离甲醛含量 w，以%表示，按式(11-8) 计算：

$$w = \frac{c \times (V_1 - V_2) \times 0.03003}{m} \tag{11-8}$$

式中 w——胶黏剂中游离甲醛质量分数，%；

　　　V_1——滴定试样所消耗氢氧化钠标准溶液的体积，mL；

　　　V_2——空白试验所消耗氢氧化钠标准溶液的体积，mL；

　　　c——氢氧化钠标准溶液的实际浓度；

0.03003——1mL $c_{NaOH}=1mol/L$ 氢氧化钠标准溶液相当的甲醛的摩尔质量，g/mmol；

　　　m——试样质量，g。

11.1.11.2　氨基树脂游离甲醛的测定

（1）原理　在样品中加入氯化铵溶液和一定量的氢氧化钠，使生成的氢氧化铵和树脂中甲醛反应，生成六次甲基四胺，再用盐酸滴定剩余的氢氧化铵。

$$NH_4Cl+NaOH \longrightarrow NaCl+NH_4OH$$
$$6HCHO+4NH_4OH \longrightarrow (CH_2)_6N_4+10H_2O$$
$$NH_4OH+HCl \longrightarrow NH_4Cl+H_2O$$

（2）主要仪器

① 分析天平：感量 0.0001g。

② 滴定管：10mL（酸式）。

③ 移液管：10mL。

④ 碘量瓶：250mL。

（3）主要试剂与溶液

① 甲基红-甲基蓝混合指示剂：两份 0.1%甲基红-乙醇溶液与一份 0.1%次甲基蓝-乙醇溶液混合。

② 溴甲酚绿-甲基红混合指示剂：三份 0.1%溴甲酚绿-乙醇溶液与一份 0.2%甲基红-乙醇溶液混合。

③ 氯化铵溶液：$\rho_{NH_4Cl}=10\%$。称取 10.0g 氯化铵溶解于 90mL 蒸馏水中。

④ 氢氧化钠溶液：$c_{NaOH}=1mol/L$。量取 52mL 氢氧化钠饱和溶液注入 1000mL 容量瓶中，用不含二氧化碳的蒸馏水稀释至刻度。

⑤ 盐酸标准溶液：$c_{HCl}=1mol/L$。

（4）操作步骤　称取试样 5～10g（准确至 0.0001g，树脂中游离甲醛量不少于 50mg）于 250mL 碘瓶中，加入 50mL 蒸馏水溶解（若样品不溶于水，可用适当比例的乙醇与水混合溶液溶解，空白试验条件相同），加入甲基红-甲基蓝混合指示剂 8～10 滴，如树脂不是中性，应用酸或碱滴定至溶液为灰青色，加入 10mL 氯化铵溶液，摇匀，立即用移液管加入氢氧化钠溶液 1mL，充分摇匀，盖紧瓶塞。在 20～25℃下放置 30min，用盐酸标准溶液进行滴定，溶液颜色变化的顺序为绿色→灰青色→红紫色，以灰青色为终点。同时进行空白试验。

注意：在放置过程中塞紧瓶塞，用水封口以防氨的逃逸。

（5）结果计算　胶黏剂中游离甲醛含量 w，以%表示，按式(11-9)计算。

$$w=\frac{(V_1-V_2)\times c\times 0.03003\times 6}{m\times 4}\times 100 \tag{11-9}$$

式中 w——胶黏剂中游离甲醛质量分数，%；

　　　c——盐酸标准溶液的实际浓度，mol/L；

V_1——空白试验所消耗盐酸标准溶液，mL；

V_2——滴定试样所消耗盐酸标准溶液，mL；

0.03003——1mL c_{NaOH}＝1mol/L 氢氧化钠标准溶液相当的甲醛的摩尔质量，g/mmol；

m——试样质量，g。

11.1.12 游离酚含量测定

游离酚是指酚醛树脂胶黏剂中没有参加反应的苯酚。游离酚含量高，树脂贮存稳定性好，但由此会造成空气污染和对人体健康的严重危害，并使树脂收率降低，成本增高。

11.1.12.1 游离酚含量在 1%以上时的测定方法

(1) 测定原理 胶黏剂中未反应的游离苯酚，用水蒸气蒸馏与水一起馏出，用溴量法测定，其反应如下：

$$5KBr+KBrO_3+6HCl \longrightarrow 3Br_2\uparrow+6KCl+3H_2O$$
$$C_6H_5OH+3Br_2 \longrightarrow HOC_6H_2Br_3+3HBr$$
$$Br_2+2KI \longrightarrow 2KBr+I_2$$
$$I_2+2Na_2S_2O_3 \longrightarrow 2NaI+Na_2S_4O_6$$

(2) 主要仪器

① 蒸馏装置。如图 11-3 所示。

② 实验室一般玻璃仪器，如烧瓶、滴定管、烧杯等。

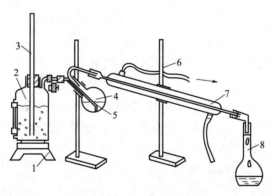

图 11-3 测定游离苯酚装置

1—电炉；2—水蒸气发生器；3—安全导管；4—圆底烧瓶；5—试样；6—支架；7—冷凝器；8—容量瓶

(3) 主要试剂与溶液

① 碘化钾、盐酸、乙醇，均为分析纯。

② 溴酸钾-溴化钾溶液：称取 2.8g 溴酸钾（化学纯）和 10g 溴化钾（化学纯），用适量蒸馏水溶解，稀释至 1000mL。

③ 淀粉指示剂：$\rho_{淀粉}$＝0.5%。称取 1g 可溶性淀粉，加 10mL 水，搅拌下注入 200mL沸水中，再微沸 2min，放置待用（使用前制备）。

④ 硫代硫酸钠标准溶液：c＝0.1mol/L。

(4) 操作步骤 在分析天平上称取试样 2g（准确至 0.0001g），置于 1000mL 圆底烧瓶中，以 20mL 蒸馏水溶解（如果试样为醇溶性固体树脂，则称取 1g 试样置于烧瓶内，加入 25mL 乙醇，摇动使树脂完全溶解），然后连接水蒸气发生器、冷凝器及容量瓶。开始蒸馏，要求在 40～50min 内蒸馏液达到 500mL，取一滴蒸馏液滴入少许饱和溴水中，如果不发生混浊即停止蒸馏。取下容量瓶加蒸馏水稀释至 1000mL。用移液管移取 50mL 蒸馏液于 500mL 碘量瓶中，然后用吸管加入 25mL 溴酸钾-溴化钾溶液和 5mL 浓盐酸。迅速盖上瓶塞用水封瓶口，再放置暗处 15min。然后加入 1.8g 固体碘化钾，用少许蒸馏水冲洗瓶口，再放置暗处 10min。用硫代硫酸钠标准溶液滴定至淡黄色时，加 3mL 淀粉指示剂继续滴定至蓝色消失，即为终点。同时进行空白试验。

(5) 结果计算　胶黏剂中游离酚的含量 w，以%表示，按式(11-10) 计算：

$$w = \frac{(V_1 - V_2) \times c \times M_{1/6C_6H_5OH} \times 1000}{m \times 50} \tag{11-10}$$

式中　　w——胶黏剂中游离苯酚含量，%；

　　　　V_1——空白试验所消耗硫代硫酸钠标准溶液，mL；

　　　　V_2——滴定试样所消耗硫代硫酸钠标准溶液，mL；

　　　　c——硫代硫酸钠溶液的实际浓度，mol/L；

　　　　m——试样质量，g；

$M_{1/6C_6H_5OH}$——$1/6C_6H_5OH$ 的摩尔质量，$M_{1/6C_6H_5OH} = 0.01568kg/mol$。

11.1.12.2　游离酚含量在 1% 以下时的测定方法

(1) 方法原理　苯酚含量在 1% 以下时，用一般容量分析法测定，准确性差。因此，应用分光光度计法，测定样品的吸光度，从而测出该物质的含量，是一种快速、灵敏、操作简便的方法。

(2) 主要仪器

① 分光光度计。

② 实验室一般仪器，如容量瓶等。

(3) 主要试剂和溶液

① 氨基安替比林溶液：$\rho = 2\%$。称取 2g 氨基安替比林溶于蒸馏水中，稀释至 100mL（当日配制）。

② 铁氰化钾溶液：$\rho = 2\%$。称取 2g 铁氰化钾溶于蒸馏水中稀释至 100mL（允许使用一星期）。

③ 氨水溶液：$c = 2mol/L$。量取 100mL 25% 的氨水，用蒸馏水稀释至 375mL。

④ 苯酚：优级纯。

(4) 测定步骤

① 标准曲线的绘制。取苯酚 50mg，用水溶解于 500mL 容量瓶中并稀释至刻度，制成 $\rho = 0.1g/L$ 浓度的标准溶液。取 50mL 容量瓶 10 个，分别加入 1mL、2mL、3mL、4mL、5mL、6mL、7mL、8mL、9mL、10mL 标准溶液，加蒸馏水稀释至刻度。然后分别加入 1mL 氨水溶液、0.5mL 6-氨基安替比林及 1mL 铁氰化钾溶液，摇匀。5min 后在分光光度计上 520nm 处，用厚度为 1cm 的比色皿测定其吸光度值。同时用未加标准溶液的试剂溶液做空白试验。用所得到的吸光度值和各自的标准溶液浓度，绘制成纵坐标为吸光度值、横坐标为苯酚标准溶液中苯酚质量的线性标准曲线。

② 试样测定。称取试样 2g，用水蒸气蒸馏法制得蒸馏液，并将蒸馏液稀释至 1000mL。吸取 50mL，放入 100mL 三角瓶中，加 1mL 氨水溶液、0.5mL 6-氨基安替比林及 1mL 铁

氰化钾溶液。搅拌 5min 后，按绘制标准曲线的标准溶液测定条件，测定其吸光度值。试验结果取两次测定的平均值。

（5）计算　胶黏剂中游离苯酚质量分数 w 按式（11-11）计算。

$$w = \frac{\alpha}{m} \times 20 \tag{11-11}$$

式中　w——胶黏剂中游离苯酚质量分数；

$\quad\quad \alpha$——根据标准曲线查得的该吸光度值所对应的苯酚质量；

$\quad\quad m$——试样质量。

11.2　黏结强度的检验

评价黏结质量最常用的方法就是测定黏结强度。表征胶黏剂性能往往都要给出强度数据，黏结强度是胶黏技术当中的一项重要指标，对于选用胶黏剂、研制新胶种、进行接头设计、改进黏结工艺、正确应用胶黏结构很有指导意义。

黏结强度是指胶黏体系破坏时所需要的应力，目前主要是通过破坏试验测得的，当然还有无损检验的方法，只是目前还不成熟。

了解黏结强度的基本概念、熟悉胶黏破坏的一般类型、研究胶黏强度的影响因素、学会黏结强度的测定方法，对于掌握和运用胶黏技术是很有必要的。

11.2.1　黏结强度的基本概念

胶黏结构在使用时，总是要求具有最佳的力学性能，目前评定胶黏体系力学性能优劣的主要指标是黏结强度，研究黏结强度有着重要的理论和实际意义。

11.2.1.1　黏结强度

黏结强度是指在外力作用下，使胶黏件中的胶黏剂与被黏物界面或其邻近处发生破坏所需要的应力，黏结强度又称为胶接强度。

黏结强度是胶黏体系破坏时所需要的应力，其大小不仅取决于黏合力、胶黏剂的力学性能、被黏物的性质、黏结工艺，而且还与接头形式、受力情况（种类、大小、方向、频率）、环境因素（温度、湿度、压力、介质）和测试条件、实验技术等有关。由此可见，黏合力只是决定黏结强度的重要因素之一，所以黏结强度和黏合力是两个意义完全不同的概念，绝不能混为一谈。

11.2.1.2　黏结接头的受力形式

黏结接头在外力作用下胶层所受到的力，可以归纳为剪切、拉伸、不均匀扯离和剥离 4 种形式，见图 11-4。

① 剪切。外力大小相等、方向相反，基本与黏结面平行，并均匀分布在整个黏结面上。

② 拉伸。亦称均匀扯离，受到方向相反拉力的作用，垂直于黏结面，并均匀分布在整个黏结面上。

③ 不均匀扯离。也叫劈裂，外力作用的方向虽然也垂直于黏结面，但是分布不均匀。

④ 剥离。外力作用的方向与黏结面成一定角度，基本分布在黏结面的一条直线上。

上述 4 种力，在同一胶黏体系中很有可能有几种力同时存在，只是何者为主的问题。

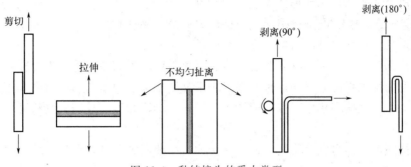

图 11-4 黏结接头的受力类型

11.2.1.3 黏结强度的分类

根据黏结接头受力情况不同，黏结强度具体可以分为剪切强度、拉伸强度、不均匀扯离强度、剥离强度、压缩强度、冲击强度、弯曲强度、扭转强度、疲劳强度、抗蠕变强度等。

(1) 剪切强度 剪切强度是指黏结件破坏时，单位黏结面所能承受的剪切力，其单位用 MPa 表示。

剪切强度按测试时的受力方式又分为拉伸剪切、压缩剪切、扭转剪切和弯曲剪切强度等。

不同性能的胶黏剂，剪切强度亦不同，在一般情况下，韧性胶黏剂比柔性胶黏剂的剪切强度大。大量试验表明，胶层厚度越薄，剪切强度越高。

测试条件影响最大的是环境温度和试验速度，随着温度升高剪切强度下降，随着试验速度的减慢剪切强度降低，这说明温度和速度具有等效关系，即提高测试温度相当于降低加载速度。

(2) 拉伸强度 拉伸强度又称均匀扯离强度、正拉强度，是指黏结受力破坏时，单位面积所承受的拉伸力，单位用 MPa 表示。

因为拉伸比剪切受力均匀得多，所以一般胶黏剂的拉伸强度都比剪切强度高得多。在实际测定时，试件在外力作用下，由于胶黏剂的变形比被黏物大，加之外力作用的不同轴性，很可能产生剪切，也会有横向压缩，因此，在扯断时就可能出现同时断裂。若能增加试样的长度和减小黏结面积，便可降低扯断时剥离的影响，使应力作用分布更为均匀。弹性模量、胶层厚度、试验温度和加载速度对拉伸强度的影响基本与剪切强度相似。

(3) 剥离强度 剥离强度是在规定的剥离条件下，使黏结件分离时单位宽度所能承受的最大载荷，其单位用 kN/m 表示。

剥离的形式多种多样，一般可分为 L 型剥离、U 型剥离、T 型剥离和曲面剥离，如图 11-5 所示。

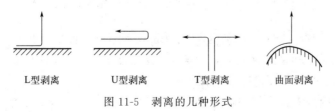

图 11-5 剥离的几种形式

随着剥离角的改变，剥离形式也发生了变化。当剥离角小于或等于 90°时为 L 型剥离，大于 90°或等于 180°时为 U 型剥离。这两种形式适合于刚性材料和挠性材料黏结的剥离。T 型剥离用于两种挠性材料黏结时的剥离。

剥离强度受试件宽度和厚度、胶层厚度、剥离强度、剥离角度等因素的影响。

（4）不均匀扯离强度　不均匀扯离强度表示黏结接头受到不均匀扯离力作用时所能承受的最大载荷，因为载荷多集中于胶层的两个边缘或一个边缘上，故是单位长度而不是单位面积受力，单位是 kN/m。

（5）冲击强度　冲击强度意指黏结件承受冲击载荷而破坏时，单位黏结面积所消耗的最大功，单位为 kJ/m^2。

按照接头形式和受力方式的不同，冲击强度又分为弯曲冲击、压缩剪切冲击、拉伸剪切冲击、扭转剪切冲击和 T 型剥离冲击强度等。

冲击强度的大小受胶黏剂韧性、胶层厚度、被黏物种类、试件尺寸、冲击角度、环境湿度、测试温度等影响。胶黏剂的韧性越好，冲击强度越高。当胶黏剂的模量较低时，冲击强度随胶层厚度的增加而提高。

（6）持久强度　持久强度就是黏结件长期经受静载荷作用后，单位黏结面积所能承受的最大载荷，单位用 MPa 表示。

持久强度受加载应力和试验温度的影响。随着加载应力和温度的提高，持久强度下降。

（7）疲劳强度　疲劳强度是指对黏结接头重复施加一定载荷至规定次数不引起破坏的最大应力。一般把在 10 次时的疲劳强度称为疲劳强度极限。

一般来说，剪切强度高的胶黏剂，其剥离、弯曲、冲击等强度总是较低的；而剥离强度大的胶黏剂，它的冲击、弯曲强度较高。不同类型的胶黏剂，各种强度特性也有很大差异。

11.2.2　拉伸强度的测定方法

11.2.2.1　金属黏结拉伸强度的测定

测定金属黏结拉伸强度的最常用试件如图 11-6 所示。

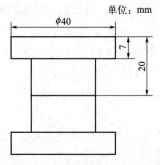

图 11-6　拉伸强度测定试件

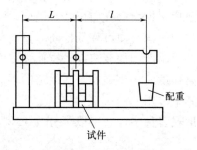

图 11-7　拉伸强度测定试件黏结加压装置

试件两圆柱体的直径应一致，同轴度为±0.1mm，两黏结平面平行度为±0.2mm，加工粗糙度为 5.0μm。试件黏结按工艺要求进行，为确保胶层厚度一致，可将 $\phi 0.1mm \times (2 \sim 3)mm$ 的铜丝在叠合前放入胶层内，以专用装置（见图 11-7）定位固化。

测定前从胶层两旁测量圆柱体的直径 d（精确到 1×10^{-6} m）。测定时将试件装于拉力试验机的夹具上，调整施力中心线，使其与试件轴线相一致，以（10～20）mm/min 的加载速度拉伸，拉断时记录破坏负荷，拉伸强度 σ 按式(11-12) 计算，单位为 MPa。

$$\sigma = F/A \tag{11-12}$$

式中　F——试件破坏时的负荷；

　　　A——试件黏结面积，$A = \pi d^2/4$。

　　每组黏结试件不得少于 5 个，按允许偏差±15％取算术平均值，保留 3 位有效数字。

　　如果需要测定高低温时的拉伸强度，应将试件和夹具一起放入加热或冷却装置内，在要求温度下保持（40～60）min，然后再进行测定。

11.2.2.2　非金属与金属黏结拉伸强度的测定

　　非金属与金属黏结拉伸强度的测定，采用两金属间夹一层非金属的方法。在此，介绍一下橡胶与金属黏结拉伸强度的测定方法。

　　橡胶厚度为（2±0.3）mm，黏结后的试件尺寸如图11-8 所示。

　　试件按工艺条件要求黏结，黏结面错位不应大于0.2mm。测试时将试件装在夹具上，调整位置使施力方向与黏结面垂直，以（50±5）mm/min 的加载速度拉伸，记录破坏时的最大负荷，按式(11-13) 计算拉伸强度 σ_c，单位为 MPa。

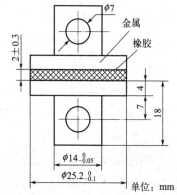

图 11-8　橡胶与金属黏结
拉伸强度的测定试件

$$\sigma_c = F/A \tag{11-13}$$

式中　F——试件破坏时的负荷，N；

　　　A——黏结面积，$A = \pi d^2/4$，m^2。

　　试件不得少于 5 个，经取舍后不应少于原数量的 60％，取其算术平均值，允许偏差为±10％。

11.3　无损检测方法

　　目前测定黏结强度应用最普遍的是破坏性试验，由于是抽样检测，因此不能完全保证黏结质量的可靠性。随着胶黏技术在航空、航天等高新领域的应用越来越广泛，对黏结质量及可靠性的要求日益严格，迫切需要无损检测方法。20 世纪 60 年代以来，开始利用黏结强度与被黏物某些物性之间的关系确定黏结强度，例如，用超声波测定胶黏剂动态模量为基础的黏结强度测定方法。近些年来，由于新技术的运用和方法的不断改进，使黏结强度的无损检测由定性向定量，由人工数据处理向计算机智能化发展，无损检测方法主要采用超声波、声和应力波等技术。

11.3.1　超声技术

11.3.1.1　聚偏二氯乙烯压电探头

　　采用金属化的聚偏二氯乙烯（PVDC）膜作为超声无损检测的探头，已成功应用于超声回波、透波及应力波的检测之中。具有质轻、灵便、超薄及廉价特性，比传统的陶瓷压电探头响应频带宽，且不需要任何偶合剂。

11.3.1.2　超声偶合技术

采用橡胶衬垫式探头，不使用液体偶合剂，而是采用干偶合技术。根据材料内声能的变化来检测黏结接头的质量，非常适合于快速探测缺陷。

11.3.1.3　平面漏波检测

平面漏波（LLW）是在黏结接头层面上所激发的边界敏感的平面波。在 LLW 无效区域的补偿相位对胶层界面状况十分敏感，缺胶与否及胶之特性都能显著改变 LLW 响应。当平面波传到黏结面时，将同时产生压缩和剪切两种应力，它们受界面特性影响不同，使这种无损检测具有更好的检测效果。

11.3.1.4　超声回转像相差技术

该方法所测信号为黏结界面反射回来的单音脉冲相位和幅值。根据波在多层介质中的传播特性与界面强度的关系，可推导出黏结质量参数，它与拉伸强度有较好的线性关系。

11.3.1.5　超声频谱检测

利用超声波频谱技术测量胶层的厚度和模量，共振频率对胶层厚度及模量变化很敏感。超声波频谱分析对黏结接头特性的敏感性十分有用，很有发展潜力。

11.3.2　声技术

11.3.2.1　声发射

声发射是一种动态无损检测技术，它将试样所受的动态负荷与变形过程联系起来，可表征在动态测试仪中试样产生的微小变形，是显示缺陷发展过程和预测缺陷破坏性的一种检测方法。

11.3.2.2　声-光测量

将黏结接头作为一个整体，用非接触性激光激发法分析材料的微观力学响应。动态响应参数与黏结状况有很好的相关性，可用于简便、快速检测黏结质量。

11.3.3　其他无损检测方法

11.3.3.1　应力波

应力波是声发射与超声波相结合的产物，是较新的无损检测技术，吸收了传统超声波和声发射的优点，实质仍是超声波检测。应力波方法能显示结构中存在的缺陷-破坏的综合效应，能把高黏结强度与弱黏结强度区别开来，可用于监测黏结质量，在控制黏结质量和预测黏结强度方面很有发展前途。

11.3.3.2　便携式全息干涉测试系统

便携式全息干涉测试系统能检测黏结接头的缺胶和弱黏结强度，为黏结现场提供可行的、完整性的测试装置。

11.3.3.3　热成像技术

模拟影响黏结部位热交换的一系列因素，计算并分析这些因素与黏结缺陷类型及黏结状况的关系，结果表明，检测时有一最佳传热时间，检测的最大温差与脱胶宽度呈线性关系。

11.3.3.4　涡流法

采用新型脉冲频率响应技术，将电磁波加于试样上使之热振动，再用涡流探头检测试样的响应特性，经计算分析得到一个损耗因子，它与黏结缺陷和黏结强度有较好的相关性。

实训 26 黏合剂固
含量的测定

实训 27 黏合剂甲醛
含量的测定

练习题

1. 胶黏剂适用期指的是什么？
2. 胶黏剂贮存期用什么方法测定？
3. 如何测定热熔胶软化点？
4. 如何测定酚醛树脂胶黏剂中游离甲醛？
5. 游离酚含量在 1％以上和 1％以下的测定方法有何不同？
6. 衡量胶黏剂性能的黏结强度有哪几种？

其他精细化学品的检验

 学习目标

知识目标

(1) 了解植物提取物、防晒剂的类型、功能和对产品质量的影响。

(2) 熟悉植物提取物、防晒剂的检验项目。

(3) 掌握植物提取物、防晒剂检验项目的常规检验方法。

能力目标

(1) 能进行植物提取物、防晒剂检验样品的制备。

(2) 能进行相关溶液的配制。

(3) 能根据植物提取物、防晒剂的种类和检验项目选择合适的分析方法。

(4) 能按照标准方法对植物提取物、防晒剂相关项目进行检验，给出正确结果。

素质目标

(1) 通过理论知识学习培养扎实的科学素养与人文素养。

(2) 通过具体操作训练培养劳动精神、工匠精神。

(3) 通过分组讨论和实训培养沟通能力和团队精神。

(4) 通过植物提取物、防晒剂绿色化知识学习培养环保意识和道德素养。

 案例导入

如果你是一名植物提取物、防晒剂生产企业的检验人员，公司生产了一批植物提取物、防晒剂，你如何判定该批植物提取物、防晒剂是否合格？

课前思考题

(1) 植物提取物、防晒剂的主要有效成分是什么？

(2) 植物提取物、防晒剂有哪些类型？

12.1　植物提取物的检验

　　崇尚绿色、回归自然是当今时代人们的追求，"无添加""植物护肤"等名词能够很好地抓住消费者的心理，因此，含植物提取物的化妆品和保健品，在市场上占有的份额越来越高。早在我国古代就已将植物作为护肤、美容用品，《神农本草经》《肘后备急方》和《黄帝内经》等历代古书中都有关于植物调理肌肤、美容的记载。

　　植物提取物中因为含有多糖、黄酮、蛋白质、原花青素、多酚等有效成分，才发挥了美白、保湿、防晒、抗衰老等功效。一般植物提取物的检验包括外观、气味、活性成分含量、重金属含量、微生物指标等。表 12-1、表 12-2、表 12-3 分别为光果甘草根提取物（QB/T 4951—2016）、山茶花提取物（T/CAFFCI 15—2018）和枸杞多糖（QB/T 5176—2017）的质量指标举例。

表 12-1　光果甘草根提取物质量指标

项目		指标	
		Glabridin-40	Glabridin-60
理化指标	外观	棕黄色至棕红色粉末	类白色粉末
	光甘草定(glabridin)含量/%	37.0～43.0	90.0～93.0
	黄酮试验(定性)	阳性	
卫生指标	汞(Hg)/(mg/kg)	≤1	
	铅(Pb)/(mg/kg)	≤40	
	砷(As)/(mg/kg)	≤10	
	甲醇/(mg/kg)	≤2000	
	菌落总数/(CFU/g)	≤100	
	霉菌和酵母菌/(CFU/g)	≤100	

表 12-2　山茶花提取物质量指标

项目		指标
理化指标	外观	黄色至棕黄色澄清液体
	气味	有特征气味
	总多酚(mg/mL)	≥2.0
卫生指标	汞(Hg)/(mg/kg)	符合《化妆品安全技术规范》(2015 年版)的规定
	铅(Pb)/(mg/kg)	
	砷(As)/(mg/kg)	
	镉(Cd)/(mg/kg)	
	菌落总数/(CFU/g 或 CFU/mL)	
	霉菌和酵母菌总数/(CFU/g 或 CFU/mL)	
	金黄色葡萄球菌/g(或 mL)	
	耐热大肠杆菌群/g(或 mL)	
	铜绿假单胞菌/g(或 mL)	

表 12-3　枸杞多糖质量指标

	项目	指标
理化指标	外观	黄色至深褐色粉末,可有结块
	气味	具有枸杞多糖的气味
	多糖含量(以葡聚糖计)/%	≥45
	水分	≤6
	灰分	≤12
卫生指标	重金属/%	符合要求
	菌落总数/(CFU/g)	≤1000
	大肠杆菌/(MPN/g)	<3.0
	霉菌/(CFU/g)	≤30

12.1.1　光甘草定含量测定

光甘草定是一种黄酮类物质,因为其强大的美白作用被人们誉称为"美白黄金",可消除自由基与肌底黑色素,经常被添加在有美白、抗衰老功效的化妆品当中。

12.1.1.1　测定原理

采用高效液相色谱法对光果甘草根提取物中光甘草定的含量进行测定。

12.1.1.2　主要试剂和仪器

① 高效液相色谱仪。

② 色谱柱:ODS,C_{18} 150mm×4.6mm (id),5μm。

③ 电子天平:感量 0.0001g。

④ 100mL、500mL 烧杯。

⑤ 50mL、100mL 容量瓶。

⑥ 500mL 量筒。

⑦ 2mL、10mL、20mL 移液管。

⑧ 光甘草定标样:含量不小于 98.0%。

⑨ 乙腈:色谱纯。

⑩ 无水乙醇。

⑪ 2%乙酸:称取 2.01g 乙酸 (以 99.5%含量计),加水至 100g,溶解摇匀。

12.1.1.3　测定步骤

(1) 色谱条件

① 流动相:乙腈:2%乙酸=1:1 (V/V)。

② 紫外检测器波长:282nm。

③ 流量:1.8mL/min。

④ 进样浓度:1.0mg/mL。

⑤ 进样量:5μL。

⑥ 运行时间:12min。

(2) 校正用标准溶液制备　称取 0.125g (精确至 0.0001g) 光甘草定标样于 50mL 容量瓶中,用无水乙醇稀释至刻度,混匀作为溶液 A,浓度为 2.5mg/mL。

用移液管分别移取溶液 A 2mL、10mL、20mL 于 50mL 容量瓶中,用无水乙醇稀释至刻度，混匀备用。

（3）样品制备　称取 0.05g（精确至 0.0001g）光果甘草根提取物样品于 50mL 容量瓶中，无水乙醇稀释至刻度混匀。

（4）测定　按照"（1）色谱条件"中的测定条件分别进样标准溶液及溶液 A 5μL，得四级校正表。当相关系数小于 0.990 时重新配制标准溶液。按同样的条件测定样品溶液。

12.1.1.4　结果计算

$$光甘草定含量 = \frac{c}{m} \times 100\% \tag{12-1}$$

式中　c——样品在标准曲线上查得的质量，g；

　　　　m——样品的称样量，g。

取两次平行测定结果的算术平均值为测定结果，两次平行测定结果之差不大于 0.5%。

12.1.2　总多酚含量的测定

自然界中很多植物都富含多酚，其出色的抗氧化功效可以帮助预防多种慢性病，在化妆品中添加富含多酚的植物提取物可以起到清除自由基、抗衰老的作用。

12.1.2.1　测定原理

采用福林酚（Folin-Ciocalteu）法测定总多酚的含量。福林酚（Folin-Ciocalteu）试剂氧化多酚中—OH 基团并显蓝色，最大吸收波长为 760nm，用没食子酸作校正标定标准定量多酚。

12.1.2.2　主要试剂和仪器

本方法所用水均为三级水。除特殊规定外，所用试剂为分析纯。

① 没食子酸标准品。

② 福林酚试剂：参照《中国药典》（2020 版）四部试液 8002 福林酚试剂 B 配制。

③ 无水碳酸钠（Na_2CO_3）。

④ 7% 碳酸钠溶液：取无水碳酸钠 7g，加水使溶解成 100mL 而得。

⑤ 电子天平：感量 0.0001g。

⑥ 紫外-可见分光光度计。

⑦ 没食子酸标准品溶液：称取没食子酸标准品 0.010g（精确到 0.0001g）至 10mL 容量瓶中，加水适量溶解，摇匀，加水定容至刻度，再用移液管移取 5mL 该溶液，加水摇匀定容至 100mL，即得浓度为 0.05mg/mL 的没食子酸标准品溶液。

⑧ 供试品溶液的制备：精密移取待测样品溶液 1.0mL 至 100mL 容量瓶中，加水稀释至刻度，摇匀，即得稀释液，再精密移取稀释液 1.0mL 至 10mL 比色管中，依次加入 4mL 稀释 10 倍的福林酚试剂，混匀后在室温下放置 5min，再加入 4mL 7% 碳酸钠（Na_2CO_3）溶液，加水定容至刻度，室温条件下于暗处反应 90min，即得。

12.1.2.3　测定步骤

（1）标准曲线的制备　依次移取没食子酸标准品溶液 0.0mL、0.2mL、0.4mL、0.6mL、0.8mL、1.0mL 至 10mL 比色管中，依次加入 4mL 稀释 10 倍的福林酚试剂，混匀后在室温下放置 5min，再加入 4mL 7% 碳酸钠（Na_2CO_3）溶液，加水定容至刻度，室温条件下于暗处反应 90min，以试剂空白（即移取没食子酸标准品溶液 0.0mL 时）为参比，在 760nm 处测定其吸光度值。以没食子酸标准品浓度（定容后没食子酸浓度）为横坐标，测定的吸光度值为纵坐标，线性拟合绘制标准曲线。

（2）样品测定 取上述已显色的供试品溶液，以试剂空白为参比（即移取没食子酸标准品溶液 0.0mL 时），在 760nm 处测定其吸光度值。

12.1.2.4 结果计算

根据标准曲线拟合方程计算出样品中总多酚含量。

以重复性条件下获得的两次独立测定结果的算术平均值表示，两次独立测定的绝对差值不得超过算术平均值的 10%。

12.1.3 多糖含量的测定

植物多糖具有免疫调节、抗病毒、抗癌、降血糖等生理功能，应用于化妆品中有保湿、抗衰老的功效，不管是在医药、食品还是化妆品领域都是不可多得的原料。

12.1.3.1 测定原理

多糖类成分在硫酸作用下先水解成单糖，并迅速脱水生成糠醛衍生物，然后和苯酚缩合成有色化合物，用分光光度法于适当波长处测定其多糖含量。

12.1.3.2 主要仪器和试剂

① 分光光度计。

② 浓硫酸。

③ 标准物质：D-无水葡萄糖。

④ 苯酚溶液：苯酚使用重蒸苯酚，称取重蒸苯酚 10g，加水 150mL，置于棕色瓶中即得。

12.1.3.3 测定步骤

（1）标准曲线的绘制 准确称取 105℃ 干燥恒重的 D-无水葡萄糖 0.1g（精确到 0.0001g），加水溶解并定容至 1000mL，准确吸取此标准溶液 0.1mL、0.2mL、0.4mL、0.6mL、0.8mL、1.0mL 分置于 25mL 具塞试管中，各加水至 2.0mL，再各加苯酚溶液 1.0mL，迅速滴加浓硫酸 5.0mL，摇匀后放置 5min，置沸水浴中加热 15min，取出冷却至室温；另以 2mL 水加苯酚和浓硫酸，同上操作为空白对照，于 490nm 处测定吸光度，绘制标准曲线。

（2）样品溶液的制备与测定 称取一定量试样（精确至 0.0001g），加适量水溶解，必要时可过滤，得到样品溶液。准确吸取适量样品溶液，按标准曲线绘制的方法测定吸光度，根据标准曲线查出吸取的待测液中葡萄糖的质量。

12.1.3.4 结果计算

样品中的多糖含量 w 按式(12-2) 计算，数值以% 表示：

$$w = \frac{m_1 V_1}{m_2 V_2} \times 0.9 \times 10^{-4} \tag{12-2}$$

式中 w——样品中的多糖含量,%；

m_1——从标准曲线上查得样品测定液中多糖含量, μg；

V_1——样品定容体积, mL；

m_2——样品质量, g；

V_2——比色测定时所移取样品测定液的体积, mL；

0.9——葡萄糖换算成葡聚糖的校正系数。

计算结果保留至小数点后两位。每个试样取两个平行样进行测定，以其算术平均值为测定结果，在重复条件下两次独立测定结果的绝对差值不应超过算术平均值的 10%。

12.1.4　植物提取物中微生物的检验

植物提取物中微生物的检验的详细测定原理和测定步骤参见本书第 8 章 8.5 节中有关内容。

12.2　化学防晒剂的鉴定

化学防晒剂能够吸收紫外线并将其转换成其他形式的能量释放，所以每个防晒剂都有特定的最大吸收峰。虽然《化妆品安全技术规范》（2015 版）中有高效液相色谱-二极管阵列检测器法可以测定防晒剂的含量。但是此方法比较复杂，操作成本比较高，需要进行定量分析的时候才采用。在只需要定性分析的场合，则可以通过紫外吸收峰就能比较方便地鉴定出防晒剂的种类。在此仅介绍定性分析法。

12.2.1　乙基己基三嗪酮的吸光鉴定

12.2.1.1　测定原理

将乙基己基三嗪酮用乙醇溶解和稀释制成样品溶液。将待测样品用紫外-可见分光光度计进行扫描测量，如果扫描图对应的最大吸光波长及峰形与标样一致，即可鉴定为乙基己基三嗪酮。

12.2.1.2　主要试剂和仪器

① 超声波仪。
② 电子天平：精确度 0.0001g。
③ 紫外-可见分光光度计。
④ 1cm 石英比色皿。
⑤ 50mL、100mL 棕色容量瓶，1mL 移液管。
⑥ 无水乙醇。

12.2.1.3　测定步骤

① 准确称取 20mg 样品（精确到 0.1mg），至 100mL 容量瓶中，加入约 70mL 无水乙醇，将混合物在水浴（65℃）温热和在超声浴处理直至样品完全溶解。然后加入乙醇定量。充分混合之后，将 1mL 溶液移到第二个 50mL 容量瓶中。再加入乙醇定量。

② 将步骤①得到的溶液加入石英比色皿中，并使用乙醇为基准，用紫外-可见分光光度计在 290～400nm 范围内进行扫描。

12.2.1.4　结果分析

样品的扫描结果与乙基己基三嗪酮的标准图（如图 12-1）对比，如果在 314nm 处有最大吸收峰，而且峰形一致，即可鉴定为乙基己基三嗪酮。

12.2.2　二乙氨羟苯甲酰基苯甲酸己酯的吸光鉴定

12.2.2.1　测定原理

将二乙氨羟苯甲酰基苯甲酸己酯用乙醇溶解和稀释制成样品溶液。将待测样品用紫外-

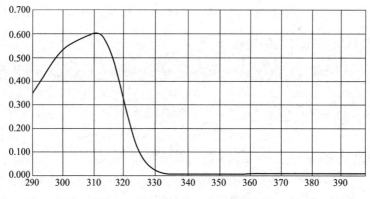

图 12-1　乙基己基三嗪酮的标准图

可见分光光度计进行扫描测量，如果扫描图对应的最大吸光波长及峰形与标样一致，即可鉴定为二乙氨羟苯甲酰基苯甲酸己酯。

12.2.2.2　主要试剂和仪器

① 超声波仪。

② 电子天平：精确度 0.0001g。

③ 紫外-可见分光光度计。

④ 1cm 石英比色皿。

⑤ 50mL、100mL 棕色容量瓶，1mL 移液管。

⑥ 无水乙醇。

12.2.2.3　测定步骤

① 准确称取 20mg 样品（精确到 0.1mg），至 100mL 容量瓶中，加入约 70mL 无水乙醇，将混合物在水浴（65℃）温热和在超声浴处理直至样品完全溶解。然后加入乙醇定量。充分混合之后，将 1mL 溶液移到 50mL 容量瓶中。再加入乙醇定量混合。

② 将步骤①得到的溶液加入石英比色皿中，并使用乙醇为基准，用紫外-可见分光光度计在 290～400nm 范围内进行扫描。

12.2.2.4　结果分析

样品的扫描结果与二乙氨羟苯甲酰基苯甲酸己酯的标准图（如图 12-2）对比，如果在 353～356nm 处有最大吸收峰，而且峰形一致，即可鉴定为二乙氨羟苯甲酰基苯甲酸己酯。

12.2.3　双-乙基己氧苯酚甲氧苯基三嗪的吸光鉴定

12.2.3.1　测定原理

将双-乙基己氧苯酚甲氧苯基三嗪在异丙醇中溶解和稀释制成样品溶液。将待测防晒剂按所述步骤用紫外-可见分光光度计进行测量，如果扫描图对应的最大吸光波长及吸收度与标样一致，即可鉴定为双-乙基己氧苯酚甲氧苯基三嗪。

12.2.3.2　主要试剂和仪器

① 超声波仪。

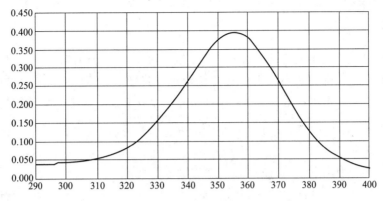

图 12-2　二乙氨羟苯甲酰基苯甲酸己酯的标准图

② 电子天平：精确度 0.0001g。

③ 紫外-可见分光光度计。

④ 1cm 石英比色皿。

⑤ 50mL、100mL 棕色容量瓶，1mL 移液管。

⑥ 异丙醇。

12.2.3.3　测定步骤

① 准确称取 20mg 样品（精确到 0.1mg），至 100mL 容量瓶中，加入约 70mL 无水乙醇，将混合物在水浴（65℃）温热和在超声浴处理直至样品完全溶解。然后加入异丙醇定量。充分混合之后，将 1mL 溶液移到 50mL 容量瓶中。再加入异丙醇定量混合。

② 将步骤①得到的溶液加入石英比色皿中，并使用异丙醇为基准，用紫外-可见分光光度计在 290～400nm 范围内进行扫描。

12.2.3.4　结果分析

样品的扫描结果与双-乙基己氧苯酚甲氧苯基三嗪的标准图（如图 12-3）对比，如果在 340～345nm 处有最大吸收峰，而且峰形一致，即可鉴定为双-乙基己氧苯酚甲氧苯基三嗪。

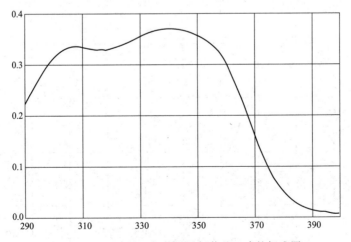

图 12-3　双-乙基己氧苯酚甲氧苯基三嗪的标准图

12.2.4 对甲氧基肉桂酸异戊酯或丁基甲氧基二苯甲酰基甲烷的吸光鉴定

12.2.4.1 测定原理

将甲氧基肉桂酸异戊酯或丁基甲氧基二苯甲酰基甲烷在乙醇中溶解和稀释制成样品溶液。将待测防晒剂按所述步骤用紫外-可见分光光度计进行测量，如果扫描图对应的最大吸光波长及吸收度与标样一致，即可鉴定为甲氧基肉桂酸异戊酯或丁基甲氧基二苯甲酰基甲烷。

12.2.4.2 主要试剂和仪器

① 超声波仪。

② 电子天平：精确度0.0001g。

③ 紫外-可见分光光度计。

④ 1cm石英比色皿。

⑤ 常用的实验室仪器，玻璃仪器必须是棕色。

⑥ 无水乙醇。

12.2.4.3 测定步骤

① 准确称取20mg样品（精确到0.1mg），至100mL容量瓶中，加入约70mL无水乙醇，将混合物在水浴（65℃）温热和在超声浴处理直至样品完全溶解。然后加入乙醇定量。充分混合之后，将1mL溶液移到50mL容量瓶中。再加入乙醇定量混合。

② 将步骤①得到的溶液加入石英比色皿中，并使用异丙醇为基准，用紫外-可见分光光度计在290～400nm范围内进行扫描。

12.2.4.4 结果分析

① 样品的扫描结果与对甲氧基肉桂酸异戊酯的标准图（如图12-4）对比，如果在308～311nm处有最大吸收峰，而且峰形一致，即可鉴定为对甲氧基肉桂酸异戊酯。

② 样品的扫描结果与丁基甲氧基二苯甲酰基甲烷的标准图（如图12-5）对比，如果在357nm处有最大吸收峰，而且峰形一致，即可鉴定为丁基甲氧基二苯甲酰基甲烷。

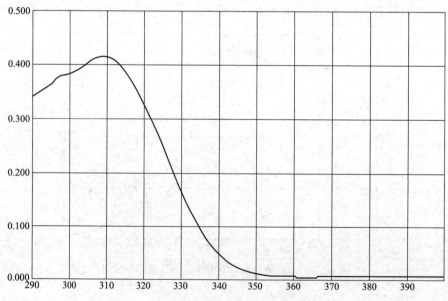

图12-4 对甲氧基肉桂酸异戊酯的标准图

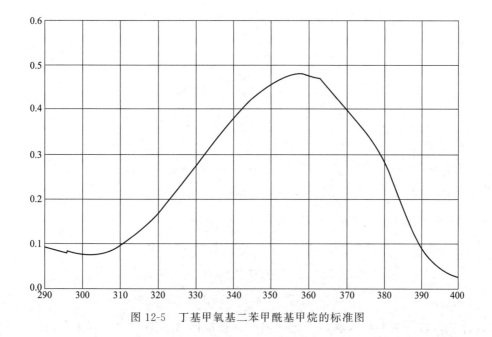

图 12-5　丁基甲氧基二苯甲酰基甲烷的标准图

12.2.5　苯基苯并咪唑磺酸或对苯二亚甲基二樟脑磺酸的吸光鉴定

12.2.5.1　测定原理

将苯基苯并咪唑磺酸或对苯二亚甲基二樟脑磺酸与水混合，加入少许的氢氧化钠进行中和后，溶解和稀释制成样品溶液。将待测防晒剂按所述步骤用紫外-可见分光光度计进行测量，如果扫描图对应的最大吸光波长及吸收度与标样一致，即可鉴定为苯基苯并咪唑磺酸或对苯二亚甲基二樟脑磺酸。

12.2.5.2　主要试剂和仪器

① 超声波仪。

② 电子天平：精确度 0.0001g。

③ 紫外-可见分光光度计。

④ 1cm 石英比色皿。

⑤ 常用的实验室仪器，玻璃仪器必须是棕色。

⑥ 水（GB/T 6682 规定的一级水）、氢氧化钠（分析纯）。

12.2.5.3　测定步骤

① 准确称取 20mg 样品（精确到 0.1mg），至 100mL 容量瓶中，加入 56mg 10％氢氧化钠溶液中和，然后加入约 70mL 水，将混合物在水浴（65℃）温热和在超声浴处理直至样品完全溶解。然后加入水定量。充分混合之后，将 1mL 溶液移到第二个 50mL 容量瓶中。再加入水定量混合。

② 将步骤①得到的溶液加入石英比色皿中，并使用异丙醇为基准，用紫外-可见分光光度计在 290～400nm 范围内进行扫描。

12.2.5.4　结果分析

① 样品的扫描结果与对苯二亚甲基二樟脑磺酸的标准图（如图 12-6）对比，如果在

342~346nm 处有最大吸收峰，而且峰形一致，即可鉴定为对苯二亚甲基二樟脑磺酸。

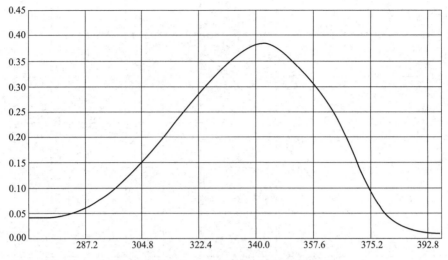

图 12-6　对苯二亚甲基二樟脑磺酸的标准图

② 样品的扫描结果与苯基苯并咪唑磺酸的标准图（如图 12-7）对比，如果在 304~306nm 处有最大吸收峰，而且峰形一致，即可鉴定为苯基苯并咪唑磺酸。

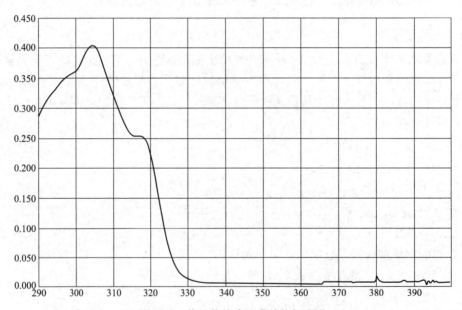

图 12-7　苯基苯并咪唑磺酸的标准图

实训 28 植物提取物
固含量的测定

实训 29 植物提取物
电导率的测定

参考文献

[1] 张庆生，王钢力.《化妆品安全技术规范》读本［M］.2015版.北京：人民卫生出版社，2017.

[2] 龚盛昭，高洪潮.精细化学品检验技术［M］.北京：科学出版社，2010.

[3] 杜雅娟，郭朝晖，杨平荣，等.药品化妆品抽样及检验的有关问题探讨［J］.中国药事，2020，34（04）：407-411.

[4] 刘思然，朱英.化妆品中香料的安全性及检验技术研究进展［J］.中国卫生检验杂志，2017（09）：1365-1368.

[5] 朱俐，刘洋，曾三平，等.化妆品中有害物质分析检测方法研究进展［J］.分析测试学报，2016（02）：185-193.

[6] 李野，尹利辉，曹进，等.化妆品中重金属检测方法的现状［J］.药物分析杂志，2013（10）：1816-1821.

[7] 李硕，李莉，王海燕，等.我国化妆品标准及其效力研究［J］.中国药事，2021（01）：29-36.

[8] 王建梅，曾莉.化验员实用操作指南［M］.北京：化学工业出版社，2020.

[9] 郭毅.化妆品中微生物的检测及应用［J］.化工管理，2018（23）.

[10] 何清清.化妆品与药品标准体系比较及检验特点研究［J］.轻工标准与质量，2019（02）.

[11] 于晓瑾，穆同娜.国内外化妆品禁限用物质检测方法相关法规和标准综述［J］.日用化学工业，2013，43（06）：463-468.

[12] 牛建军，史亚楠，邴素霞.建筑外墙涂料质量检验方法研究［J］.中国计量，2022（10）：134-135，144.

[13] 邓良健，王海贞，温信凯，等.进口涂料标准法规及检验监管研究［J］.广东化工，2021，48（09）：148-150.